装备科技译著出版基金

激光武器
——从科幻走进现实

Lasers, Death Rays, and the Long, Strange Quest for the Ultimate Weapon

[美] 杰夫·赫克特（Jeff Hecht） 著
韩 凯 刘帅一 杜雪原 译
华卫红 审校

国防工业出版社

·北京·

著作权合同登记　图字：01—2022—5232 号

图书在版编目（CIP）数据

激光武器：从科幻走进现实 /（美）杰夫·赫克特
(Jeff Hecht) 著；韩凯，刘帅一，杜雪原译. —北京：
国防工业出版社，2025.1 重印
书名原文：Lasers, Death Rays, and the Long,
Strange Quest for the Ultimate Weapon
ISBN 978-7-118-12697-6

Ⅰ.①激…… Ⅱ.①杰…②韩…③刘…④杜… Ⅲ.
①激光武器　Ⅳ.①TJ95

中国版本图书馆 CIP 数据核字（2022）第 194075 号

Lasers, Death Rays, and the Long, Strange Quest for the Ultimate Weapon by Jeff Hecht. ISBN9781633884601
Published by agreement with The Rowman & Littlefield Publishing Group Inc. through the Chinese Connection Agency, a division of Beijing XinGuangCanLan ShuKan Distribution Company Ltd., a. k. a. Sino-Star.
本书简体中文版由 The Rowman & Littlefield Publishing Group Inc. 授权国防工业出版社独家出版发行。版权所有，侵权必究。

※

国防工业出版社出版发行
（北京市海淀区紫竹院南路 23 号　邮政编码 100048）
雅迪云印（天津）科技有限公司印刷
新华书店经售

*

开本 710×1000　1/16　印张 18　字数 318 千字
2025 年 1 月第 1 版第 2 次印刷　印数 3001—5000 册　定价 98.00 元

（本书如有印装错误，我社负责调换）

国防书店：(010) 88540777　　书店传真：(010) 88540776
发行业务：(010) 88540717　　发行传真：(010) 88540762

序

激光武器作为一种新概念作战武器，持续受到军方、科学界、工业界、新闻界等的广泛关注。自激光器问世后的数十年间，全世界的科学家面对各类风险挑战，始终未曾放弃对激光武器的勇敢探索。近十年，激光武器的发展势头非常迅猛，世界各主要军事强国都在抓紧开发和部署，尤其是激光武器在中东地区和俄乌军事冲突中牛刀小试，引发了对激光武器实战化应用的急迫热情。广大民众幻想在未来某天能像科幻里设计的那样，见证激光成为"改变未来战争规则"的终极武器。面对大众对激光武器的关注与期待，如何整理收集有限解密的历史资料，讲好激光武器的发展历程，是一项艰巨而重要的工作。

《激光武器》一书围绕国外（主要是美国）激光武器六十余年波澜壮阔的发展历程，深入浅出地介绍了激光的物理机制、基本理论，激光技术的更迭换代，以及推动激光武器化的历史背景与技术储备；理性客观地分析了大型激光项目（尤其是美国空军机载激光武器 ABL 项目）的成败得失，探讨其对高能激光技术、工程发展的推动作用；科学专业地介绍了固态激光武器的发展现状，激光武器在不同军种、不同平台的测试与试验情况，展望了未来发展方向，向读者完整呈现了国外重大武器项目的研发道路，对于我国大型激光项目的立项管理、高能激光技术的发展路线、激光武器的作战运用等都具有非常重要的借鉴意义，对于激光武器的知识普及也具有很大帮助。

原著者杰夫·赫克特在激光行业和激光武器领域有着超过 40 年的从业经历，从 20 世纪 70 年代起便与美国军方开展紧密合作。赫克特是美国光

激光武器
Lasers, Death Rays, and the Long, Strange Quest for the Ultimate Weapon

学学会（OSA）和电气与电子工程师协会（IEEE）的高级会员，同时也是一位优秀的特约科普作家，曾出版过 13 本与高能激光技术相关的书籍。在《激光武器》一书中，赫克特以内行人和参与者的身份梳理了激光武器的历史发展脉络，生动叙述了激光武器由科幻逐渐走进现实的全过程。特别是，该书围绕激光军事应用的探索发展过程，用作者亲历的激光学术会议笔记、重要人物访谈记录、军工产业渠道消息，以及来自美国物理研究所物理历史研究中心的史料等，讲述了激光武器发展史，揭露了其中一些鲜为人知的故事，能够帮助读者更好地理解在寻求终极武器的过程中，"屡战屡败，屡败屡战"的精神内涵。全书文字简练幽默，通过一个个历史人物事件、科学家的学术争鸣、野心勃勃的研发计划，甚至是未经证实的行业传闻，将激光武器的发展史串起，向读者娓娓道来。

译者多年从事高能激光技术和英语语言文学等方面的教学科研工作，发表过多篇学术论文及专著、译著，同时具有扎实的激光专业知识与英语语言功底，准确把握了英文原著的主旨内涵，通过他们的辛勤劳动，确保《激光武器》这一本优秀的激光科普读物得以准确、生动地呈现给广大读者。可以预期，《激光武器》的出版对于拓宽和深化我国相关技术研究应用，促进相关专业学科青年人才培养，以及激光武器知识科普等方面都将具有重要意义。

中国光学工程学会副理事长
中国工程院院士

译者序

激光武器是科幻小说和电影中长盛不衰的表现元素。"死亡射线"是科幻小说和电影中的常客，从赫伯特·乔治·威尔斯 1898 年出版的《星际战争》小说到好莱坞《星球大战》系列电影，无不如此。第二次世界大战前，英国空军曾悬赏 1000 英镑，希望有人可以制造并演示如何利用"射线武器"杀死 100 米之外的羊；美军自 20 世纪 60 年代开始，投入大量经费探索激光及其军事应用价值。激光武器作为"改变未来战争规则"的新概念武器，近年来受到了军方、工业界、科研界的广泛关注。同时，如何生动演绎激光武器发展的历程也是一项有趣且有意义的工作。

译者长期从事激光方面的教研工作，在教学科研之余，一直希望为学生（尤其是非光学专业学生）找到一本介绍激光的前世今生之书。此书务必具有较高的学术性和较强的趣味性，能够帮助学生在短时间内理解激光武器的体系架构和关键技术，了解激光武器样式的演进过程，准确把握激光武器的技术特点和发展规律。机缘巧合，在一次备课收集资料之时，发现 Nature 2019 年 565 卷 158~159 页用一个版面隆重推荐了本书，读后开心不已，有了翻译此书的想法。

本书作者杰夫·赫克特（Jeff Hecht）埋首研究激光数十年，是美国光学学会和电气与电子工程师协会的高级会员，曾在 Nature、IEEE Spectrum、Sky & Telescope 等期刊上发表多篇激光技术方面的研究论文；他同时也是一位优秀的特约科普作家，长期担任 Laser Focus World 的客座编辑，也为 New Scientist 杂志撰稿，他深厚的学术背景和写作功力，为本书的学术水准和趣味性奠定了基础。赫克特用生动诙谐的口吻将激光的前世今生和激光武器的发展历程向读者娓娓道来，用通俗易懂的语言向读者解释冗长晦涩的专业知识。他在书中对国外激光武器的发展历程进行了解析，深入浅出地介绍了激光的物理机制、基本理论以及激光技术的更迭换代；理性客观地分析了大型激光项目在高能激光技术发展过程中的推动作用；科学专业地预测了未来激光武器的发展方向。

  本书讲的不仅仅是一个个简单的激光武器发展的故事，还包含有许多精彩的历史细节，其中涉及了许多科学家、大量的技术，以及各种野心勃勃的计划。它向读者完整地呈现了国外（主要是美国）重大激光项目所走过的曲折道路，对于我国大型激光项目的立项管理、高能激光技术的发展路线、激光武器的作战运用都具有非常重要的借鉴意义，对于高能激光基本原理、基础知识的普及也有很大的帮助。

  希望本书的翻译出版能够为我国相关的装备研发管理机构、科研院所、军工集团、高等院校、作战部队，以及广大对激光武器感兴趣的单位和个人提供有益的参考。译者水平所限，书中难免存在疏漏和不足之处，恳请广大读者不吝指正。

译者
2021 年 9 月

目录

▶ 第一章　死光：从雷神到科学疯子　1
　　阿基米德和射火镜　1
　　聚焦的太阳光和致命射线　5
　　X 射线和其他射线　7
　　特斯拉与无线传电　10
　　科幻小说和科学事实中的"死光"　14
　　寻找能阻止战争的死光　16
　　"死光"马修斯　17
　　特斯拉的下坡路　21
　　没人能杀死一只羊　22
　　死光和第二次世界大战　24
　　科幻小说中的死光、流行文化和机遇　26
　　动荡的时代　29

▶ 第二章　五角大楼差点发明了激光器　37
　　研制激光器的竞赛　55

▶ 第三章　不可思议的燃气激光器　67
　　激光器的兴盛　67
　　更大、更好的激光器　68
　　激光器发展的爆发点　71
　　民众眼中的"非凡激光器"　73

大爆炸　75
　　燃气激光器　77
　　第八张牌　80
　　苏联的激光手枪　81
　　美国三军通用型激光器　82
　　不仅是激光器　83
　　更好的化学激光器　86
　　美国各军种激光器不同的发展方向　88
　　探索其他激光器　89
　　美国空军的机载激光实验室顺利起航　90
　　激光武器之外的应用　95
　　关注点的转移　98

▶ 第四章　高边疆的天基激光武器　106
　　军备竞赛与太空竞赛　107
　　太空乐天派　109
　　美国高级研究计划局探索短波长天基激光武器　111
　　大型 ZAP 激光器　112
　　X 射线与自由电子激光器　113
　　天基激光武器的三要素　115
　　激光系统中的大型光学元件　117
　　马克斯·亨特与四人小组　119
　　沃洛普参议员与四人小组　122
　　里根时代的变化　125
　　格雷厄姆将军与高边疆　126
　　对核能 X 射线激光器的探索　127
　　超市中的条码扫描器与 CD 播放器　131

▶ 第五章　"星球大战"开始了　138
　　把太空作为制高点　139

目录

泰勒的作用　140
与科幻小说的联系　144
"星球大战"演讲的余波　146
战略防御倡议的启动　147
1985年——寻求帮助　148
激光界的疑虑　150
"星球大战"内部　150
"挑战者号"之殇　153
两个厌恶核武器的男人　154
极地号（POLYUS）：苏联的激光武器发射了——1987　155
来自核试验的坏消息　156
对新型激光武器的追寻　161
天基激光武器　162
布什政府改变了规则　164
战略防御倡议局的末路　166
"星球大战"是什么？　166

▶ **第六章　机载激光武器顺利起航　182**
自适应光学技术的出现　183
缩小激光武器的打击范围　188
一种新型的激光器　189
美国空军的激光武器计划（ABL）　189
当时这是个好主意　190
机载激光武器的设计　191
起航前面临的困难　192
命令调整　194
巨型激光器首次出光　197
最复杂的武器　199
军事行动中的使用问题　201

花费 43 亿美元之后的首次打靶试验　203
回顾机载激光武器　205

▶ **第七章　与叛乱分子再度交锋**　211
近处的目标更容易打击　213
移动版的战术高能激光武器　214
先进战术激光武器（ATL）　215
叫停移动版战术高能激光武器项目　217
探寻其他的激光器　218
固态激光器的革命　219
美国海军的自由电子激光器　222

▶ **第八章　固态激光武器**　225
激光武器总体规划　226
高能激光联合技术办公室　228
美国国防部高级研究计划局的长远计划：高能液体激光区域防御系统　231
工业激光器中的"黑马"　232
一份专家报告　234
让火药成为过时的技术　236
客厅里的大象　238
外场演示验证　240
耐用电子激光倡议　242

▶ **第九章　寻找终极武器**　248
激光武器的魅力　249
全球范围的激光武器测试　251
美国海军的激光武器测试　252
美国空军的激光武器计划　253
装载激光武器的坦克和卡车　254
海军陆战队装载在吉普车上的激光武器　254

激光武器的角色　254
更大更厉害的激光武器　255
兆瓦级的激光武器　257
展望未来　258
激光推进火箭　259
小行星防御及太空旅行　260
神奇的吸引力　261
激光武器能走多远　263
终极武器　264

▶ 致谢　272

第一章
死光：从雷神到科学疯子

古代神话中强大的神都配有死光。维基百科里关于雷神的词条有一长串，收集了不同时期、不同地方的雷神，从希腊的众神之王宙斯，到美国重金属音乐家吉恩·西蒙斯（他是 Kiss 乐队的主唱，代表作是歌曲《雷神》）。远古时期，人们不了解闪电的本质，害怕它。闪电是古人知道的第一个定向能武器。传说中，神明用闪电来惩罚恶人、庸人和不尊敬神的人。通常情况下，人们会先看到闪电的亮光，紧接着会听到"砰"的一声巨响。闪电迸发的能量能劈碎树、劈死人。

闪电在天空中是锯齿形的，激光束在空气中是笔直的，两者都是定向能，但大自然对电的定向不同于光。死光是现代神话，100 多年前才出现，当时的科学家们对 X 射线、无线电波等新发现还不太了解，发明家们正在寻求新的战争武器，说书人则在琢磨新的说书方式。

激光是个新生事物。1960 年，年轻的物理学家西奥多·梅曼在爱因斯坦的新物理学和其他人的工作基础上发明了激光。他在曼哈顿的新闻发布会上宣布这一发明时，对自己的新发明在科研、通信、工业和医药领域的应用抱有很高的期望。但当他回到洛杉矶的家中时，发现报纸上的头条都是"洛杉矶人发明了科幻小说中的死光"，这让他很沮丧。

阿基米德和射火镜

用光做武器最古老、有趣的故事来自阿基米德，他是个传奇人物，古代最伟大的数学家和工程师。他住在叙拉古，那是一座希腊城市，位于现

激光武器
Lasers, Death Rays, and the Long, Strange Quest for the Ultimate Weapon

在意大利的西西里岛。公元前215年,当罗马人开始进攻叙拉古时,阿基米德设计了一系列实用的弹弓、带火的箭和其他机械装置来赶走罗马人。据说,他还精心安排了大量的反光镜,将阳光反射到停泊在港口的罗马战船上,让战船着火,从而拯救了叙拉古。可惜阿基米德没能找到一种终极武器来阻止罗马人攻城,他们在公元前212年攻占了叙拉古,阿基米德本人也死于这场战争。

这就是流传下来的故事。这些故事虽说是出自古代的历史记录,但大都不完整,夹杂着传说,往往不太可靠。2200年后,美国斯坦福大学的历史学家雷维尔·内茨写道:"阿基米德太出名了,所有的传说都想往他身上靠",他补充道:"我们怎样区分历史和传说呢?"

我们知道古希腊人已经懂得利用透镜或曲面镜聚焦阳光来点火。希腊几何学家欧几里得写过光学方面的书,但他主要把光学理解为光线的几何形式。阿基米德也写过光学方面的书,但他的书稿却没能流传下来。现存的古希腊关于光学的书稿,也都把光学理解为光线的几何形式。古希腊人的这种理论,用现代标准来看很怪异,他们觉得光线是眼睛里发出的火焰。

关于阿基米德,我们知道的唯一确凿事实是他曾在叙拉古生活和工作,公元前212年罗马人攻陷叙拉古时,他死在了那里。关于阿基米德之死的故事来自罗马传记作家普鲁塔克。他说攻城后,一名罗马士兵遇到了坐在沙堆上的阿基米德,他正在思考问题。士兵命令阿基米德站起来,跟他去见罗马将军马塞拉斯。当阿基米德拒绝在想出问题答案之前站起来时,士兵生气了,用剑杀死了阿基米德。但历史学家雷维尔·内茨说,我们真的不知道阿基米德是怎样死的,关于阿基米德之死,普鲁塔克自己就有好几种不同的说法。

关于阿基米德最著名的故事讲的是当他在浴缸里洗澡时,看到水溢出了浴缸,忽然间就想到了测量皇冠体积的方法,他马上从浴缸里跳起来,奔上街头,衣服也没穿,大叫着"我知道了"。这个故事让阿基米德成为古怪科学家的原型,但内茨认为这故事不太可信,因为这个故事最初是作为一个历史趣闻在200年后维特鲁威写的一本关于建筑的书中提及的,内

第一章
死光:从雷神到科学疯子

茨认为维特鲁威"不是一位非常可靠的历史学家"。

现代历史学家认为阿基米德火烧罗马船只的故事更可疑。现存历史资料表明,罗马人攻城时,阿基米德确实是守城战斗装备背后的工程师。然而,关于阿基米德用射火镜火烧罗马船只的记载,最早出现在12世纪,由约翰尼斯·柴泽斯记录。"他对阿基米德的描述来自一首野史中的诗,"内茨写道。在对现有资料进行了详细分析之后,英国学者丹尼斯·L.希姆斯总结到,由于阿基米德的名声很大,关于他的奇闻异事也多,再加上少量流传下来的历史记录中还有不少拙劣的翻译,射火镜的故事可能是由几个世纪以来"一系列误解造成的"。

然而,正如科学谚语所说:"找不着证据并不代表没有证据。"我们不能因为找不到阿基米德火烧罗马战船的确凿证据,就说这事情是假的。我们只是对2200年前发生的事情知之甚少而已。

我们现在知道古希腊人发明了一些令人惊讶的精密机械。比如,1900年从希腊岛外的一艘古代沉船中发现了著名的安提凯西拉装置。这个青铜装置在海底待了两千年后已经被严重腐蚀,但用现代仪器测试后,发现它是一个齿轮装置,可能是一个时钟或是行星运动的模型(天体模型)。装置上的铭文显示,它可能是在阿基米德死后大约125年制造的,时间上也可能还少算了几年。它可能是一个机械青铜球的复制品,原件据说是阿基米德为再现行星运动而造。罗马将军马塞拉斯在征服叙拉古后,将原件带回了罗马。对安提凯西拉装置的X射线测试表明,它可以预测日食、月食的时间以及太阳、月球和行星的运动。可以把它想象成一台古老的机械计算机。如果阿基米德在2000多年前就能制造出这样一个精密的机器,搞清楚他是否火烧了罗马战船不也很有意义吗?

事实上,早在18世纪,科学家们就对这个传说很感兴趣,有些人已经通过比较科学的方式进行了实验。1747年,法国自然学家乔治·路易斯·勒克莱尔(布丰伯爵)用168面反光镜(每面反光镜约为一张纸大小),点燃了150英尺[①](约46米)外的木板。他说实验成功了。200多年后,

---

① 1英尺=30.48厘米。

激光武器
Lasers, Death Rays, and the Long, Strange Quest for the Ultimate Weapon

希腊科学家扬尼斯·萨基斯给了大约 60 个希腊士兵每人一面 3 英尺长、5 英尺宽的长方形反光镜，在和布丰伯爵的实验中差不多的距离外设置了一艘木船，并最终点燃了木船。

正确的科学实验具有可重复性。电视节目《流言终结者》的工作组在节目里做了这个实验，于 2004 年 9 月 29 日首次播出。他们的结论是，"想要有效果，反光镜必须要特别大，即便有了特别大的反光镜，木头的温度也只上升了几华氏度。'探索'网站向观众们发出了一个挑战，大家能否设计出一个实验，证明用反光镜点火是可行的。到目前为止，有一些参赛作品好像做到了这一点。当所有的测试都完成后，我们就能揭开射火镜传说的真相了"。

2005 年秋天，美国麻省理工学院的一些学生也做了一个实验。他们在院子里摆了一排折叠椅，在每张椅子上放了一面一平方英尺见方的反光镜，让所有的反光镜都将阳光反射到 100 英尺外一艘木船上的同一点上。老师认为这个实验可能会成功，但大多数学生都持怀疑态度。

第一次做实验时没出太阳，几天后，学生们又在校园车库的屋顶上安装了反光镜。到 10 月 5 日时，终于出太阳了。起初，学生们观察到一些烟，但没烧起来。因为乌云会挡住光，太阳的位置也会随着时间变动，所以他们不得不跟着移动木船的位置。最后，当太阳移动到一片晴朗的天空时，他们看到木船冒出了浓烟，木头开始燃烧，这意味着被太阳加热的木头表面温度至少达到了 750 ℉。烟雾从木头中升起，然后木头瞬间被点燃了，不到 10 分钟就在木板上烧出了一个洞，随后学生们将火扑灭，宣布他们成功地完成了《流言终结者》节目组的实验。

接着，他们和老师坐飞机去了洛杉矶，并于 10 月 22 日，在洛杉矶《流言终结者》节目组的所在地，和节目组一同做这个实验。学生们将反光镜对准了一艘 80 年的渔船，这艘渔船早些时候沉没了，但在实验前被打捞了上来。"船身多处地方都有 1~2 英尺宽的烧焦和引燃痕迹。三次实验后，船身被烧透，还燃起了一小团火"，他们报告说。燃烧持续了几个小时，在船体上烧出了一个 10 英寸①的洞，但没出现瞬间起火的现象。

---

① 1 英寸 = 2.54 厘米。

第一章
死光：从雷神到科学疯子

然而，《流言终结者》节目组在2006年1月25日播出的节目中进行他们自己的实验时，揭开了射火镜传说的真相："大量的反光镜花了太长时间才点燃了木船。最重要的是，船必须是静止的，离反光镜的距离是传说中距离的一半，才会被点燃。木船小一些，离反光镜的距离近一些，射火镜的传说才有可能是真的。如果用燃烧的箭去烧船，也没有什么效果。点燃船最有效（同时也是阿基米德时代最可行）的方法是使用燃烧弹。"

实验告诉我们，阿基米德和射火镜的传说真假难定。如果一切都恰好合适，传说就可能是真的。大海那会儿可能非常平静，太阳高高地挂在晴朗的天空上，罗马战船的甲板上可能有焦油或油布。在正确的位置上让足够多的士兵拿着闪亮的盾牌，反射的阳光可能会点燃一艘脆弱的战船。但是，没有哪支军队能有足够多拿着闪亮反光镜的士兵，在黑暗和暴雨中，在波涛汹涌的海面上，在太阳落山的情况下，反射足够的光线来点燃一艘船。所以，射火镜不可能是传说中阿基米德用来烧毁整个罗马舰队，拯救叙拉古的终极武器。

但是，假设阿基米德不是传说中的古怪科学家，而是一个足智多谋，只想战胜罗马人的能工巧匠。那么，在一个阳光高照的晴朗日子里，他把一艘装满焦油和火绒的旧船放在港口，让船随着潮水漂出去。然后，当船漂到预定的地方时，希腊士兵可以把他们闪亮的盾牌对准旧船，将它点燃，让它漂到罗马舰队。阿基米德的希望是，强大而神秘的死光会吓坏罗马军队的指挥官，让他们从港口溃退，远离这个新武器。

两千多年后，在能工巧匠的帮助下，随着科学的发展，死光真的出现了。

聚焦的太阳光和致命射线

华盛顿·欧文是名作家，代表作是《瑞普·凡·温克》和《睡谷传说》，他在科幻小说中首次描述了死光。1809年，在写《瑞普·凡·温克》和《睡谷传说》之前，华盛顿·欧文出版了一部名为《纽约外史》

激光武器
Lasers, Death Rays, and the Long, Strange Quest for the Ultimate Weapon

的小说。在这本书中,他假想了一个来自月球的"疯子"入侵地球的故事。欧文给疯子配备了"聚焦的太阳光束"。在他的小说世界里,这些太阳光束成了终极武器,战胜了人类的枪。

19世纪末,电子科技革命兴起后,才有人宣称发明了真正意义上的死光。18世纪中叶,本杰明·富兰克林第一个证明了闪电带电,但一个多世纪后,人们才知道利用电来传输大量的能量。最终,一些富有创造力的人想到了用电做武器。既然闪电带有致命的能量,为什么人类不能挥舞着电做武器呢?

在托马斯·爱迪生发明电灯和配电系统之前,美国新奥尔良州的内河引航员詹姆斯·C.温加德,说自己有神通,要展示自己如何用神奇的电能从远处炸毁一艘50吨重的船。1876年5月11日,这位自称"教授"的引航员邀请了科学家、军事观察员和民众来蓬查特列湖观看他创造的奇观。在那个重要的日子,他迟到了,也没有引爆任何东西。帮助他安排这次活动的委员会希望医生检查他的精神是否正常。但一个月后,他回来了,坐在一艘船上,用仪器指着1英里[①]外的目标船后,船上有什么东西爆炸了。

最初,委员会觉得温加德的演示可能会改变战争的性质。但一些对实验有怀疑的观众仔细观察了目标船,发现里面有一根装有粉末的管子,还有一根电线通向目标船。看来,这位"教授"好像在表演中造假了。之后温加德一直在兜售自己的想法,他在三年后又准备了一次实验,但实验用的划艇在实验前的几个小时在港口发生了爆炸,导致两名正在划艇上放置炸药的男子死亡。

将电流的致命能量带入公众眼帘的是托马斯·爱迪生和乔治·西屋之间的竞争,他俩分别用不同的系统给美国配电。爱迪生偏好让电流始终朝着同一个方向流动,这种被称为直流电,他认为这样更安全。西屋更喜欢交流电,因为交流电一秒钟能交替变化几十次,而且可以通过电线传播得更远。为了凸显交流电的危险性,爱迪生公开对小狗、小牛、小马进行了一系列的电击。他还付钱给其他人发明电椅,这样,罪犯被处以电刑时,

---

① 1英里 = 1609.34米。

第一章
死光：从雷神到科学疯子

坐的电椅就会使用西屋发电机发出的交流电。爱迪生把这个刑罚过程称为"被西屋了"。但最终，西屋的交流电胜了，多产的爱迪生转向了其他发明。

其他发明家也在努力提高电压，最著名的是尼古拉·特斯拉。据说，他出生在1856年7月中旬一个雷雨天的午夜。他的家人都是塞尔维亚人，但他本人出生在克罗地亚，当时这两个地区都属于奥地利帝国。在奥地利学习工程学后，他对电流有了兴趣。1882年，他搬到了巴黎，在爱迪生的巴黎分公司工作。1884年，他坐船到了美国，在那里，他为爱迪生工作了六个月，然后开始自己干。特斯拉对交流电的直觉很准，他的两项专利成了西屋公司交流电气系统的核心。

1889年，特斯拉开始研究高频电及其效应，他在1890年发明了"特斯拉线圈"。通过使用线圈中的高频电，他将电压提高到前所未有的程度，能像人造闪电一样在空气中发送电脉冲。高频电还有另一个重要影响，就是高压短脉冲可以在皮肤上传导而不伤到身体，这是特斯拉偶然碰到他的线圈时发现的。

其他发明家也用高电压进行了实验，接着，他们自然而然地开始考虑能否把人造闪电发展为终极武器。早期的发明家们对此十分热衷。1890年，一位名叫格林德尔的新泽西发明家用人造闪电电死苍蝇后，声称他这个机器如果有更大更好的升级版，"一次闪电就可以杀死数千名士兵，多发射几次闪电就足以摧毁一支军队。"一份有关"死光"的早期资料汇编列出了几位默默无闻的"死光"发明家，其中一些人的发明被归功给了爱迪生。爱迪生参与"死光"发明的报道不太可信。他是一个多产的发明家，因此在当时，媒体总是将别人发明的作品归功于他，但他对发明武器并没有兴趣。

X射线和其他射线

1890年11月，威廉·伦琴发现了X射线，引发了人们对新型射线的

激光武器
Lasers, Death Rays, and the Long, Strange Quest for the Ultimate Weapon

关注热潮。讽刺的是,更早的时候特斯拉和朋友爱德华·休伊特曾用和伦琴类似的实验拍摄照片,差一点就成了第一个发现X射线的人。当特斯拉第一次看到感光片时,他以为是什么东西洒在上面了。几个月后,休伊特听说了伦琴的发现,意识到他们的实验很相似,于是急忙跑到特斯拉的实验室,要求查看感光片。特斯拉拿着感光片,把它举到灯光下。休伊特看到感光片上显示的是镜头的圆圈,旁边有一个调节螺丝,圆点上显示的是木制相机盒上的金属螺丝。他们已经记录了照相机的X射线图像。特斯拉一看到感光片,就意识到他错过了一个伟大的发现。他恼恨自己,灰心丧气,把感光片摔在桌子中央,嘴里嘟囔着:"该死的傻瓜!我从来没见过这照片。"后来,他向《纽约时报》描述自己的先驱性实验时,对此事只字不提,只是礼貌地说:"我很高兴为伦琴教授的发现做出了贡献。"

今天我们都知道X射线和可见光、红外线、紫外线及无线电波都是电磁光谱的一部分。但在1896年,它们还是个谜。特斯拉告诉《纽约时报》,"我越来越相信(X射线)是一束以极快的速度撞击感光板的物质粒子",虽然那时他认为(X射线)极快的速度是"将近每秒100千米",远低于光速。

特斯拉不应为这个错误而受到指责。1799年之前,科学界只知道可见光。两年后,天文学家威廉·赫歇尔发现温度计放在太阳光谱的红端以外辐射下会升温,由此发现了红外线——最初被称为"热射线"。我们现在所说的紫外线是两年后由约翰·里特发现的不可见光,它在光谱的紫端边缘,能让氯化银变暗。从那时起,唯一新发现的电磁波就是1887年由海因里希·赫兹发现的无线电波,它与光大不一样。

X射线的发现标志着一系列新发现的开始。从1899年到1903年,阿尔法射线、贝塔射线和伽马射线陆续被发现。它们都是高能量射线,但当时人们没能马上了解到这一点。物理学家们热切地寻找新发现,但有些人"用力太猛"。1903年,法国物理学家普洛斯-雷内·布隆洛特宣称他发现了一种新的射线,他称其为N射线,以他工作的南锡大学命名。其他人的一些报告似乎也证实了这一发现,尽管有些观察者无法重现布隆洛特的实验。后来,美国人罗伯特·W. 伍德参观了南希实验室,偷偷地从实验装

第一章
死光：从雷神到科学疯子

置中移走了一个关键的棱镜，但布隆洛特在进行测量时并没有注意到这一变化，这肯定是出了什么问题。问题很快就清楚了，观测结果是完全错误的，N射线并不存在。如今，我们会怀疑这是造假行为，但一个世纪以前，像布隆洛特这样的实验是依靠人眼来观察的，这很容易让人们觉得自己看到了想看到的东西，就像当时天文学家报道的著名的火星"运河"一样。

我们现在知道X射线和伽马射线都是电磁波，就像可见光、不可见光和无线电波一样。它们与光波的不同之处，在于它们的高能量。放射性元素发射的阿尔法射线是粒子，包含两个质子和两个中子，即氦原子的原子核。贝塔射线也是粒子——由放射性元素发射的电子或正电子。阿尔法射线、贝塔射线、伽马射线和X射线对人都有危害，因为它们有足够的能量电离人体内的原子，破坏人体的组织结构。大量的辐照能让人在短期内死亡；长期的辐照会导致癌症，但最初没有人意识到这一点，而且发现这种新射线的人也没想着用它制造武器。

试图研发武器的科学家、工程师和发明家没人宣称在发明"死光"，死光的概念显然是某个记者在解释一些他不理解的东西时创造的。1898年年初，曾在美国内战中担任工程师的约翰·哈特曼改装了一种探照灯，使它能在空中发射电流。他声称，他的无线电枪能把50英尺外的兔子电晕，这种无线电枪既可以杀人，也可以把人电晕。他夸口说，通过使用更强的光束和电流，他可以在空气中发射足够的大量电流来消灭一支军队。这和电晕一只兔子大不相同，他的说法引发了公众的想象。威廉·J.小范宁写了一本有趣的报道死光的书，他发现在英国、澳大利亚和美国出版的报纸和杂志上都有关于死光的报道。在英格兰哈特尔浦发行的《北方晚报》上，有一个"死光"的故事头条，这是范宁能找到的最早使用这个词的出处。因此，"死光"的概念不是由一个疯狂的科学家或邪恶的发明家创造的，而是由一个试图抓住读者注意力的记者创造的。

哈特曼和他的发明似乎悄然消失了。《文学文摘》的编辑无法理解光如何能帮助电流在干燥的空气中传导。然而，今天的激光技术可以做到哈特曼只能口头说说的事情。高功率激光束能聚焦到足够紧密的程度，让空气中的原子释放出电子，从而创造出导电的路径。尽管有引发雷击的风险,但激光束可以用作避雷针,也可以用来引发物体周围的放电现象。

特斯拉与无线传电

到 1898 年,尼古拉·特斯拉已经成为电力这个新世界的超级明星之一。他比爱迪生小 8 岁,但他的魅力与年长的爱迪生大不相同。爱迪生是土生土长的美国人,总是邋里邋遢,不讨人喜欢,有点中年人的派头;特斯拉是个身材苗条的移民,带着口音,穿着讲究。爱迪生结了婚,也有孩子;特斯拉一直是个单身汉。爱迪生身高 5 英尺 8 英寸(172 厘米),比当时人们的平均身高略低;特斯拉身高 6 英尺 2 英寸(188 厘米),高的引人注目。两人工作都很努力,爱迪生喜欢更实用的发明,他还谨慎地投资了铁矿开采和水泥房建造,特斯拉则更喜欢尖端发明。两人都擅长发明创造,但特斯拉是一位企业家,而爱迪生更像是一位商人。

图 1.1 30 多岁的发明家尼古拉·特斯拉,照片大约拍摄于 1890 年(图片源自美国国会图书馆)

1890 年,特斯拉线圈的发明标志着特斯拉的兴趣转向了高压高频电。他对无线电传输产生了兴趣,并成为了一名受欢迎的讲师。有了特斯拉线圈,他就可以在讲台上传输足够的能量,不用电线就能点亮一个灯泡。他意识到地球本身可以在没有电线的情况下输电,也看到了无线信号发送的可能性。

第一章
死光：从雷神到科学疯子

1892年，特斯拉开始研发无线电控制自动装置，但1895年3月13日，一场大火烧毁了他在曼哈顿的实验室，他失去了第一批装置原型、多年的笔记和论文，以及其他设备。后来，他深陷抑郁之中，不得不采用了自我休克疗法治疗。

当他康复后，他在纽约的一个新地点重建了实验室，旨在建造无线电控制船。当时，英国正在建造性能更好的新战舰，美国、德国、日本和西班牙也在发展自己的海军。特斯拉把注意力集中在无线电控制鱼雷上，这种鱼雷可以携带炸药摧毁大型战舰。他的无线电控制系统以现代标准来看是落后的，但却是货真价实的，不像温加德的实验那样，是个假的。

美国对西班牙宣战时，特斯拉正在完善他的遥控船，并撰写专利，对他来说，时机正好。他很善于推销自己的发明。1898年，当无线控制电船的专利申请通过后，他就把自己的新发明作为终极武器加以推广。他告诉《纽约世界报》，"当全世界都知道，未来最弱小的国家也能立即使用一种武器保卫他们的海岸和港口，还能抵御全世界舰队的联合攻击时，世上将不再会有战争"。

之后，特斯拉转向了无线电功率传输的研究。这是一个比无线电报信号传输更大的挑战。1898年年底，年轻的古列尔莫·马可尼已经在英国成功的将无线电报信号传输到80英里和100英里之外。1899年3月，马可尼从英吉利海峡发送了一条信息至对岸以后，特斯拉宣布他计划将信息发送至世界任一角落。

特斯拉需要振作起来。多年来，他一直没能再取得像自己授权给西屋电气公司使用的交流电专利那样的巨大成功。八卦小报《城镇话题》称特斯拉是"美国自产的、唯一不是发明家的发明家，是德尔莫尼科咖啡馆和华尔道夫-阿斯托里亚棕榈花园酒店的科学家"。

如今看来，马可尼和特斯拉很明显在做两件不同的事情。马可尼用一种随时间变化的电流为天线供电，辐射出的无线电波会随着传播距离而减弱，但仍能在100多英里之外被探测到。特斯拉试图远距离传送电能，这是两个完全不同的事情。无线电波像光一样，是单向发散传播的，但随着距离的增加，它的能量会变得越来越微弱。电能由电子通过一个完整的电

激光武器
Lasers, Death Rays, and the Long, Strange Quest for the Ultimate Weapon

路传播。关闭开关，切断电路，电子在导线中就会停止移动，电就消失了。人们在 1899 年还不是很清楚这个区别。

特斯拉认为他可以通过创造一个完整的无线电路来完成无线电波的传输，这个电路的一部分在空气中发送低压高频的电流，另一部分通过地面传导。特斯拉在 1898 年说到，这种电力传输的性质"是一种真正的传导，不能与现有的感应现象或电辐射现象混为一谈"。特斯拉认为，这样他就可以把电力传输到几千英里之外。1899 年 5 月，特斯拉决定在美国科罗拉多州斯普林斯市的新实验室里验证他的想法。实验室的资助人是一个叫约翰·雅各布·埃斯特四世的千万富翁。这个实验室的空间更大，还能提供高达 400 万伏的电压，噪声也更小。

特斯拉在芝加哥做了一次演讲，介绍了自己的无线传电计划。他告诉记者，自己拥有可以向火星发送信号并接收火星人回传的任何信息的设备。后来，特斯拉在 40 多岁时告诉记者，他的目标是"发明一种新的艺术"。

1899 年，特斯拉在美国科罗拉多州斯普林斯市的实验室里，进行了一系列高压电实验。他回来后十分兴奋，声称已经证实了自己的想法，并探测到了来自其他世界的信号。然而，传记作家伯纳德·卡尔森却写道："特斯拉似乎只是在寻找证据来证实他的假设，忽视了所有可能否定他的理论的证据。"换句话说，他只选择那些有助于推销自己想法的实验结果。

特斯拉开始在纽约宣传他的实验结果并寻找资助，最终找到了一个"优质"的赞助人，J. 皮尔卡特·摩根，那个年代美国顶尖的银行家。摩根对横跨大西洋的无线电传播有兴趣，但马可尼拒绝出售自己的专利。特斯拉同意用 15 万美元建一个实验室和跨大西洋的无线电传输实验站。一个开发商捐了长岛东部一块 200 英亩的地，希望未来能在此建一个容纳约 2000~3000 人的厂房卖给特斯拉，并将那块地命名为沃登克里弗。特斯拉对跨大西洋传输信号和能量抱有很高的期望。

但是他从未在沃登克里弗这块地上实现这些期望。他曾承诺在 8 个月内开始跨洋传输信号，但两年半后，在沃登克里弗的实验设施建设还没完工，他就花光了摩根对他的所有投资，摩根对他也失去了兴趣。在特斯拉徒劳地寻找更多投资者的时候，那座巨人的塔就矗立在黑暗中（图 1.2）。

第一章
死光：从雷神到科学疯子

特斯拉的问题不只是缺少资金，他曾认为，将电导入地下，通过沃登克里弗的地面，就能将电输送到世界各地，因为电能够像不可压缩的流体一样沿地面传输。然而，电的传输更像可压缩的流体，泵入地下的电流在传输时就会被消耗掉。特斯拉不肯放弃他的想法，但是压力把他压垮了。1905年秋天，他又经历了一次精神崩溃。当他50岁时，长久以来的巨大希望破灭了，他的心也碎了。

图1.2 特斯拉在沃登克里弗建造了这座187英尺高的塔，作为跨大西洋传送电信号和能量的巨大天线。塔顶部55英寸的金属半球是天线的重要组成部分。塔的大部分结构是木头的。从康涅狄格的纽黑文穿过长岛海峡可以看到塔顶。特斯拉希望塔能达到600英尺的高度，但他没有钱造那么高的塔。（图片源自沃登克里弗项目）

激光武器
Lasers, Death Rays, and the Long, Strange Quest for the Ultimate Weapon

科幻小说和科学事实中的"死光"

特斯拉没能在现实中发明出全球无线电力网。但1902年,乔治·格里菲斯在写科幻小说《世界大师》时用了这一概念,这部小说写于特斯拉在沃登克里弗工作时。在小说中,一个全球电力信托组织从位于加拿大北磁极附近的基地分配电力,威胁要动用他们的权力阻止欧洲各国发动的战争。战争爆发后,这个信托组织使用能量束摧毁了一切铁制和钢制的物品,让战区内的一切电器失效。英国国王爱德华七世在战区外与各国协商休战,但在一个没有无线通信的奇怪世界里,美国的一个海军舰队没有得到停战的消息,正加速前进想摧毁加拿大基地的电力网络,却反被信托组织的能量束摧毁。能量束成了第一个被称为"死光"的科幻武器。

赫伯特·乔治·威尔斯在他1898年出版的著作《星际战争》中给火星入侵者配备了"热射线",而不是"死光"。他对红外激光的描述虽然怪异,但有先见,除非光束在空气中将灰尘烧亮,否则是不会被人眼看见的。

究竟火星人有何能耐,竟可如此迅速而又悄无声息地置人于死地,至今仍是个谜。许多人认为,它们能够采用某种方法,在一个完全隔热的容器中,生成高强度的热能。接着,通过一个材质不详、打磨光滑的抛物面反射镜,将这股超强热能转化成平行的热能束,反射到选定的目标,这与灯塔利用抛物面反射镜投射光柱的过程相似。然而,从未有人对这些细节给予确切证明。无论其原理究竟为何,毋庸置疑的是,热能束正是关键所在。热能无影无形,全然不可见。凡是可燃之物,一旦被它触碰到便会立即燃烧起来。它能化铅为水,使钢材变软,使玻璃迸裂熔融。当它与水相遇,可瞬间将其汽化。①

1905年,爱因斯坦的狭义相对论提出了世界著名的等式 $E=mc^2$,预言

---

① [英]赫伯特·乔治·威尔斯,《星际战争》,顾忆青译 [M]. 天津人民出版社,2020.

第一章
死光：从雷神到科学疯子

原子可以产生巨大的能量。但几十年后，它才以原子弹的形式成为终极武器。

第一次世界大战时，一位名叫朱里奥·乌利维的33岁意大利工程师，声称自己发现了一种新型的不可见光，他称之为"F射线"，可以在20英里外无线引爆火药。1913年，在勒阿弗尔海岸，他花了几天的时间做实验，取得了初步的成功。法国官员和当地的美国领事对此印象深刻。他还向英国官员展示了这个实验，但是没能成功。

第二年，《纽约时报》发表了一篇长篇报道，标题为"意大利人的发明可能结束战争"，内容是乌利维的最新实验，编辑们似乎希望这是一种终极武器。乌利维声称能在几英里外的水下引爆炸药，随时炸毁舰队和基地。乌利维的故事很快变得更加离奇。一个奇怪的传闻是，乌利维请求与他谈判的美国海军上将将女儿嫁给他。上将坚持要先看到武器演示成功，但乌利维没了耐心，和将军的女儿私奔了。几天后，《纽约时报》的另一个故事报道了乌利维伪造了实验数据，他往水雷中的火药里添加了钠，水流遇钠发生反应，引爆了水雷。乌利维后来重新露面，声称有其他发明和关于F射线的进一步探索。

乌利维的F射线还出现在小说《伊莲的故事》和其电影中，作者是多产的侦探小说家亚瑟·里夫。这是关于克雷格·肯尼迪系列故事中的一个，克雷格·肯尼迪是用自己的科学知识破案的教授，被称为夏洛克·福尔摩斯的美国对手。亚瑟·里夫在小说中引入了真实世界的陀螺仪、便携式地震仪和测谎仪。在《伊莲的故事》中，他把乌利维的F射线变成了死光。

在小说名为"死光"的一章中，敌人威胁肯尼迪，如果不离开美国，"每小时都会有一个行人死在他的实验室外面"，肯尼迪对此嗤之以鼻。当第二天开始调查时，肯尼迪拿出一个仪器说，"这东西有某种无线射线——我想是红外线——类似他们说的那个意大利科学家乌利维发现的F射线"。就在那时，他看到外面有一群人围着一个倒地而死的行人。

1915年的电影版《伊莲的故事》是一部经典的落难少女系列电影，充满各种戏剧性的死里逃生情节，由《宝林历险记》的导演制作，女主角是演过《宝林历险记》的珀尔·怀特。有评论家指出，"死光"是整个系

激光武器
Lasers, Death Rays, and the Long, Strange Quest for the Ultimate Weapon

列里最好的一节。在电影中,肯尼迪被困在地下室,每次死光对准他时,他总能以几英寸之差死里逃生。在影片的高潮处,他用一张白金碟片将死光反射回反派身上,并点燃了整栋建筑。

《伊莲的故事》也标志着科幻小说中死光的种类有了新突破。不像威尔斯的热射线或格里菲斯的能量束那样具有物理学上的可行性,人一接触到亚瑟·里夫的死光就会死,并且尸体上不留任何痕迹。这种死光更像是一种幻想,但它在小说中确实制造了很好的戏剧效果,是在手持爆破枪、射线枪等一长串武器后,第一个最终实现从致晕目标到杀死目标的武器。

寻找能阻止战争的死光

第一次世界大战结束后不久,人们就开始寻求阻止战争的新武器。那时,空袭是人们主要的担忧,因为它的轰炸范围不仅仅是战场。德国的齐柏林飞艇和飞机曾对英国实施空袭103次,造成1413人死亡。实验室测试表明,高电压和强电磁场会影响发动机,军方领导人希望能将这种效果提升至影响飞机正常飞行。法国陆军参谋长玛丽-尤金·德伯尼在1921年写道:"在这些电波的袭击下,飞机会像被雷电击中一样坠落,坦克会起火,无畏舰会爆炸,毒气会被驱散。"1923年,在一连串飞越德国上空的法国商业飞机不得不进行紧急迫降的事件后,法国担心德国已经研制出了这种武器。

军方希望新科学能够带来新武器,最好是终极武器。那时的科技发展已经比19世纪快得多。相对论和量子理论彻底改变了物理学。英国将军欧内斯特·史温顿在1920年写道:"我们有X射线、热射线和光射线。赫伯特·乔治·威尔斯在他的《星际战争》中提及了火星人的热射线,我们可能离发明出某些能让人在无保护的情况下萎缩或瘫痪的致命射线不远了。"

媒体渴望报道一些新奇的想法,越新奇越好。报导新科技的通俗杂志①数量激增,真实和虚构之间的界限变得模糊。雨果·根斯巴克是个年

---

① 原文为"pulp magazines",坊间亦有译为"廉价纸浆杂志"之说。

第一章
死光：从雷神到科学疯子

轻的发明家和企业家，他在1908年创立了《现代电学》杂志，把它卖了之后，他在1913年又创立了《电气实验者》杂志，特斯拉曾为其写过稿。这些杂志在报道广播、电视和其他时代奇迹的发展时，展望了电子的光明未来。这些杂志也刊登科幻小说。比如，1916年1月刊的《电气实验者》发表了乔治·斯特拉顿的科幻小说《波尼亚托夫斯基射线》。到了1920年，杂志的名称改为《科学与发明》，每一期都有一篇离奇的故事或是科幻小说。1926年，根斯巴克创办了世界上第一本科幻小说杂志《惊异传奇》。

"死光"马修斯

新世界渴望新技术，这为哈里·格林戴尔·马修斯1924年的死光计划做好了准备。

马修斯于1880年出生在英国，参加过布尔战争。那时，他对无线通信产生了兴趣。他观看了英国陆军和海军用马可尼制造的无线电报做的实验，这一技术后来被用在了战场上。当他回到英格兰，马修斯为他的无线电实验找到了一位赞助人——吉尔伯特·萨克维尔，他是德·拉·沃尔八世伯爵，是马修斯在部队认识的一个有钱的贵族。马修斯开始重复之前的实验，并扩大无线传输的距离，但他真正的目标是无线传输声音。他在1907年成功了，但已有人比他先取得了实验成功。

1909年，马修斯和母亲同住时，申请了他的第一个便携式无线电话专利。靠着体面的外貌和有趣的想法，他筹到了1万英镑，在1910年4月成立了格林戴尔·马修斯无线电话公司，自己担任公司的"监管专家"，年薪高达500英镑。马修斯的计划是出售他的无线电话，售价是每部18英镑18先令，这价格大约相当于今天的500美元。当时的技术远不及现代移动电话技术，因此他的公司举步维艰。马修斯声称在几英里之内都能打电话，但他无法获得政府颁发的通信许可证，公司最终在第一次世界大战期间倒闭。

激光武器
Lasers, Death Rays, and the Long, Strange Quest for the Ultimate Weapon

1915年12月,马修斯向英国海军部演示了遥控动力模型船和无线引爆水雷的技术。海军部的军官们对这项技术很感兴趣,他们用2.5万英镑向马修斯买下了这项技术,又再付了25万英镑给马修斯,让他制作一枚遥控鱼雷。后者可以说是巡航导弹的雏形,如果马修斯成功了,这将是一个巨大的成就。海军部研究了引爆鱼雷的技术,并将这项计划一直保密到1924年。马修斯由此和军方搭上了关系。

马修斯在战争期间参与了军事项目,后来又发明了早期电影音响系统。到20世纪20年代早期,他在发明和工程方面的成就都很不错。他靠着这些成就在1924年年初争取到了一个听证会,介绍他的能量束武器。消息传到了温斯顿·丘吉尔那里,丘吉尔请他的科学顾问去调查一下,"那个人,据说他发明了一种能在一定距离内杀人的射线……这可能是一个骗局,但我的经验是不能草率地接受'不行'作为答案。"马修斯入了军方的眼后,军方就希望他能拿出一些有潜在应用价值的东西。

军方想要的并不是小说里那种可以在接触时杀死人的死光,而是一种可以在远距离干扰飞机或其他军事系统运行的技术。今天,这就是军方所称的"电子战"的一部分。但是在20世纪20年代,能量束武器经常被称为死光。

1924年3月,马修斯与英国空军部讨论了他的发明,说他还没有准备好展示它,但却一再向外界宣传这件事。同年5月,《纽约时报》的一名记者就马修斯的"魔鬼射线",对他进行了深度采访。

马修斯没透露细节,但他说,这种射线已经能够在空气中将电流传导到4英里外,而且他预测这个距离还可以翻倍。该系统的两个关键部分是特制的发电机和能量束,能量束作为导体来传导电流。他使用了某种形式的光,也许是不可见的紫外线,可以电离空气,从而导电。马修斯还将这种光束与探照灯进行了比较,他说,他不指望该系统能像灯塔的光束一样,在海面上的射程能超过10英里。马修斯说这种射线不能摧毁船只,因为它们被水包围着。但是,电流能产生破坏性的冲击力。他声称可以"通过破坏船上机器的关键部件,让船员因受惊而暂时失去行动能力"。这种射线还能摧毁飞机,因为飞机在空中飞行时没有遮蔽。总的来说,它看起

第一章
死光：从雷神到科学疯子

来就像约翰·哈特曼在 1898 年的计划，如果有个足够强大的激光器，这个计划可能会成功。

1924 年 5 月，马修斯向英国空军部演示了他的射线，让 50 英尺外的发动机停止运转。空军部并不满意，只愿意给他最低限度的支持，直到他能让军方提供的一个小型发动机失效。这样，军方就可以确定他没有在测试中造假。

马修斯拒绝了这个提议，他飞到巴黎，开始寻找潜在的合伙伙伴，并争取里昂的一个大型实验室的使用权。那里能提供 10 万瓦的电力，是他自己实验室目前能提供的 500 瓦电力的 200 倍。但是，他的商业伙伴及时提起了诉讼，阻止他签署任何协议。

随后，《纽约时报》报道称，另有 5 人也宣布自己发明了死光，包括 3 名英国人、1 名德国人和 1 名俄罗斯人。该报还用整版篇幅解释了科学家们为什么质疑马修斯。美国哥伦比亚大学电子工程系的负责人迈克尔·普平认为：一切武器能阻止战争的说法都是无稽之谈。"你没办法让战争可怕到人类不敢参加的程度……如果能发明一束将所有机动卡车、坦克、飞机和巴特洛战船变为废铁的射线，那么战士们不得不回到赤手空拳的战斗中。但他们一样还是会打仗。"

普平了解战争冲突。他和特斯拉都有塞尔维亚血统，他们都在塞尔维亚出生，相差两岁，都在年轻时移民到纽约，都在电子和工程领域工作过。年纪小一点的普平非常钦佩特斯拉早期的成功。但两人在专利问题上有过冲突，自 1915 年普平在一场诉讼中作证反对特斯拉的专利权后，两人就没再说过话。

马修斯没有因这些评价停下自己的工作。他不断地找记者，宣传他的发明。尽管马修斯说不喜欢自己的发明被称为"死光"，但他还是给一部讲述自己的发明的短默片取名为"死光"。影片用不稳定的硝酸盐材料制成的胶片拍摄，其中的两个视频片段被保存了下来。在 8 分钟的片段中，马修斯穿着白大褂坐在实验室的桌子前写作，"死光"点燃了一盏灯，引爆了火药。另一个时长 55 秒的片段，名为"战争里最可怕的武器"，马修斯在视频中穿西装打领带、衣着体面，向观众展示了用射线引爆火药，使风扇停了下来（图1.3）。

图1.3　发明家哈里·格林戴尔·马修斯在展示他的死光。（图片源自阿拉米图片库）

当马修斯10月去美国推广他的发明时，他也去看了医生。他向医生抱怨说自己的视力可能因为暴露在死光下而出现了问题，怀疑论者因此嘲笑他。但过了一段时间，英国当局担心马修斯可能会把他的发明卖给外国买家，因为特斯拉、美国大众科技杂志和一些记者一直在宣传马修斯的死光。但英国军方和其他国家大都对此嗤之以鼻，因为马修斯坚决拒绝第三方测试，而第三方测试的结果才能证明他的实验是真实有效的。在经历了

第一章
死光：从雷神到科学疯子

破产后，马修斯在1938年成了甘娜·沃尔斯卡的第5任丈夫，她在波兰出生，是位富有的歌剧歌手。但在1941年9月11日，马修斯因心脏病去世前，他们就分手了。

特斯拉的下坡路

尼古拉·特斯拉一直都是位科技名人，但在1905年精神崩溃后，他再也没能振作起来。精神崩溃后的第二年，他50岁，之后再也没有任何雄心壮志的计划。他靠授权专利使用费、咨询费和写作的收入生活。

在特斯拉的鼎盛时期，他过着很高调的生活。1898年，他住在豪华的华尔道夫酒店。后来，他没钱了。1904年，他将沃登克里弗的地产抵押给了酒店，用来支付他的酒店账单。沃登克里弗塔在1917年被拆除，沃登克里弗那块地在1921年也被查收，都用来支付特斯拉在酒店账单。随着时间的流逝，特斯拉的生活更加依赖自己的名声、朋友的慷慨资助，以及华尔道夫酒店提供的住宿。1934年，编辑雨果·根斯巴克说服西屋电气公司每月付给特斯拉125美元，作为他担任公司"咨询工程师"的退休金。1939年，位于南斯拉夫的尼古拉·特斯拉研究所担心特斯拉的健康，开始每月付给他600美元。

当第一次世界大战在欧洲爆发时，特斯拉说他设计的无线发射器能够"将任意能量的电传导到任意的距离，它有无数的用途，无论是在和平时期还是战争时期……（通过这些发射器）可以在地球上的任意地点产生巨大的破坏作用，这种破坏可以事先安排，精准度高……未来的战争将不会使用炸药，而是用各种电子手段"。

多年来，特斯拉成了电子行业的元老，报纸和杂志都在寻求和追问他的观点。特斯拉多次谈到未来，但他的观点还是过去的老一套。1927年10月16日，《电报电话时代》期刊发表了一篇文章，提出了一个无线能量全球传输系统。但这个概念是基于特斯拉的理论，即电流在地球上的传播速度比真空中的光速还要快。特斯拉的思想停在了过去的25年里，他一直想

激光武器

重新实现沃登克里弗的梦想,哪怕这会违反现代物理定律。

1931年,当特斯拉75岁时,他举办了大型的生日派对,在派对上他谈到了科学和技术的未来。他的一些想法已不符合现代物理学规律。在第一场宴会上,他说自己打算证明爱因斯坦的相对论是错的,他不相信原子的分裂能释放能量。但他也有一些有趣的见解。1934年,他说电视"应该很快就会出现在我们的生活中,而且有一天它会有音乐广播"。然后,他张开手臂,补充道,"大的图像会被投影到墙上"。

在1934年的宴会上,特斯拉还宣布了一项新发明,他认为这是自己已有的大约700个发明中最重要的一个。这是死光的一个新转折,军方仍然没有放弃探寻死光。特斯拉设想将一束由集中的粒子组成的"死亡光束"发射到"望远镜能看到的地面上最远的距离",也就是地球曲率允许的最远距离。"死亡光束"由5000万伏电压提供能量,比以往任何时候都要高。由于体积太大,死亡光束的发射器只能由战舰运输,这让战争又变回旧时的模式。死亡光束还可以探测并摧毁潜艇,把潜艇淘汰掉。这些光束所携带的能量足以炸毁距离250英里的1万架敌机和编队,或者杀死数百万人的军队,而不留下任何痕迹。

大萧条时期,对战争的恐惧让人们惶惶不安,特斯拉的声明成了头条新闻。爱迪生死后,人们希望伟大的特斯拉能用科技拯救世界。但晚年的特斯拉没有透露更多的发明细节,也没有进行任何的发明演示,让人猜不透他的想法。直到半个世纪后的1984年,位于贝尔格莱德的特斯拉博物馆才披露了一篇论文,特斯拉在其中解释说,他的计划是将钨或汞的微小粒子加速到高速,因为光波无法携带足以致命的能量。这样做是否能行,还远未可知。

没人能杀死一只羊

自马修斯提出死光后,英国空军部就采取了一种务实的方式来测试那些推销死光方案的发明者。他们设立了1000英镑的奖励,给发明出能杀死

第一章
死光：从雷神到科学疯子

100 码①外一只羊的射线武器的人。如果能通过这个简单的测试，这位成功的发明家不但能获得奖金，还会被邀请与空军部官员谈话，但没有人能通过测试。空军认为金属罩可以保护飞机的发动机免受射线武器的攻击，所以他们偏向把飞行员作为攻击目标。

英国一直饱受空袭的折磨。1932 年，斯坦利·鲍德温在担任首相期间曾警告说，无论采用怎样的防御，"轰炸机总能飞过来"。"唯一的防御就是进攻，这意味着如果想自救，就必须比敌人更快地杀死更多的妇女和儿童。"1934 年，丘吉尔督促改善英国部队装备，并对这种"可恶的、地狱般的发明和空战的发展"大发雷霆。

1934 年，在那些戴着眼镜、面目模糊但最终塑造历史的小官僚中，A. P. 罗伊认真地研究了为防御空袭而制订的全部 53 份计划，没发现什么有希望的计划。他给领导亨利·温特斯写了一份备忘录，警告说除非有新的科学成果，否则英国注定要在下一场战争中失败。

温特斯开始探索能应对空袭的新科学成果，并询问国家物理实验室无线电研究站的负责人罗伯特·沃特森·瓦特，死光的"破坏性辐射"能否用于防御空袭。沃特森·瓦特认为这个主意不太行，但他为人仔细，为了证实自己的观点，他指示下属阿诺德·威尔金斯："请计算将 5 千米远、1 千米高的 8 品脱（4.55 升）水从 98 ℉加热至 105 ℉所需的射频功率。"这是用迂回的方式询问将飞行员的血液加热到不健康的温度需要多少辐射能量。

威尔金斯很快就明白了沃特森·瓦特问这个问题的原因，他的计算表明这是无法做到的。沃森·瓦特对此并不惊讶，他问无线电波还能做什么。威尔金斯回答说，当飞机飞近时，无线电接收器经常会接收到噪声，他想知道是否有可能通过无线电波的反射来探测飞机。沃森·瓦特觉得这个想法很好，现有的无线电技术正好能实现这个想法。对死光的追求让人们发明了雷达，雷达在保护英国民众免受轰炸机和导弹的攻击方面发挥了关键作用，因为雷达能探测到轰炸机和导弹，并能引导对空目标射击。

---

① 码：英制长度剂量单位，1 码＝3 英尺。

激光武器
Lasers, Death Rays, and the Long, Strange Quest for the Ultimate Weapon

死光发明家们并没有消声，媒体也一直在报道他们的成果。但他们的大多数报告都站不住脚，或者是完全错误的。1935年，《现代机械与发明》杂志报道，普林斯顿大学教授罗伯特·范德格拉夫发明了一种700万伏的发射器，可以装在坦克上，向敌人发射电流。发射器确实发射了大量的电波，但范德格拉夫在麻省理工学院制造它是为了科学研究，而不是为了研究武器。多年来，它一直在波士顿科学博物馆，用于演示发射电火花。

死光和第二次世界大战

在欧洲陷入第二次世界大战的数年前，英国的军事战略家就给马修斯写过信。马修斯最后是住在威尔士的一个偏远地区，在那里过着默默无闻的生活，并于1941年去世。关于他生命最后的时光和死后的细节都很模糊。据说，一名德国特工在马修斯死前不久，提出用5万英镑买他的死光方案，但被马修斯拒绝了。在他死后，英国政府可能从他家里拿走了一些论文。战争后期，美国军队可能在他的房子里驻扎过，但是为马修斯写传记的作家没有找到官方证据。

在生命的最后几年里，特斯拉变得越来越孤僻，身体也越来越虚弱，1943年1月7日，他在纽约客酒店的床上去世。特斯拉的侄子萨瓦·科萨诺维奇是第二次世界大战时南斯拉夫政府的流亡官员，他清理了特斯拉的财产。他没有找到特斯拉的遗嘱，但作为特斯拉的近亲，科萨诺维奇继承了特斯拉的遗产，并从特斯拉的保险箱里拿走了几张照片和一些信件。

事情从这儿开始变得奇怪起来。特斯拉关于死光的言论引发了人们的担忧，他可能拥有秘密论文，但美国政府必须决定谁应该对此负责。特斯拉很早就是美国公民了，但他的侄子不是，所以政府批准了外侨财产管理局没收了特斯拉的文件。工作人员把两卡车的文件从酒店拖到曼哈顿仓储公司，那里已经有80个大桶和大箱子，都是特斯拉几年前存放在那里的。

外侨财产管理局随后请来了一位美国麻省理工学院的工程学教授约

第一章
死光：从雷神到科学疯子

翰·G. 特朗普，他是高压电设备专家，和罗伯特·范德格拉夫一起从事过高压发电机的研究工作。从1月26日到27日，这位教授翻遍了特斯拉所有的笔记和他死时手上的材料，得出了没什么需要担心的结论。

"我的看法是，在特斯拉博士的论文和物品中，没有任何科学笔记、未发现还没公开的技术方法或仪器、对国家有重大价值的实际装置，或是会被不怀好意的人利用造成危险的装置。因此，我看不出任何出于技术上和军事上的考量，要查收这些物品的原因，"特朗普教授以战时国防研究委员会技术助理的身份在文件上签字，并附上了特斯拉参与的项目清单。换句话说，特斯拉在晚年几乎没有做过什么具有重大技术意义的工作。

特朗普很清楚自己对特斯拉的评论太苛刻，所以他在文件的结尾写道："这位杰出的工程师和科学家在本世纪初对电子技术的坚实贡献。在过去的15年里，他的想法和工作带有推测性、哲学性和宣传特色——通常涉及无线传输和生产——但理解这些成果并不需要新的、合理的原则或方法。"这些话反映了一位同事对特朗普的印象，他"性情非常平和、善良，体贴所有人，即使在压力很大的情况下，也从未有过吓人或是傲慢的行为。他无论外表还是内心都是最温和的人，有令人信服的说服力，会仔细地整理所有的事实"。因此，人们可能会惊讶于约翰·G. 特朗普教授是唐纳德·约翰·特朗普总统的叔叔。

特朗普确实发现了特斯拉曾试图宣传他在1934年生日派对上描述的由微小粒子组成的"死亡光束"。"这样的光束将形成一束死光，有能力保护英国免受空袭"，特斯拉写信给英国军方官员，但遭到了礼貌的拒绝，特朗普也认为特斯拉的计划不可行。特斯拉从一家苏联贸易公司那里拿到了2.5万美元的资助，用于产生高达500万伏的电压，将微小粒子加速到高速。这和他向英国提出的计划本质上是一样的。

尽管死光和各式各样的光束武器在20世纪40年代已经成为科幻小说中英雄的标配，但英国、苏联和美国还是更喜欢用老式的大炮击落雷达发现的敌机。希特勒叫停了那些不能在几个月内起效的武器研制计划，因此，纳粹德国也从未尝试发展微波武器和雷达。即使在战争的最后几周，

激光武器
Lasers, Death Rays, and the Long, Strange Quest for the Ultimate Weapon

德军的高层领导人还在嘲笑死光。德国武装部部长阿尔伯特·斯皮尔回忆说，劳工部部长罗伯特·雷要求他立即启动一个计划，制造早前已经拒绝制造的死光。"整件事太荒唐了，我都懒得去反驳他"，斯皮尔写到，所以他批准了这个计划，让莱伊负责。当莱伊上报所需原料用品清单时，斯皮尔发现，一种必不可少的部件已经停产 40 年了。

日本军方也曾尝试研制能量强大的微波管当死光使用，成功地杀死了 30 米外的兔子，微波管能发射 200~300 千瓦的能量，连接着一个巨大的 10 米的聚焦天线。这是现代微波炉功率的几百倍，但有效射程只有英国空军考核杀死一只羊的最短距离的 1/3。美国人在战后研究了日本军方的这个项目，发现必须把动物固定在特定的位置上后才能杀死它，而这对敌人是行不通的。

原子弹摧毁了广岛市和长崎市，结束了第二次世界大战，它的杀伤力和破坏规模让其成为核时代的终极武器。死光则被留在了科幻小说中。

科幻小说中的死光、流行文化和机遇

当雨果·根斯巴克开始在他广受欢迎的电台和电子学杂志中刊载科幻小说时，他发现了一个很好的机会。科幻小说的快速兴起，吸引了一批对新技术和未来世界感兴趣的年轻读者。这些年轻人也在寻找新的娱乐消遣方式，于是大众小说开始蓬勃发展，通俗杂志的数量和种类在 20 世纪早期倍增。1915 年 10 月，《侦探小说》杂志最先问世，紧随其后出现了其他犯罪小说和侦探小说。其他通俗杂志刊载了各种航空故事、战争故事和恐怖故事。1926 年，根斯巴克创办了第一本专门刊载科幻小说的杂志《惊异传奇》。在通俗小说流行的时代，还出现了更多类似的杂志，这种浪潮一直持续到 20 世纪 40 年代末。

在某种程度上，科幻小说沿袭了高产小说家儒勒·凡尔纳和赫伯特·乔治·威尔斯的传统，在冒险小说和战争小说中加入了发明和科技元素。威尔斯还在他最著名的科幻小说《星际战争》和《时光机器》中加入了社

第一章
死光：从雷神到科学疯子

会评论，这两部小说不断地吸引着读者。通俗科幻杂志一边重印威尔斯的作品，一边培养自己的作家，这些人有自己的写作风格，作品兼有动作小说的风格和对未来的推测。

动作小说将故事背景设在未来，并需要未来武器。热射线、死光、能量爆破枪和射线枪出现较早，经常出现在《惊异传奇》等杂志的封面上。《星际战争》中，来自火星的热射线像是装在战斗服里的轻型火炮。亚瑟·里夫在《伊莲的故事》中描述了接触就能杀人的死光，随着时间的推移，他给死光添加了更多的特性，让故事更有趣。爆破枪和射线枪是手枪式的能量武器。牵引式射线可以抓住物体并移动它们。粉碎者射线，就像它的名字所暗示的那样，能把目标分解成一个个的原子，使目标看起来像是蒸发了或融化成了一滩水。光剑是类似剑的能量武器。《星际迷航》的相位武器可以杀人或致人昏迷。射线枪可以发射粒子、强大的能量或神秘射线。光炮是重型炮。这样的例子不胜枚举。

作者和读者的一大乐趣是想象一种终极武器，就像《星际战争》系列电影中的死星一样，然后找到其致命弱点，由此让主人公能摧毁这个武器，推翻邪恶的帝国。未来的城市或宇宙飞船可能会装备能量场，理论上可以防御所有攻击。在现实世界中，我们希望有一个完美的能量场作为终极防御武器，保护我们免受所有危险。但在小说的世界里，完美的能量场会让人觉得很无聊，因为人物所有的行动都是徒劳的。没有弱点的动作小说一点儿趣味儿也没有。

科幻小说很快被搬上了银幕，后来又被拍成了电视剧。29岁的罗纳德·里根，在1940年的电影《云中命案》中饰演特勤局特工布拉斯·班克罗夫特。在这部电影中，他打败了一伙想要摧毁新型机载武器"惯性发射机"的坏人，这是一种防御性射线武器，用来摧毁机动车辆的发动机，很像20世纪20年代提出的用来使敌机失能的死光。巴克·罗杰斯和飞侠哥顿出现在连环画、漫画书和电视节目中。科幻小说成了20世纪中叶美国流行文化的一部分。扮演警察和强盗的孩子们拿着玩具枪，想象自己身处蛮荒的西部；扮演太空飞行员的孩子们拿着玩具射线枪，假装他们正身处未来。

激光武器
Lasers, Death Rays, and the Long, Strange Quest for the Ultimate Weapon

我们从玩耍中学习，玩具可以塑造我们的未来。巴克·罗杰斯玩具射线枪让尔德雷斯·沃克走上了向阿波罗11号宇航员巴兹·奥尔德林和尼尔·阿姆斯特朗留在月球上的一面镜子发射激光的道路。

20世纪30年代末到40年代初，沃克还是个小男孩的时候，他住在美国路易斯安那州中部的农村。他对各种小装置很好奇，他是那种往石头下面看并且会问"为什么？"的孩子。有一年，他问父亲要一把玩具气枪，那是当时很流行的玩具。父亲却给了他一把巴克·罗杰斯玩具射线枪，一扣动扳机转轮就会产生火花。它吸引了沃克的注意，这可比玩具气枪有意思多了。沃克回忆道："我不知道父亲懂这些，在现在看来，父亲对一些事情很有先见，他指引了我的未来……我总是说，我的生命就是在追随那些火花"。

沃克和一个男孩关系很好，男孩家在当地开了一家商店，男孩父亲的副业是修理电器。那位父亲把电器拆开修理时，会让沃克和自己儿子一起在旁边看着。两个男孩对此都很感兴趣，男孩父亲会边修理边讲解，两个男孩一块儿学习，然后他们把东西拆开，看看里面的部件是如何组合的。这段经历让沃克开始了解技术方面的事情，他对此的兴趣也日益增长。

沃克一家后来搬到了洛杉矶。1951年他高中毕业，想从事技术方面的工作，因为美国海军有这方面的训练项目和设备，他就加入了美国海军。之后的4年里，沃克一直从事雷达、电力系统和供电等方面的工作，这为他退役后学习工程学奠定了基础。

后来，沃克退役后在美国无线电公司找到了一份工作，在那里，他帮助建立了弹道导弹早期预警系统。美国无线电公司还让他负责电信和雷达方面的其他项目，其中令沃克激动的事情是在1962年7月23日，他参与了第一场由通信卫星转播的电视广播比赛。美国、加拿大和欧洲的数千万人观看了这场转播，沃尔特·克朗凯特担任了广播解说。许多欧洲人第一次看到了在芝加哥瑞格利球场上举行的棒球比赛，同时还观看了肯尼迪总统的部分新闻发布会。两年后，沃克开始在首批激光器公司工作。

第一章
死光：从雷神到科学疯子

动荡的时代

第二次世界大战后是日益动荡的时代。

由于战争年代纸张短缺，粗糙廉价的通俗杂志开始式微，再也没能恢复以往的辉煌。由于成本上升，出版商们从粗制滥造的通俗小说转向了篇幅更短的文摘。电视广播为人们提供了新的家庭娱乐消遣，通俗杂志还面临着来自平装书和漫画书日益激烈的竞争，科幻小说读者的兴趣也开始从短故事转向长篇小说。

电视的流行也迫使电影做出改变。20 世纪 40 年代，电影公司制作了大量的 B 级电影，即低成本制作的黑白短片。55 分钟的《云中命案》是 B 级短片的代表作。但随着电影公司改制时间更长的彩色电影、电影院改换更宽的屏幕，黑白短片式的电影逐渐停止了制作。

原子弹的余波和"冷战"的出现也对电影产业造成了很大影响。早在半个多世纪前，乔治·帕尔就制作了电影《星际战争》，但到 1953 年才上映发行。奥森·威尔斯在 1938 年的万圣节通过电台广播节目用《星际战争》的故事吓坏了美国人。也许是因为呈现火星入侵者和他们造成的破坏的挑战太大，这个小说之前从未被拍摄成电影。用新的电影技术，帕尔生动地展现入侵者的形象和被热射线破坏后的场景。他在电影中加入了新想法，即人类徒劳地使用自己的终极武器阻止入侵者。满载核武器的轰炸机从空中朝着火星人俯冲而下，蘑菇云在飞机飞过后高高升起。很长一段时间人类认为自己肯定胜利了，因为没有人能在核武器的打击下幸存。但火星人没有被人类的终极武器伤害，他们大步走出被炸毁的区域，用热射线把一切都烧成了灰烬。随着"冷战"的加剧，是时候寻找一些新的终极武器来保护我们不受最致命的武器——原子弹的伤害了。

参考文献

1. Wikipedia, s.v. "List of Thunder Gods," last edited August 15, 2018, https://en.wikipedia.org/wiki/List_of_thunder_gods (accessed August 20,

2018).

2. Theodore Maiman, The Laser Odyssey (Fairfield, CA: Laser Press, 2000), p. 118.

3. Ernest Volkman, Science Goes to War (New York; Chichester: Wiley, 2002), p. 33.

4. Reviel Netz and William Noel, The Archimedes Codex: How a Medieval Prayer Book Is Revealing the True Genius of Antiquity's Greatest Scientist (Cambridge, MA: DaCapo, 2007), p. 34.

5. Olivier Darrigol, A History of Optics from Greek Antiquity to the Nineteenth Century (Oxford, UK: Oxford University Press, 2012), p. 12.

6. D. L. Simms, Technology and Culture 18, no. 1 (January 1977): 1–24, http://www.jstor.org/stable/3103202 (accessed February 5, 2018).

7. Jo Marchant, "Archimedes and the 2000-Year-Old Computer," New Scientist, December 10, 2008, https://www.newscientist.com/article/mg20026861-600-archimedes-and-the-2000-year-old-computer/ (accessed February 5, 2018).

8. G. L. Leclerc de Buffon, Memoires de l'Academie Royale des Sciences pour 1747 (Paris, 1752), pp. 82-101; cited in Klaus D. Mielenz, "Eureka!" Applied Optics 13, no. 2 (February 1974): Al4 & Al6; the incident is also mentioned in Trevor I. Williams, ed., A Biographical Dictionary of Scientists, 3rd ed. (New York: Halsted, 1982), p. 88.

9. Washington Star-News, November 13, 1973, p. A3 and Time, November 26, 1973, p. 60; cited in Mielenz, "Eureka!"

10. MythBusters, episode 16, "Ancient Death Ray," directed and written by Peter Rees, originally aired on September 29, 2004, https://mythresults.com/episode16 (accessed May 4, 2018).

11. "Archimedes Death Ray," 2.009 Product Engineering Processes, October 2005, http://web.mit.edu/2.009/www/experiments/deathray/10_Archimedes Result.html (accessed May 4, 2018).

第一章
死光：从雷神到科学疯子

12. "2.009 Archimedes Death Ray: Testing with MythBusters," 2.009 Product Engineering Processes, October 21, 2005, http://web.mit.edu/2.009/www/experiments/deathray/10_Mythbusters.html (accessed May 4, 2018).

13. MythBusters, episode 46, "Archimedes' Death Ray Revisited," produced by Richard Dowlearn, originally aired on January 25, 2006, https://mythresults.com/episode46 (accessed May 4, 2018).

14. H. Bruce Franklin, War Stars: The Superweapon and the American Imagination (Oxford: Oxford University Press, 1988), p. 21.

15. William J. Fanning Jr., Death Rays and the Popular Media, 1876–1939: A Study of Directed Energy Weapons in Fact, Fiction, and Film (Jefferson, NC: McFarland, 2015), pp. 27–28.

16. Neil Baldwin, Edison: Inventing the Century (New York: Hyperion, 1995), pp. 200–202.

17. W. Bernard Carlson, Tesla: Inventor of the Electrical Age (Princeton, NJ: Princeton University Press, 2013), pp. 17–18.

18. Richard Moran, Executioner's Current: Thomas Edison, George Westinghouse, and the Invention of the Electric Chair (New York: Knopf Doubleday, 2007), pp. xxi–xxii.

19. "Nikola Tesla Discusses X Rays," New York Times, March 11, 1896, p. 16.

20. Henry C. King, The History of the Telescope (Mineola, NY: Dover, 1979), pp. 140–41.

21. Steven Beeson and James W. Mayer, Patterns of Light: Chasing the Spectrum from Aristotle to LEDs (New York; London: Springer, 2008), p. 149.

22. Walter Gratzer, The Undergrowth of Science (Oxford: Oxford University Press, 2000), pp. 1–28.

23. Philip F. Schewe, "Laser Lightning Rod," Physics Today 58, no. 2 (February 2005): 9, https://physicstoday.scitation.org/doi/10.1063/1.4796869 (accessed May 7, 2018).

24. Matteo Clerici et al., "Laser Assisted Guiding of Electrical Discharges around Objects," Science Advances 1, no. 5 (June 19, 2015), http://advances.sciencemag.org/content/1/5/e1400111.full (accessed May 6, 2018).

25. Fanning, Death Rays, pp. 134-36; refers to George Griffith, The World Masters (London: John Long, 1903).

26. "From Day to Day," West Australian Sunday Times, August 7, 1898, p. 2, cited in Fanning, Death Rays, p. 34.

27. H. G. Wells, The Invisible Man and The War of the Worlds (New York: Washington Square Press, 1965), p. 174 (start of chap. 6).

28. "Invention of an Italian May Put an End to War; Guilio Ulivi Has Detonated Explosives at a Distance of Several Miles by Using Infra-Red Rays and Says World's Fleets Are at the Mercy of His Apparatus," New York Times, June 21, 1914, p. 48.

29. "Inventor Elopes on Eve of Tests," New York Times, July 18, 1914, p. 1.

30. "Calls Ulivi Bomb a Chemical Fake," New York Times, July 20, 1914, p. 1.

31. Wikipedia, s.v. "Craig Kennedy," last edited June 14, 2018, https://en.wikipedia.org/wiki/Craig_Kennedy (accessed August 21, 2018).

32. Arthur B. Reeve, "Chapter 9: The Death Ray," in "The Exploits of Elaine," Classic Reader, http://www.classicreader.com/book/1781/9/ (accessed February 5, 2018); The Exploits of Elaine, directed by Louis J. Gasnier, Whartons Studio, 1914.

33. Wikipedia, s.v. "The Exploits of Elaine," last edited May 6, 2018, https://en.wikipedia.org/wiki/The_Exploits_of_Elaine (accessed August 21, 2018).

34. Neil G. Caward, "Playing Hide and Seek with Death," Motography 13 (March 6, 1915): 351.

35. Robert Buderi, The Invention That Changed The World (New York: Si-

第一章
死光：从雷神到科学疯子

mon & Schuster, 1996), p. 52.

36. Eugene Debeney, "The War of Tomorrow," New York Times, September 25, 1921, p. 80, https://timesmachine.nytimes.com/timesmachine/1921/09/25/98744919.html?pageNumber=80 (accessed February 9, 2018).

37. Fanning, Death Rays, p. 57; quoting "Science Will Win Next War," Agitator (Wellsboro, PA), August 4, 1920, p. 6.

38. Electrical Experimenter, February 1919, http://www.electricalexperimenter.com/n10electricalexperi06gern.pdf (accessed May 7, 2018).

39. Wikipedia, s.v. "Hugo Gernsback," last edited July 27, 2018, https://en.wikipedia.org/wiki/Hugo_Gernsback (accessed August 21, 2018).

40. Encyclopedia of Science Fiction, 3rd ed., s.v. "Science and Invention," March 27, 2017, http://sf-encyclopedia.com/entry/science_and_invention (accessed May 7, 2018).

41. "Milestones: First Operational Use of Wireless Telegraphy, 1899–1902," Engineering and Technology Wiki, last modified December 31, 2015, http://ethw.org/Milestones:First_Operational_Use_Of_Wireless_Telegraphy,_1899-1902 (accessed February 9, 2018).

42. Jonathan Foster, The Death Ray: The Secret Life of Harry Grindell Matthews (Inventive Publishing, 2008), pp. 22-24.

43. Martin Gilbert, Winston S. Churchill, vol. 5, The Prophet of Truth: 1922–1939 (Boston, MA: Houghton Mifflin, 1977), p. 50; quoted in Fanning, Death Rays, p. 68.

44. Wikipedia, s.v. "Electronic Warfare," last edited August 20, 2018, https://en.wikipedia.org/wiki/Electronic_warfare (accessed August 22, 2018).

45. "Tells Death Power of 'Diabolical Rays,'" New York Times, May 21, 1924, pp. 1, 3.

46. Samuel McCoy, "'Diabolic Ray' Makes Scientists Wonder," New York Times, June 1, 1924, p. 159, https://timesmachine.nytimes.com/timesmachine/1924/06/01/101600495.html (accessed February 10, 2018).

47. "The 'Death Ray' Rivals," New York Times, May 29, 1924, p. 18, https://timesmachine.nytimes.com/timesmachine/1924/05/29/104038845.html?pageNumber=18 (accessed February 10, 2018).

48. Avram Balabanovic, "The Electric Wars: Tesla vs. Putin," Britic, November 23, 2011, http://www.ebritic.com/?p=139858 (accessed May 8, 2018).

49. "The Death Ray: Harry Grindell Matthews," Harry Grindell-Matthews, Pathe Exchange, 1924, YouTube video, 8:13, https://www.youtube.com/watch?v=qbNgvHfK4wI (accessed February 11, 2018).

50. "War's Latest Terror!" Harry Grindell-Matthews, copyrighted by Pathe Exchange, 1924, YouTube video, 0:55, https://www.youtube.com/watch?v=4IpLjyKSZRw (accessed February 11, 2018).

51. "Hurt by Death ray, Inventor Aids Cure," New York Times, July 30, 1924, p. 15, https://timesmachine.nytimes.com/timesmachine/1924/07/30/99453674.html?pageNumber=15 (accessed February 10, 2018).

52. Fanning, Death Rays, p. 72, citing "The Versatile Ray, from Mechanics to Medicine, Lord Birkenhead's Comments," The Times (of London), May 28, 1924, p. 15.

53. "Tesla's New Device Like Bolts of Thor," New York Times, December 8, 1915, p. 8, https://timesmachine.nytimes.com/timesmachine/1915/12/08/104659302.html?pageNumber=8 (accessed February 11, 2018).

54. Nikola Tesla, "World System of Wireless Transmission of Energy," Telephone and Telegraph Age," October 16, 1927, available online at http://www.tfcbooks.com/tesla/1927-10-16.htm (accessed February 12, 2018).

55. Orrin E. Dunlap Jr., "An Inventor's Seasoned Ideas," New York Times, April 8, 1934, p. 160, https://timesmachine.nytimes.com/timesmachine/1934/04/08/93759286.html?pageNumber=160 (accessed February 12, 2018).

56. "Tesla, at 78, Bares New 'Death-Beam.' Invention Powerful Enough

第一章
死光：从雷神到科学疯子

to Destroy 10,000 Planes 250 Miles Away, He Asserts," New York Times, July 11, 1934, p. 18, https://timesmachine.nytimes.com/timesmachine/1934/07/11/93633178.html?pageNumber=18 (accessed February 12, 2018).

57. Robert Buderi, The Invention That Changed the World (New York: Touchstone/Simon & Schuster, 1996), p. 54.

58. "Electro-Tank Shoots Lightning Rays," Modern Mechanix, August 1935, p. 81, http://blog.modernmechanix.com/electro-tank-shoots-lightning-rays/#more (accessed February 12, 2018).

59. K. T. Compton, L. C. Van Atta, and R. J. Van de Graaff, "The Van de Graaff Generator," in Progress Report on the MIT High-Voltage Generator at Round Hill (Cambridge, MA: MIT Institute Archives & Special Collections, December 12, 1933), https://libraries.mit.edu/_archives/exhibits/van-de-graaff/ (accessed May 9, 2018).

60. Sava Kosanovic, "Ex-Yugoslav Aide, Ambassador to US '46-50, Is Dead-Former Minister of Information and State Delegate to Paris Talks," New York Times, November 15, 1956, p. 35, http://www.nytimes.com/1956/11/15/archives/sava-kosanovicexyugoslav-aide-ambassador-to-us-4650-is-dead-former.html (accessed February 12, 2018).

61. John G. Trump to Walter Gorsuch, alien property custodian, January 30, 1943.

62. William Thomas, "A Profile of John Trump, Donald's Accomplished Scientist Uncle," Physics Today, http://physicstoday.scitation.org/do/10.1063/PT.5.9068/full/ (accessed February 12, 2018).

63. Walter E. Grunden, "Secret Weapons & World War II: Japan in the Shadow of Big Science" (Lawrence, KS: University Press of Kansas, 2005), p. 94.

64. Albert Speer, "Inside the Third Reich" (New York: Macmillan, 1970), p. 464.

65. H. Tsien et al., Technical Intelligence Supplement: A Report of the

AAF Scientific Advisory Group (Wright Field, Dayton, OH: Headquarters Air Materiel Command, Publications Branch, Intelligence T-2, 1946), p. 159.

66. See, for example, the compilation of covers at the Magazine Art site, http://www.magazineart.org/main.php (accessed May 9, 2018).

67. John M. Miller, "Murder in the Air," directed by Lewis Seiler (Turner Classic Films, 1940), http://www.tcm.com/this-month/article/218498%7C0/Murder-in-the-Air.html (accessed May 9, 2018).

68. Harold "Hal" Walker, in interviews with the author, July 18, 2017 and April 18, 2018; "Hildreth 'Hal' Walker Jr.," Historical Inventors, Lemulson-MIT, https://lemelson.mit.edu/resources/hildreth-%E2%80%9Chal%E2%80%9D-walker-jr (accessed May 9, 2018).

69. Christopher Klein, "The Birth of Satellite TV, 50 Years Ago," History Channel, July 23, 2012, https://www.history.com/news/the-birth-of-satellite-tv-50-years-ago (accessed May 9, 2018).

70. The War of the Worlds, directed by Byron Haskin, Paramount Pictures, 1953.

第二章
五角大楼差点发明了激光器

1959年年初，戈登·古尔德意气风发地走进了五角大楼。他在38岁时有了一个想法，觉得这个想法是他这辈子最重大的事。多年来，古尔德一直梦想成为像托马斯·爱迪生那样的发明家。现在他终于有了一项自己的发明，他希望这项发明能让他名利双收。他把这个发明称为激光器。未来，激光器将使古尔德成为百万富翁，人们能用它进行眼科手术，实现高速网络传输，焊接金属薄板，还能做许多连古尔德当年都没有想到的事情。但60年后，激光器还是没能达到五角大楼当年对它的预期，即成为一种能从数千英里外摧毁敌人核导弹的死亡射线武器。

对古尔德来说，是时候让事情走上正轨了。第二次世界大战扰乱了他和他那一代许多人的生活。1943年，他已从美国耶鲁大学硕士毕业，当了大学老师，正在攻读博士学位。当时，赢得战争比培养未来的教授更重要，古尔德没能被免除兵役。在他通过征兵体检后，物理系的系主任告诉他，如果他去曼哈顿的一个地方工作，不仅能为战事做贡献，还不用参军。于是古尔德从1944年4月30日起加入了"曼哈顿计划"，他开始试验铀原料的提炼方法，使铀同位素的浓度足以引发原子弹的失控核链式反应。30年后，人们也尝试着用激光做类似的工作，将铀与它的同位素混合，生产铀燃料，用于核电站发电。

古尔德热爱这份工作，他还从这份工作中收获了爱情。格伦·富尔威德是个棕发美女，漂亮、活泼、性感。对于祖父和外祖父都是卫理公会牧师的古尔德来说，她简直太性感了。他们很快就深陷热恋之中。古尔德来自一个自由主义知识分子家庭，他的父亲是《学者》杂志的编辑。格伦是社会主义者，她去了格林威治村第六大道的一间小公寓，参加了由波兰移

激光武器
Lasers, Death Rays, and the Long, Strange Quest for the Ultimate Weapon

民约瑟夫·普伦斯基领导的马克思主义学习小组，古尔德后来也一起去了。

1945年年初，古尔德和格伦公开抗议一家新公司对犹太工人的歧视。这家新公司接管了他们在"曼哈顿计划"中的工作，并计划用一种方法，将铀235同位素的可裂变水平提高至足以制造一枚炸弹。几周内，他俩和其他同事都在没有任何解释的情况下被解雇了。

对这些大公司不再抱有幻想后，古尔德跟着格伦加入了共产党。他打过一些短工，试图以发明创造为生。他有了一个改善隐形眼镜的主意，可以让人们更长时间地佩戴隐形眼镜，但他不知道如何从商业角度来经营这个生意。他和格伦婚后不久就分开了。他开始在纽约城市大学教物理，后来又回到了哥伦比亚大学研究生院攻读博士学位。很快他有了一个新的女朋友，正当他的生活开始走上正轨时，纽约州的一个特别小组开始查找危险分子，要把他逐出大学的教员队伍。

当特别小组把古尔德抓起来后，古尔德承认了自己曾是一名共产党员，但他说这都是过去的事了。古尔德拒绝交代其他党员。这让他失去了大学老师的工作，一切好像又再次开始和他对着干。他告诉导师波利卡普·库施，他不得不退学了。库施不愿让他退学，说会去大学找资助，让他能继续完成博士项目。古尔德搬去和女友露丝·弗朗西斯·希尔一起住，她也给了他一些资助，后来他们结婚了。库施是诺贝尔物理学奖的获得者，他为古尔德找到了资助。经过长时间的努力，古尔德的研究终于有了成果。1957年10月25日，苏联成功发射人造卫星仅三周后，哥伦比亚大学的物理学教授，查尔斯·哈德·汤斯找古尔德谈了次话。

从表面上看，古尔德和汤斯这两位物理学家很相似。两人的祖上都是早期的新英格兰清教徒；两人都结了婚，汤斯42岁时结的婚，古尔德37岁时结的婚；两人都很聪明，会滔滔不绝地谈论物理和自己的项目，并且都心怀梦想。

但私底下两人完全不同。汤斯有南加利福尼亚口音，因为他在那儿长大；古尔德则是纽约市郊的口音。汤斯很为自己的清教徒血统自豪；古尔德最喜欢的祖先是个海盗。汤斯的家在布朗克斯区的好地段，是一所带院

第二章
五角大楼差点发明了激光器

子的房子,他和妻子一起用他当教授的工资抚养四个女儿。古尔德兼职做研究助手,一个月挣 200 美元,妻子露丝是生物学博士,她的工资负担了家里大部分的开销,他们住的是公寓。汤斯是老派绅士,举止得体,彬彬有礼,是学校的顶梁柱。古尔德是一个超龄的研究生,经过十二年的摸爬滚打后,觉得自己受到了社会的不公平待遇。汤斯的研究由军方资助,他为军方的各类咨询委员会服务。古尔德因为曾经加入过共产党,在公立大学当老师还被开除了。和汤斯往来的都是纽约市的知识精英。最重要的是,作为一名有重大发现的教授,汤斯是领导,古尔德只是个学生。

汤斯的重大发现是,分子可以在不借助电子帮助的情况下增强无线电波辐射。这个发现源于爱因斯坦在 1916 年提出的设想,即如果原子或分子有多余的能量会发生什么。量子力学表明,原子和分子存在能量递增的不同能级,就像间隔不均匀的梯子。爱因斯坦说,高能级的原子或分子可以通过两种方式释放它们多余的能量,即不受外界影响的自发辐射和受相同能量(光子)激发的受激辐射。在受激辐射中,原子或分子在外来光子的激发下释放光子,受激辐射释放的光子与外来光子的波长、传播方向完全相同。汤斯的研究表明,在合适的条件下,某些氨分子自发辐射的电磁波被其他氨分子的受激辐射过程复制放大,最终输出单一频率的纯净的电磁波。这就是激光器的工作原理,但激光器发射的是光波,而不是无线电波。

要产生足够的受激辐射来放大无线电波或任何形式的光波,关键是要将发射电磁波的原子或分子置于恰当的能级。可以再次把这些能级想象成梯子上的节,把原子放在高能级,它可以释放能量跃迁到低能级。正常情况下,处于高能级的原子比处于低能级的原子少很多,而且高能级原子还自发地向低能级跃迁,处于高能级能够发生受激辐射的原子几乎不存在。要使受激辐射占主导地位,处于高能级的原子数量必须比处于低能级的原子数量多。

要理解其中的原理,必须换一种比喻。想象一团由两种不同能级原子组成的气体,一部分原子有多余能量,另一部分原子没有多余能量。假设

激光武器
Lasers, Death Rays, and the Long, Strange Quest for the Ultimate Weapon

一个有多余能量的原子以光子的形式释放出多余的能量，如果光子遇到一个没有多余能量的原子，原子就会吸收这个光子（受激吸收）。如果光子遇到一个有多余能量的原子，原子就会受激辐射发出一个相同的光子。如果大多数原子没有多余的能量，那个光子很可能会被吸收。但如果大多数原子有多余的能量，这些原子很可能会受激辐射发出第二个光子，这个过程可以引发激光器中"一连串的"受激辐射。

正常情况下，原子数量会随着能级的提高而减少，因此更多的原子总是处在能量较低的能级，以便在引发大规模的受激辐射之前吸收光子。制造一台激光器，需要将更多的原子放在高能级而不是低能级上。物理学家称这种现象为"粒子数反转"，因为它与正常情况下的粒子数分布状态是相反的（早在20世纪中叶，这种情况被称为"负温度"，绝对零度以下的温度是无法达到的。因此，汤斯所做的事情蕴含了一些非常规的深入思考）。想要制造激光器，需要考虑粒子数反转和寻找可以产生粒子数反转的材料。

汤斯称他设计的装置为maser，即微波激射器（Microwave Amplification by the Stimulated Emission of Radiation 按其英文的首字母缩写为maser），但他开玩笑说，maser也是"获取昂贵研究支持的手段（Means for the Acquiring Support for Expensive Research）"的英文首字母缩写。当时，他想对可见光谱内或附近的光波进行同样的实验。他需要一种给原子或分子增加恰当能量的方法，他希望古尔德在论文中提出的技术能对自己的研究有所帮助。这项技术被称为"光泵浦"，就是用光将低能级的原子或分子"抽运"到高能级。这不是古尔德原创的主意，科学研究的常态是，某位科学家提出一个想法，其他科学家根据自己的需要对其加以修改。阿尔弗雷德·卡斯特勒在法国发明了光泵浦技术，当时在法国哥伦比亚大学的I. I. 拉比教授也听说了这事。其诀窍在于制作一个与原子能级相匹配的灯（泵浦源），古尔德用的铊原子，泵浦源发射的光刚好能让铊原子跃迁一个能级。它就像一套传动装置，一个光子推动一个原子精确地跃升一个能级。光泵浦技术的发明者阿尔弗雷德·卡斯特勒因此获得了1966年的诺贝尔物理学奖，它也一直是制造激光器的重要技术。

第二章
五角大楼差点发明了激光器

拉比知道古尔德的博士课题研究停滞了，他建议使用光泵浦技术让更多的铊原子跃迁到正确的能级。古尔德说："作为一个学生，我自然会进行尝试，这使我走进了光泵浦领域。"要让实验成功，他必须制造一个铊原子灯作为泵浦源，里面的铊原子能发射出合适颜色的光，让其他的铊原子跃迁到正确的能级。古尔德花了一年多的时间，终于在一天晚上成功了，当时库施在实验室里检查他的实验进展，并给这个复杂的装置装了一个手摇旋转的把手，让整个装置可以发挥作用。古尔德跳着欢呼起来，库施也跟着他一起跳。这位自豪的诺贝尔奖获得者对古尔德说："太好了，戈登，终于成功了"，他给了自己这位成功的学生一个深情拥抱。这次成功使古尔德成为哥伦比亚大学光泵浦领域的常驻专家。他向汤斯推荐在微波激射器中使用光泵浦，并在哥伦比亚大学的一次演讲中描述了他获得成功的经历。经过长时间的努力，古尔德终于获得了成功。

被叫到汤斯的办公室是古尔德被认可的另一个标志。一位教授需要他的帮助，古尔德回答了汤斯关于光泵浦的问题并解释了其工作原理。汤斯仔细地把他在1957年10月25日和28日与古尔德的谈话记录在笔记本上。古尔德回到家后，又回顾了谈话的内容。

汤斯喜欢研究微波。他的学术专长是光谱学，研究原子和分子发射、吸收的电磁波频率或波长，以了解它们的内部性质。第二次世界大战期间，他曾在贝尔实验室从事雷达研究工作，战后，他有大量可供研究的闲置微波设备，他发明微波激射器就是源自那些研究。制造微波激射器的目的是为提高雷达的精确度，而不是获取能量。第一台微波激射器以氨分子的振动频率运转，电磁波每秒变化240亿次，波峰和波谷整齐排列，就像列队行军一样。最初的电磁波是氨分子自行发出的，并刺激了其他氨分子，可以把微弱的信号放大。微波激射器可以放大微弱的雷达回波信号，以便更好地探测目标，也可能强大到足以发射雷达脉冲。汤斯认为这也能用于光学，灯泡能发出单纯颜色的光，就像无线电台发射单一频率的电磁波。但此时，他还没有想到死亡射线。

古尔德喜欢研究光学，并在美国耶鲁大学学过光学，他利用自己的光学知识尝试发明了一些东西。就像小孩都喜欢玩透镜，他肯定也用过透镜

激光武器
Lasers, Death Rays, and the Long, Strange Quest for the Ultimate Weapon

图2.1 1954年，查尔斯·哈德·汤斯（左）与他的氨分子微波激射器以及与他一起工作的学生詹姆斯·戈登（右）。（图片源自纽约市哥伦比亚大学档案馆与珍贵书稿图书馆）

把阳光聚焦到一个亮点上，把纸烧了个洞。他的物理学直觉告诉他，光学领域的微波激射器应该不同于普通的微波激射器，就像探照灯不同于无线电广播天线，光学领域的微波激射器将光聚焦成光束，而不是在大范围内广播无线电波。

为了弄清楚这些区别，古尔德回到公寓，拿着参考资料和计算尺坐了下来。对物理学家来说，光和无线电波是同一事物的两种形式，它是一种结合了电场和磁场，以光速传播的波，同时也以光子的形式存在。光波

第二章
五角大楼差点发明了激光器

（光子）的能量越大，它的振动就越快。由于光速是恒定的，因此波振动的越快，波长（即相邻波峰之间的距离）就越短。

光波的波长不同，呈现出的颜色就不同。我们眼睛能看到的波长最长的红波比波长最短的紫波要长大约75%。无线电波和光波的区别巨大。典型的微波波长是5厘米（2英寸），是绿光波长的100000倍。波长越长，波里面每个光子的能量越小，所以每一个绿光光子拥有的能量是微波的100000倍。

短波还有另一个优势。将它们从一个窄孔射出，它们不像长波那样会快速散开。事实上，光波的发散角与波长除以孔径的商成正比。所以和无线电波相比，可见光能聚焦到一个小得多的点上。

古尔德在书房里花了很长时间，苦苦思索如何制造他所谓的"激光器"。一个星期六的深夜，当他躺在床上的时候，突然来了灵感。在一个中空长管的两端放置一对反射镜，里面充满了处于激发态的气体，这样它就可以像微波激射器放大微波一样放大光波。两面反射镜相互平行且完全垂直于中空管。一个原子发射出一个波长合适的光子，其他原子会接续放大这个光子。光子在反射镜之间来回振荡会激发其他的原子，使它们受激辐射出更多完全相同的光子，光子整齐地运动，能量越来越强。这些光子最终在谐振腔中单向传输的距离会是波长的整数倍，比如，100000或100001，而不可能是100000.388753。

古尔德彻底清醒了，他从床上起来，离开熟睡的妻子，煮了咖啡，抽了根烟，然后坐下来，确定这主意可行。他查了资料，做了计算，又再次检查了他的资料，做了更多的计算。凌晨时分，他把这些材料整理在一起，拿出一支钢笔，开始在一本精装的笔记本上写下："激光器可行性的一些粗略计算"。

古尔德从高中起就梦想成为像托马斯·爱迪生那样的独立发明家，尽管他并不知道成为发明家意味着什么。大学毕业后，他曾在美国电话电报公司（AT&T）的子公司短暂地工作过一段时间，那时他就意识到自己不想一辈子待在大公司里。露丝醒来后，古尔德给她看了计算结果，并试图解释其中的含义。露丝一开始还以为这是古尔德在拖延已久的博士课题上

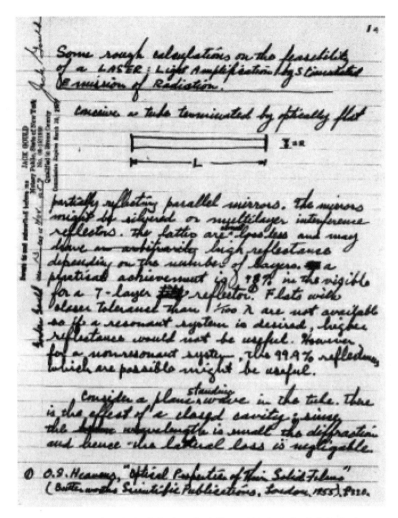

图 2.2　戈登·古尔德在笔记本的第一页描述他发明的激光器。
（图片源自埃米利奥·塞格雷视觉档案馆）

取得的进展，所以她很失望。她认为博士学位比专利申请更重要，但古尔德不这样认为。他坚持不懈地工作，直到 1957 年 11 月 13 日，他请了当地一家糖果店的老板为他笔记本上的 9 页材料做了公证。

他希望这是走上专利之路的第一步，但他也知道这将是一场与汤斯的

第二章
五角大楼差点发明了激光器

竞赛，汤斯已经拥有了一些专利权。事实上，古尔德向汤斯询问过申请专利的流程，汤斯分享了自己申请专利时的经历并给了他一些建议。

古尔德和汤斯的合作看上去顺理成章。两人都有高深的专业技能和专业知识，同时还可以互补。然而，他们从未说过合作的事，各自朝着不同的方向努力。古尔德开始单干，汤斯则在不久后和他的小舅子亚瑟·肖洛组队去了贝尔实验室研究激光器。在现实中，汤斯和古尔德的组合也不会成功。汤斯小看了古尔德，认为他偷了自己的创意。古尔德既不信任汤斯，也不信任大学，认为自己是在解决一个汤斯搞不定的物理问题。

汤斯和古尔德都有自己的规划。汤斯想要帮肖洛，肖洛的超导研究停滞不前，正需要一个新项目。在汤斯与肖洛的姐姐结婚前，他们就在哥伦比亚大学一起工作过。对汤斯来说，肖洛既是家人，也是令人尊敬的旧同事，汤斯给了肖洛一起研究激光器的机会，肖洛也欣然接受了。

古尔德厌倦了读博，他认为自己的研究已经完成了，但库施一直要求他做更多的实验。放大光波的新主意比读博更令他兴奋。当古尔德把心思放在放大光波上时，他能精力充沛地一直研究。他与汤斯的另一点不同是，他有光学实验的经验。因此到1957年11月时，他在激光器研究上有了明显的领先优势。他开始写第二本笔记，更加详细地探索了激光器的前景。

这时候，古尔德遇到了一个困难。在与专利律师的一次讨论后，他认为自己需要在申请专利前制作一个激光器样机，但实际上，除了永动机的专利申请之外，这个要求早就作废了。古尔德因此从哥伦比亚大学退学，为美国TRG公司工作，这是一家小型国防承包商。古尔德计划利用所有的空闲时间来拿到激光器专利权。但事情的进展不尽如人意，公司总裁拉里·戈德蒙茨很快开始提出尖锐的问题。幸运的是，当古尔德最终向戈德蒙茨解释了他的想法后，戈德蒙茨意识到，古尔德的想法极可能为公司带来一份利润丰厚的研究合同。TRG公司的其他物理学家也这么认为，所以戈德蒙茨告诉古尔德，他可以用上班时间给政府写一份激光器研究的资助申请书。

经过几个月的努力，古尔德写了一份120页的提案，向两个曾资助过

激光武器
Lasers, Death Rays, and the Long, Strange Quest for the Ultimate Weapon

TRG 公司项目的国防机构，以及持有 TRG 公司少数股份的通用喷气飞机公司提交了申请。军方实验室认为激光器不可行，通用喷气飞机公司对此也不感兴趣，美国陆军的一个实验室同样也不确信激光器可行。戈德蒙茨需要找到一个更容易接受激光器的人。

这时，理查德·D. 霍尔布鲁克邀请戈德蒙茨和古尔德一起到新成立的美国高级研究计划局见面。政府在苏联"伴侣号"人造卫星发射成功后，艾森豪威尔对五角大楼进行了重组，成立了高级研究计划局，管理弹道导弹防御、空间卫星和其他之前认为风险太大而无法资助的军事科研工作。

古尔德和戈德蒙茨走进美国高级研究计划局时，这个新成立的机构拥有 50 亿美元的预算，首要任务是支持发展间谍卫星和核武器防御。因为职能重要，它设在美国国防部的神经中枢五角大楼内。其工作包括资助一些听起来很疯狂、成功率很小，但最终可能会成为终极武器的项目。1958 年 5 月，美国高级研究计划局的首任局长罗伊·约翰逊告诉众议院太空委员会："我们的工作可能会找到死亡射线。这将是未来武器，显然，这是为人们在卫星上使用的"。他暗示也许死亡射线可以取代核弹，成为"终极武器"。约翰逊根本不知道如何制造死亡射线。这位前通用电气公司的副总裁是位商人，而非技术专家。他告诉委员会，为了解决核武器和太空时代带来的严峻挑战，"我们必须对一切事物保持开放的心态"。

最初，美国高级研究计划局的主要任务在太空。美国空军、美国陆军和美国海军都向尼尔·麦克罗伊强调了太空作为新高地的重要性。在苏联"伴侣号"人造卫星发射成功的五天后，尼尔·麦克罗伊成为了美国国防部长。他认为，最好的办法是成立一个独立的"特别项目署"，这得到了德怀特·艾森豪威尔总统的支持。

古尔德和戈德蒙茨不是唯一研究激光器的人。1958 年年底，汤斯和肖洛在学术期刊《物理评论》上发表了他们关于激光器的简要方案。这篇论文本可以成为经典。但是军队的承包商和研究机构不会在晦涩难懂的学术期刊上搜寻关于激光器的新想法。古尔德和戈德蒙茨是到美国高级研究计划局首次提出激光器方案的人。

第二章
五角大楼差点发明了激光器

霍尔布鲁克与他们见了面,说他想找一个更专业的人来看他们的演示。霍尔布鲁克找来了保罗·亚当斯,他是国际电话电报公司的专利律师。因为有广博的物理学和科技知识,他被派到美国高级研究计划局工作。但是霍尔布鲁克也说了亚当斯嗓门大,脾气不好。亚当斯来会议室后,给了古尔德和戈德蒙茨一个小时的时间来介绍他们的项目。

古尔德主要讲述了他写的提案,以及他对激光器可以做什么,如何制造激光器的认真思考。科学发明很重要,但能让投资机构感兴趣的是它们的应用前景。古尔德的讲话真挚、热烈,很吸引人。我曾于1983年和1984年两次采访他,30年后,我还记得他对当时一项发明的兴奋之情。那是一个通过光纤来测量油井底部状况的发明,这项发明现在已投入了工业应用。

古尔德畅想了激光的许多用途。激光的光波是近乎平行的,和普通光相比,能进行更远距离的精确测量。激光器发射出的不可见光,可以在夜间充当强大的隐蔽探照灯,让装备观测仪的士兵看到1英里外的物体。古尔德说,如有更多的能量,还能在地球上探测到来自月球或火星的反射激光束。

能量对五角大楼有着特殊的吸引力,古尔德清楚地认识到激光器所能提供能量的潜力。激光器能产生一连串的受激辐射。首先,一个原子发射一个光子,这个光子刺激相同的原子向相同的方向发出相同的光子。每一个新的光子可以级联产生更多相同的光子,它们都朝着同一个方向传播。使光子在一对反射镜之间来回振荡,每次都有部分光子通过一端的反射镜逸出,形成亮度很高的光束。所有的光子都完美地排列在一起,这种整齐的排列会产生一个加强的效果,形成一束强烈的准直光束。

汤斯的无线电波放大器也是相似的工作原理,但无线电波的波长与光波区别很大。无线电波和光波都可以聚焦到直径约为一个波长的点上,汤斯的无线电波波长虽然比大多数微波短,却比可见光长得多。无线电波与可见光的波长差距有25000倍。这意味着可见光可以聚焦到无线电波聚焦面积的六亿分之一①以内的区域中。光斑越小,能量就越集中,光线就越

---

① 准确来说是6.25亿分之一,译者注。

激光武器
Lasers, Death Rays, and the Long, Strange Quest for the Ultimate Weapon

强烈。智能手机上很短的金属天线可以收集足够的无线电能量，供人们观看视频、和朋友打电话或浏览互联网。可见光经手持式透镜聚焦后的强度是同等功率的无线电波的 6.25 亿倍，所以在大晴天，用放大镜会聚的太阳光可以在纸上烧出一个洞来。

古尔德开始研究强光的应用场景。他证明了激光束的亮度比最明亮的传统光源——用于探照灯和电影放映机的碳弧灯大得多。他提到了自己笔记中的想法，用激光引发化学反应，甚至触发核聚变。讲解时间快到时，古尔德提到可以使用激光束引导导弹击中目标，"激光甚至还可能把导弹打下来"，他补充道。

1983 年，回首往事时，古尔德说到，他给美国高级研究计划局的科学家和军事科研项目经理留下了深刻的印象。"没想到这个东西真的有可能做出来。射线枪之类的东西是科幻小说里的东西呀，真的要制造这个东西？他有理论依据证明它真的能用？哇！这让他们激动不已，那些上校，他们简直不敢相信。"

亚当斯也被说服了。"我觉得你们这帮人知道自己在做什么"，他说。但最终的批准权限却远在他之上，由总统的科学顾问詹姆斯·基利安领导的一个专家委员会批准。亚当斯向上级部门汇报了他的建议。委员会对古尔德建议的将激光用于通信、为导弹指示目标，并将激光聚焦到极高功率密度的提案表示赞赏。TRG 公司也请汤斯看了看他们的提案，汤斯看过后认为激光器很有价值，值得资助。但是，汤斯"有点恼火"，因为古尔德没有提到他和肖洛刚刚发表的那篇关于激光器的论文。

戈德蒙茨回到华盛顿等待最后的通知，他很高兴能拿到 30 万美元的合同；当时美国只有 12.2%的家庭年收入超过 1 万美元，这是一笔不小的数目。戈德蒙茨在得知亚当斯在给委员会的报告中添加了其个人建议后感到很惊讶，"我，保罗·亚当斯，认为应该向这个项目投入 100 万美元"。亚当斯对激光器潜在影响的透彻理解给戈尔德蒙茨留下了深刻印象。因为很少有政府官员有信心建议扩大项目提案的规模。

亚当斯把升级后的提案发给 TRG 公司。当提案在 3 月底最终得到批准时，预算精确得出奇，为 999008.2 美元。

第二章
五角大楼差点发明了激光器

每个人都很高兴。美国高级研究计划局在立项函中高度赞扬了 TRG 公司："该项目具有敏锐的独创性,将对国防事业做出重要贡献。"TRG 公司最终获得的合同金额是最初提案的 3 倍多。古尔德获得了公司的股份,他的专利申请也得到了公司的支持。美国高级研究计划局"对死亡射线的发展前景非常满意",古尔德在 1984 年回忆道。

在美国高级研究计划局看来,这是一个有科学可行性的项目,能在未来某天发明拦截核导弹攻击的光速武器。该项目因此被纳入了美国高级研究计划局的"守卫者计划",这是局里对抗远程核导弹的优先项目。TRG 公司的这一项目还是对局里面向反导研究的目标识别项目指南(GLIPAR)的补充,用于探索如反重力、反物质和辐射等未来的武器概念。对新成立的高级研究计划局来说,这也是一个巨大的成功,局领导正深陷权力斗争。1958 年 10 月初,高级研究计划局失去了包括沃纳·冯·布劳恩小组在内的一个大型民用太空项目,该项目划归了新成立的美国国家航空航天局(NASA)。1959 年年初,高级研究计划局一直在争取留住军事太空项目,该项目原计划将在 9 月移交给部队管理。

对戈登·古尔德来说,从三月底开始,情况有所好转。秘书们正在打印他的专利申请书,这份申请书连图带字共计 150 页。但就在美国高级研究计划局正式批准合同的几天后,有传言称该项目会被列为涉密项目。

TRG 公司已经公开提交了它的激光器提案,肖洛和汤斯已经发表了激光器制造理论的论文。贝尔实验室和其他人都在制造激光器。美国高级研究计划局现在才想将它保密起来已经太迟了。

这并不奇怪。汤斯和肖洛只发表了将非伤害性的激光器用于通信的论文。古尔德的提案则介绍了激光器能产生 100 千瓦级高功率低发散的激光束的重要性。他告诉美国高级研究计划局,强大的激光器能以光速摧毁苏联的核导弹。那时,"冷战"的局势很紧张,美军的将军们总做苏联在核导弹竞争中领先的噩梦。局里的大部分工作都是高度机密的,而导弹防御系统项目几乎和研制间谍卫星的绝密项目一样敏感。激光器正好也属于这一类项目。

忧心忡忡的古尔德问戈尔德蒙茨,如果激光器项目被列为涉密项目会

激光武器
Lasers, Death Rays, and the Long, Strange Quest for the Ultimate Weapon

如何。答案是，可以提交专利申请，但它会被列为涉密专利。然而，保密问题给申请该专利权的 TRG 公司和古尔德带来了另一个问题。他们还想在海外申请专利，以赚取更多的专利使用费。但是国际涉密专利只能在三个国家申请——英国、加拿大和澳大利亚。古尔德和戈德蒙茨开动脑筋，与律师们进行了讨论，律师们拿出了一大堆他们认为不涉密的材料，这些材料可以在世界各地申请普通专利。他们把其余的内容做了一个更详细的版本来申请涉密专利。然后秘书们又回去打印这两个最终版本的申请材料，这两份申请书于 4 月 6 日（周一）送到了专利局。

真正让古尔德害怕的是和政府的安全机构打交道。戈尔德蒙茨有着多年和安全机构打交道的经验，烦琐的文书工作和局里的官僚作风让他认为和安全机构打交道是一种"痛苦"，但这对他来说并不是一个严重的威胁。古尔德告诉了戈尔德蒙茨他之前在"曼哈顿计划"和城市大学的事。戈德蒙茨答应帮忙，他说，如果激光器项目最终被列为涉密，"我们会给你弄一个安全许可。局里不会阻止你做自己的项目"。

戈德蒙茨低估了美国安全机构对共产主义的重视程度。第二次世界大战后，许多研究原子弹的物理学家受到了地方或国际管控。与此同时，"铁幕"在欧洲蔓延，"冷战"的紧张局势出现。1946 年，英国物理学家艾伦·纳恩·梅因向苏联泄露关于原子弹的秘密而被定罪，这表明安全官员的担心是有道理的。随着更多的间谍被查出，以及苏联在 1949 年进行了第一次核爆炸，美国的安全措施更严格了，对科学家的怀疑也加深了。

参议员约瑟夫·麦卡锡跌宕起伏的仕途反映了当时美国在政治审查方面的疯狂程度。1954 年 12 月，被参议院谴责之后，麦卡锡的威信荡然无存。然而，在麦卡锡 1957 年去世后的几年里，政治倾向仍然是安全审查的重点。因为拒绝签署效忠誓词，也拒绝指认其他参与了左翼活动的人，古尔德和其他许多科学家都被撤销了教职。通过了审查的科学家和工程师也受到监控，被警告避免接触某些人，不要与某些女人约会。

在签订最终合同时，TRG 公司聘请了律师，明确指出了一些重要的细节是"秘密"的，保密立即成了一个问题。

之后，兰德公司的物理学家比尔·卡弗邀请古尔德和戈德蒙茨向加利

第二章
五角大楼差点发明了激光器

福尼亚国防智库简要介绍激光器的潜在用途。卡弗读过 TRG 公司的提案，认为兰德公司的科学家需要了解这个热门的激光器新想法。他们在会议室集合后，一位经理大步走进来，拿起卡弗面前的提案就走了。卡弗听到大厅里有喧哗声，就走了出去，却被公司的安管人员斥责了一顿，因为古尔德没有出示他的安全许可。卡弗解释说，提案是古尔德写的，但安管人员不接受这个解释。"和那没关系。这是涉密的，你不能和他讨论。"

这是一场悲哀的、令人沮丧的、没完没了的官僚闹剧的开始。亚当斯和 TRG 公司坚持认为，古尔德的独创性是提案成功的关键。TRG 公司聘请了两名声名渐起的华盛顿律师来说服五角大楼的安全部门：古尔德是一个正直的公民，不是一个安全威胁。这两名律师很快都在政界崭露头角，亚当·亚莫林斯基成为了肯尼迪政府的内部人士，哈罗德·利文塔利后来被林登·约翰逊任命为上诉法院的法官。但为古尔德获得安全许可远比让一个邋遢的大学生刮胡子、理发、穿西装难。古尔德的事业起起落落，还发表过不当言论。他和学界的保守分子相处不来，极具影响力的汤斯家族并不信任他，安全机构对他的品德证人也不太信任。律师们都很担心。

没有安全许可，古尔德就无法管理他的项目。TRG 公司把管理工作交给了理查德·戴利，他是一位物理学家，也是一位经验丰富的管理者，但古尔德曾多次与他发生冲突。古尔德后来帮助项目组招聘新人，并到处吹嘘自己得到了政府的慷慨资助。在一次春季会议上，他提到了研究几种不同激光器的计划，但他没说细节。

古尔德的提案里描述了几种制造激光器的方法。最终合同签订后，TRG 公司询问美国高级研究计划局，他们是选一种方法进行研究，还是同时研究所有的方法。美国高级研究计划局要求他们每个方法都试一试，并全力以赴。古尔德后来说："即使是 100 万美元也不够。" TRG 公司组建了多个小组来研究六种不同的方法。这意味着要招聘很多人，而且招人也需要时间。

只有一种方法没有被列为涉密，这是一种看上去只适合在实验室中演示的方案，这个方案非常复杂，没有任何实际或军事用途。这种方法是典型的光泵浦方案，用钾蒸气灯去照射两端有反射镜、腔内充满了钾蒸气的

激光武器
Lasers, Death Rays, and the Long, Strange Quest for the Ultimate Weapon

谐振腔，从而产生激光束。钾蒸气灯易碎，产生泵浦光的效率很低，钾还是一种危险物质，如果碰到水就会着火。但是，由于这个概念是公开的，古尔德可以帮助两个年轻的物理学家从事这方面的工作，他本人也可以藉此参与不涉密的激光器项目。

由于保密的原因，涉密项目的研究古尔德都不能参与。通过安全审查的 TRG 公司的其他科学家可以向古尔德请教问题，但他们不能告诉古尔德他们正在做什么，也不能告诉他实验的结果，这使得古尔德很难给出任何有用的建议。

尽管激光器项目的密级很高，但五角大楼认为，用激光器解决美国国防研究与工程部主管赫伯特·F. 约克所说的导弹防御方面的"可怕问题"，可能性并不大。在 1959 年 6 月的听证会上，约克告诉众议院委员会，美国高级研究计划局计划花费约 1 亿美元，"用于研究拦截导弹的射线，以及其他看起来有希望的研究"。但约克称"射线"武器的"发展前景不太乐观"。美国高级研究计划局局长约翰逊说，他们正在研究能用于导弹防御的死亡射线，但他也承认，"目前它就像《惊异传奇》里的巴克·罗杰斯一样遥远"。

在研制激光器方面，TRG 公司也和其他机构存在着竞争。贝尔实验室早在古尔德提交提案前的几个月就已经开始制造激光器，到 1959 年年中的时候，他们已有四个小组在制造激光器。汤斯让两名哥伦比亚大学的研究生根据他和肖洛的论文，试着制造一种钾激光器。包括 IBM、美国西屋电气公司和休斯飞机公司在内的大公司也开始研究激光器。

当 TRG 公司的研究被列为涉密项目的消息传开后，这些竞争对手开始担心他们自己项目的未来。贝尔实验室鼓励其下的两个小组尽早公开他们的研究，以防止被列为涉密。这两个小组并没有取得多少实际进展，但他们都在《物理评论快报》上发表了激光器研究的论文。这鼓励了更多的实验室开始开展他们自己的激光器研究。

然而，许多想研制激光器的物理学家们因为对光学元件、测量方法和激光材料不熟悉，走了弯路。TRG 公司的一个研究小组负责用含有发光杂质的透明晶体制造激光器，他们走了研究如何制造新晶体，而不是利用现

第二章
五角大楼差点发明了激光器

有晶体研制激光器的弯路。TRG 公司从事涉密项目研究的小组不得不花时间弄清楚古尔德已经弄明白的,但又无法向他们解释的事情,因为他们无法告诉古尔德他们在做什么。他们浪费了许多时间去探索死胡同。

贝尔实验室在研制类似氖气灯的激光器时也遇到了类似的困境。氦氖激光器更为复杂,激光器的谐振腔是细长的玻璃管,两端都需装有高反镜,使光线在它们之间来回反射产生激光束。电流必须以特定的方式在管内流动,才能将适量的能量转移给氦原子,进而将能量转移到氖原子。该项目的两位负责人阿里·雅完和比尔·班纳特,都是完美主义者,他们已将能想到的一切都测量计算好才开始实验。这种做法在当时是有道理的,他们没有想到氦和氖的混合物会产生强大的激光束。他们认为光每次在玻璃管传输时,功率只会增加一点点,所以他们买了很多昂贵的设备,仔细地测量了光束每次沿玻璃管传输后增加的微小的功率。

TRG 公司一直希望安全部门能够允许古尔德参与研究,但没成功。作为公司的激光专家,古尔德本应该帮助新员工理解他的创意。他知道制作激光器将是他一生中最重要的事,但安全部门的官僚制度阻止他从事这项工作。古尔德最擅长的是做实验,并从实验结果中学习,但他不能进实验室,也没有人能告诉他实验结果。他一直困在沮丧中。

安全限制变得越来越奇怪。联邦探员以涉密为由,没收了古尔德写满激光器想法的笔记本,即使笔记本上的内容是他自己写的。机智的古尔德把笔记复印了之后才上交,事实证明,这是一个明智之举。自从 1962 年解密后,政府官员并没还给古尔德任何一本笔记。古尔德去洗漱间都成了问题,他在长岛 TRG 公司大楼的一个不涉密的区域工作,要去男厕所,必须经过一个保密区域。一开始,公司佯作不知,但最终公司拆掉了一堵墙,这样古尔德就可以在不进入保密区域的情况下使用洗漱间了。

1961 年约翰·F. 肯尼迪就任总统后,TRG 公司继续努力为古尔德争取安全许可,但却徒劳无功,古尔德最终放弃了,他一直也没得到安全许可。五角大楼的安全机构太强硬、太固执,直到现在还不清楚不给古尔德安全许可的重要原因是什么。除了之前和共产主义者的关系,古尔德还惹怒了一些有影响力的人。查尔斯·汤斯认定古尔德窃取了他的想法,而汤

激光武器
Lasers, Death Rays, and the Long, Strange Quest for the Ultimate Weapon

斯和军队高层的关系很好。1959年，古尔德离开了美国哥伦比亚大学，在华盛顿的国防分析研究所——一个非营利的军事智库，担任了两年的副总裁兼研究主任。他在那里帮助成立了Jasons团队，这是一个由科学家组成的团队，从事军事项目研究。在与古尔德就TRG公司的激光项目发生冲突后，理查德·戴利上报说古尔德与公司的女安全主管有染，这一公然违反安全规则的行为导致了女主管被解雇。也许，古尔德真正的问题在于他不检点的作风和一长串有影响力的敌人名单，所以安全部门不敢冒险给他安全许可。在科幻小说中，英雄人物可以找到方法打破官僚主义的僵局，拯救世界，但在现实世界里可从来没有那么简单。

无论背后的原因是什么，激光器的涉密性和古尔德的安全许可问题都阻碍了TRG公司在美国高级研究计划局合同上的进展。即使有古尔德，TRG公司的激光器项目成功的机会也不大，但没有他，情况就更糟了。尽管古尔德缺乏戴利那样的管理技能，但他已经在发明激光器方面取得了领先优势，他有全面的理解，以及推进项目的动力。新雇员缺乏像他的那样动力，而且经常容易在他们觉得更有趣，但不那么重要的任务上分心，如制造晶体或测量光学元件的特性。

想象一下，如果TRG公司根据美国高级研究计划局的涉密合同成功制造出第一台可用的激光器之后，可能会发生什么，这一定很有趣。在另一个平行世界中，美国可能使用秘密的激光死亡射线击落核导弹，赢得"冷战"。但在现实世界中，激光器不可能一直是一个秘密。

苏联物理学家瓦伦汀·法布里坎特在1939年提出了类似激光器的设计，1959年，他和法蒂玛·布塔耶娃发表了一些实验结果。在二十世纪五十年代初期，苏联物理学家亚历山大·普罗霍罗夫和尼古拉·巴索夫建立了微波激射器的理论，（他俩与汤斯分别独立建立了相关理论）后来他们与汤斯一起获得了诺贝尔物理学奖。肖洛和汤斯在1958年年底的论文中概述了激光器理论。一些人利用这些信息，在没有安全许可和美国高级研究计划局资助的情况下研制激光器。人们花了近60年的时间，才将激光器的火力提高到能击落火箭弹的水平，火箭弹可比核导弹的威胁小得多。

古尔德的个人故事还有更离奇的转折。20世纪60年代，他在英国、

第二章
五角大楼差点发明了激光器

加拿大和澳大利亚获得了激光器的专利权,但美国法院判他败诉。他没放弃,继续上诉,最终在 70 年代末和 80 年代初获得了 4 项激光器的专利权。后来的法庭案件也都援引了古尔德的案例。由于那时激光器产业已经迅猛发展,古尔德获得的专利使用费估计得有数千万美元,如果一开始他就获得了专利权,那时的专利使用费肯定远远没有这么多。

图 2.3 获得 4 项激光专利权后开心的戈登·古尔德。(图片源自埃米利奥·塞格雷航视觉档案馆)

研制激光器的竞赛

肖洛和汤斯的论文吸引了其他人加入研制激光器的竞赛。由于安全问题,TRG 公司对其进展保持缄默,事实上,他们也没什么可报告的进展。贝尔实验室一直处于领先地位,他们有多个小组在研制激光器,已经有了一些进展,但进展很缓慢。阿里·雅完和比尔·班尼特在用氦和氖的混合物制造激光器的过程中,购买了许多昂贵的仪器,但贝尔实验室的管理人员担心,在资金短缺的情况下,激光器永远也做出不来。肖洛曾经对人造红宝石的激光器抱有希望,红宝石是含铬的晶体,当明亮的黄光照到它时,它会发射出深红色的光。然而,肖洛放弃了人造红宝石激光器,因为

激光武器
Lasers, Death Rays, and the Long, Strange Quest for the Ultimate Weapon

其他研究人员报告说，红宝石释放的光比吸收的光少太多。

休斯研究实验室的西奥多·泰德·梅曼是在激光器竞赛中几个对制造激光器感兴趣的"外行人"之一，他想知道红宝石到底出了什么问题。他利用红宝石晶体在微波激射器上取得了重大进展，而且效果非常好，休斯公司给了他时间再想想其他方法，说不定还能获得另一份军事合同。梅曼需要弄清楚损失的光去了哪里，这样他就能找到更好的激光器材料。

跟他的父亲一样，梅曼一开始是一名电子工程师，在美国海军服役后，他在大学获得了工程学位，后来将研究方向转到物理学，并在美国斯坦福大学威利斯实验室获得了博士学位。威利斯曾在美国哥伦比亚大学工作，在1955年和古尔德的导师库施共同获得了诺贝尔物理学奖。梅曼的工程技能对完成实验室的工作很有帮助。激光器引起了他的兴趣，他想探索物理学，而不仅仅是为了造出一个设备。

赢得这场激光器竞赛的关键是制造出大量处于激发态的原子，这些原子含有适量的富余能量，能以激光束的形式释放出来。这就需要找到合适的材料，根据他早期的实验结果，梅曼认为红宝石是理想材料。然而，其他科学家表示，这种晶体难以发出红色的光，所以他需要测量聚焦在红宝石上的黄光（泵浦光）在哪里损失了，为什么红宝石没有发出红光。为了做到这一点，他需要借助一种叫作单色仪的仪器，用恰当波长的黄光来测量关键的转化效率。这需要花费1500美元，而且还必须得到部门经理哈罗德·里昂的批准。这笔钱在当时足够买一辆很好的二手车。

这台新仪器很快证明了它的价值。梅曼认为入射的黄光被红宝石以某种方式散射掉了。当梅曼和他的助手小心地架设好单色仪和一堆传感器后，他们没有看到黄光从红宝石散射出去的迹象。事实上，红宝石吸收了几乎所有的黄光，并且也发出了红光。也许用红宝石能做成很好的激光器。

里昂对这个主意一点都不感兴趣，但梅曼认为红宝石值得一试，于是就自己动手了。梅曼有时有点倔强，他和里昂相处得也不是很好，存在这种情况的不止他一个，这是工业研究实验室常见的问题。而休斯研究实验室是一个特殊类型的实验室，它是休斯飞机公司的子公司，该公司是一家

第二章
五角大楼差点发明了激光器

军事承包商，老板是性格越来越古怪孤僻的有钱人霍华德·休斯。

休斯研究实验室建在美国加州卡弗市的一个旧飞机工厂里，但休斯准备把它搬到马里布一座美丽的山坡上的建筑里，那里可以看到太平洋的美景。科学家们管理着这个地方，公司经理们也从未见过隐居的休斯。这里繁忙而富有创造力，专门从事尖端研究，由军事研究基金资助。休斯公司的经理们邀请了杰出的演说家来激励他们的科学家。美国加利福尼亚理工学院的理查德·费曼经常来演讲，他也是休斯研究实验室的顾问。

梅曼很少去听费曼的演讲。他避免与里昂接触，这是对付棘手的经理最简单的办法。梅曼专注于自己研制激光器的计划。他知道要激发红宝石中的大部分铬原子，需要很强的泵浦光，当他坐下来计算所需的泵浦光亮度时，他发现目前泵浦光的强度已经足够了。梅曼拥有电子学的背景知识，他意识到使激光器运行的一个关键因素是让光束在反射镜之间往复振荡。往复振荡的次数越多，激光的功率就增长得越快。这就像当礼堂里的麦克风摆错了位置后，喇叭里发出的刺耳的啸叫声。这种反馈在音频系统中是有害的，但它正是梅曼想要增加的激光束能量。

为了寻找合适的灯（泵浦源），梅曼找了一位兼职助手，美国加利福尼亚大学洛杉矶分校的研究生查尔斯·浅泽，他快40岁了，比梅曼大6岁。浅泽于1920年出生在美国南加利福尼亚州，父母是日本移民，有一个蔬菜农场。他从小就对物理和数学感兴趣，但父亲和哥哥去世后，他得帮助母亲打理农场。日本轰炸珍珠港时，他正在社区大学上夜校。后来他应征入伍，担任翻译。社区大学毕业后，他工作了几年才开始读研究生。

他们需要的电影放映机灯泡价格昂贵，使用寿命还短。算了一下钱后，梅曼觉得，即使是最亮的放映机灯泡的性价比也不高。他想要性能更好的泵浦源真的造出一台激光器，来说服其他物理学家。这意味着要另找一种灯，可以在短时间内通过脉冲方式发射更亮的光，所以他要求浅泽寻找脉冲灯。浅泽和办公室的同事说了这想法，有位同事是个热衷摄影的业余摄影师，他向浅泽展示了他最新的昂贵玩具——螺旋闪光灯。这在当时是一项创新，大多数家用相机使用的是廉价闪光灯，只亮一次就会烧坏。这个螺旋闪光灯更亮，还可以多次使用。这种螺旋闪光灯在激光器实验中

激光武器
Lasers, Death Rays, and the Long, Strange Quest for the Ultimate Weapon

还有一个特别的优势,即可以把一根红宝石棒插入螺旋形的灯管中,这样当灯管发光时,光会从各个方向照向红宝石棒。一共有三种型号的螺旋闪光灯,梅曼每种都订购了几个,并开始设计实验。

休斯研究实验室将各组人员分批次从旧工厂搬到新实验室,轮到梅曼搬去新实验室时,他正在准备激光器实验。因为实验室正在搬家,梅曼只能待在家里,他写了一篇论文,描述他看到了红宝石发出的亮光,并把论文投给了《物理评论快报》。拆掉包装和重新组装科学设备是一项缓慢而细致的工作,因此实验室花了几个星期的时间搬家。梅曼现在有了一间海景办公室,但他的心思却在别处。在大厅对面一个没有窗户的实验室里,他和他的全职助理艾琳·德汉宁设计激光器实验。他们找到了一个能够产生短脉冲电压的电源,能够输出超过1000伏的电压,足以点亮闪光灯。实验方案是逐渐提高闪光灯的输入电压。电压越高,闪光灯就越亮,如果一切顺利,最终闪光灯发出的光就会使激光器达到其工作阈值,发出红色的激光。

梅曼用最小号的螺旋闪光灯开始了实验。按照他的计算,闪光灯的亮度应该足以超过激光器的阈值。如果成功了,红宝石发出的红光就会猛增,比闪光灯发出的光更亮,光束也更聚焦。如果没成功,就换用中号的闪光灯继续实验。

他们找到了一个红宝石小棒,大约有小指尖那么大,把它的两端打磨光滑,涂上一层闪亮的银,让光线能反射回红宝石小棒。然后梅曼刮掉了一端一小部分的银涂层,这样激光束就能逃逸出来。他们把红宝石小棒插入到螺旋状的灯管中,然后连灯带棒一起放进休斯机械厂制作的一个铝制的反光圆筒里。铝制圆筒会将螺旋闪光灯向外发射的光反射到灯管里面的红宝石小棒上,还能遮住闪光灯的大部分光外逸,不至于让梅曼和德汉宁失明。装有灯和红宝石棒的铝圆筒比一个成年人张开的手还小。

为了测量光束,他们使用了一套标准的电子工具。他们将光敏电子管对着铝圆筒的输出口,电子管产生的电信号与它接收到的光功率成比例。电子管非常灵敏,梅曼和德汉宁挡住了激光器的大部分杂光。他们还在电子管前面放了一个光谱滤波器,防止闪光灯的白光掩盖红宝石发出的红

第二章
五角大楼差点发明了激光器

光。这是由于电子管传感器无法分辨不同颜色的光,而且闪光灯的光会不可避免地照射到传感器上,但他们希望滤波器能够滤掉足够多的白光,让他们能测量到红宝石发出的红色激光。

接下来,用电线将电信号从传感器传送到每个电子实验室都会有的全能工具——示波器上。那是一个很大的金属盒子,大概是老式黑白电视机那么大,正面用金属板包裹着一个几英寸宽的显像管,前面标有方形的刻度线网格。盒子里的电路控制显像管里的电子束,在屏幕上绘制出波动的曲线,显示电信号随时间的起伏变化。电脉冲触发示波器,点亮荧光屏,显示出被测的电脉冲的形状。如果电脉冲的形状看起来不错,他们会用拍立得相机拍一张快照,这是专门用来记录示波器显示的波形的另一种标准的实验室设备。

梅曼和德汉宁于1960年5月16日(星期一)开始实验,他们使用了500伏的脉冲电压。他们的计划是看看提高电压后会发生什么。梅曼盯着示波器的屏幕,看脉冲形状是如何变化的。在低功率的情况下,他希望只能看到闪光灯发出的(少部分闪光灯的光还是会透过滤光片)长脉宽低幅值的信号。在更高的输入功率下,红宝石发出的红光信号开始从示波器的信号中出现。进一步提高输入功率至足以输出稳定的激光脉冲,示波器的屏幕将会出现激光的短脉宽大幅值的尖锐信号。

第一波脉冲显示出了意料中的长脉宽低幅值信号。梅曼焦急地注视着示波器屏幕上的信号。他早期的实验结果表明,用红宝石做工作物质是一种不错的方案。他的计算结果也表明这是可行的,但实验总可能存在不确定因素。红宝石晶体有可能不够好,无法形成聚焦的光束,也有可能是梅曼忽视了一些问题,导致激光振荡无法建立。他甚至担心可能会再次与里昂发生冲突,因为里昂不希望他研究红宝石。

电压每升高一点,闪光灯就会更亮一些,红宝石晶体也发出更多的红光。在这种功率水平下输出的应该还是荧光,就像不可见的紫外线照射到某些矿物质上后看到的彩色的可见光。在长长的白光信号上出现了一个小小的荧光信号。杂散光让他们眼晕目眩,两个人都有点失明。梅曼的眼睛一直盯着示波器的屏幕,希望屏幕上突然出现激光的尖锐信号。

激光武器
Lasers, Death Rays, and the Long, Strange Quest for the Ultimate Weapon

当电压加到了950伏时，红光清晰尖锐的信号出现在示波器的信号上。它的尖锐程度表明，激光比闪光灯发出的脉冲短得多，这符合梅曼的预期。德汉宁看到红色激光射向纸板屏幕，兴奋地欢呼雀跃。他虽然是色盲，但激光实在太明亮了，他第一次看到了"红色"。因此，实验的成功还带给了他另一重的激动。

梅曼年纪更大、更矜持，也更紧张，他一瞬间呆住了，情绪也放松了下来。赢得了激光器研制这场高风险的竞赛，他也松了一口气。他知道其他人也在追求同样的胜利，尽管除休斯实验室的人之外，没有人意识到他取得了多大的进展。但他知道自己必须做更多的实验，并详尽地记录自己的工作，来说服那些认为用红宝石制作激光器不可行的物理学家。

消息在里昂的小组中迅速传开，但梅曼很谨慎。他告诉里昂，在自己宣布这个消息前，他需要另一个仪器来验证他制造了一台红宝石激光器。里昂很高兴自己的团队有了这样的突破，他向公司另一位科学家的实验室申请了仪器。直到梅曼和浅泽完成了关键的红宝石光谱测量后，梅曼才让这个消息传开来。

梅曼所取得的突破是通过他掌握的工程技巧实现的。其他所有人都在尝试制造能发出连续光束的激光器，但梅曼找不到足够好的稳定光源来为他的红宝石激光器提供能量，他转而使用脉冲闪光灯来产生激光器所需的高功率泵浦光。他可以轻而易举地买到闪光灯和其他所需的大部分设备。如今，工程师们将这种方案称为"现成的商业化"技术，并认为这是快速、廉价实现目标的关键。梅曼是这方面的先驱，并成功地制造出了一台激光器，其成本仅相当于美国高级研究计划局支付给TRG公司的费用或贝尔实验室研制氦氖激光器费用的一小部分。

接下来的几周是紧张的。休斯研究实验室敏锐地意识到研制激光器的竞争很激烈，他们特别担心贝尔实验室的进展，想尽快报告他们的成功。这意味着没时间用更好的红宝石晶体做实验，使原先那个模糊的C形光斑变得更明亮、更紧密。梅曼写下了他的研究成果，逐级上报给公司，最后将成果材料邮给了美国刊发热门物理学研究的重量级期刊《物理评论快报》。这家期刊刚刚发表了梅曼的上一篇论文，披露了激光器的进展，他们觉得

第二章
五角大楼差点发明了激光器

该期刊肯定会发表梅曼关于激光器突破性进展的论文。

几天后,梅曼十分震惊地收到了编辑萨穆埃尔·古德施密特发来的退稿信。古德施密特受够了微波激射器,并对与其相关的一系列后续成果感到厌烦,而且很明显他没有认识到梅曼的成果的重要性,他也没认真对待梅曼的申诉。投稿被拒后,确保率先发表这一成果的最佳选择是在英国《自然》周刊上发表一个简短的快讯。梅曼匆匆写了300字,没有详细说明,就用航空邮政寄了出去,短讯很快被录用了。

图 2.4　多年后,西奥多·梅曼展示他的第一台激光器。他右手拿着装有红宝石小棒的螺旋闪光灯,螺旋闪光灯能装进他左手的金属筒里。他的神作之一就是让激光器的制造变得很容易。(图片源自联合碳化物公司)

当梅曼告诉里昂他的成功后,里昂就开始计划召开发布会。当休斯公司的另一位经理回公司说汤斯在美国哥伦比亚大学的学生快要造出一台激光器了,休斯公司召开发布会就成了头等大事。这消息可能不是真的,但公司不想冒任何风险,定于7月7日在曼哈顿举行新闻发布会。接着,里昂决定自己乘飞机去曼哈顿发布这个消息。

梅曼对此非常生气。梅曼雄心勃勃,为自己的成就感到骄傲,想站在舞台中央宣布这一消息。他与里昂长期以来的紧张关系迅速升级为严重的冲突,这个消息很快就传遍了公司的管理层。实验室的三位高管坚定地支持梅曼,最终还是由梅曼去纽约开发布会。此后不久,里昂就离开了休斯公司。

激光武器
Lasers, Death Rays, and the Long, Strange Quest for the Ultimate Weapon

在梅曼精心准备的演讲中，他说激光器未来将会被用于科学研究，以及医学、化学、机械加工和空间信号传输。他没有提到激光器的军事用途，但在他走下台后，马上就被问了关于死亡射线的问题。《芝加哥论坛报》的一名记者说："我们听说这种激光器将成为一种武器。"梅曼回答说这个问题不在采访范围内，但记者仍不断施压。梅曼试图解释说，激光器要发展成武器至少得20年以后了。但记者步步紧逼，问梅曼是否认为激光器永远不会被用作武器。

梅曼的激光器离死光还差很远。它太小了，用一只手就能握住。它的红色脉冲可能会伤害到一只不幸停在光束路径上的小蚊子。然而，梅曼也知道激光器技术在未来几十年将会得到改进，而且他认为科学家要诚实。他承认道："我不能说一定不能，但是……"他惊讶地发现，记者说这就是他所需要的答案，随后记者就迅速地离开了。

第二天早上，激光器成了世界各地报纸的头条新闻。《纽约时报》头版报道郑重地描述了这个有前途的新发现。多年后，让梅曼印象深刻的是《洛杉矶先驱报》和其他报纸头版上两英寸高的红色标题："洛杉矶人发明了科幻小说中的死亡射线"。

梅曼的成功震惊了其他想要发明激光器的人。在实验室之外，新闻发布会之前，梅曼一直对自己的工作进展严格保密。他虽然报告了红宝石能有效地发光，但即使是肖洛，在阅读了红宝石能发光的报告并建议发表梅曼的论文后，也没有意识到这意味着红宝石激光器是可行的。但也有一些人怀疑梅曼是否真的制造出了激光器。

TRG公司第一个证实了红宝石激光器的可行性。他们没有梅曼激光器的全部细节，但也一直考虑用红宝石做激光增益材料，实验室也买了红宝石样品。参与涉密项目的罗恩·马丁根据新闻发布会的照片还原了一台激光器，这个激光器的闪光灯和激光棒比梅曼激光器的更大，因为休斯公司的摄影师觉得把闪光灯和激光棒照得更大，效果看起来会更好。马丁成功的关键是用液氮冷却激光器。戴利打电话给肖洛报告了这件事。几天后，贝尔实验室的激光器也能出光了，越来越多的人研制出了激光器。

一开始并不容易。马丁回忆说："这是一件非常麻烦的事，你必须有

第二章
五角大楼差点发明了激光器

一个非常强大的氙气闪光灯才能使激光器工作,因为红宝石晶体的质量不够好。"梅曼拿到第二颗红宝石晶体后才使激光器发出铅笔芯般粗细的光束。最初,商用红宝石晶体大多用于制造手表,但生产商在梅曼发明红宝石激光器后提高了红宝石的光学质量。梅曼说,如果有一个强大的闪光灯,"一两年之内,任何高中生都能制造出红宝石激光器"。

激光时代已经开始了。休斯公司很快就获得了一份合同,利用激光器探测战场上军事目标的距离。TRG 公司获得了美国高级研究计划局的另一份合同,继续制造激光器。到 1960 年年底,IBM 的科学家展示了两种新型激光器,它们与梅曼的激光器相似,但使用了其他晶体,贝尔实验室也研制出了氦氖激光器。军方对这种不可思议的激光器的潜力感到兴奋。科幻小说作家开始给他们的英雄装备激光而不是死亡射线了。

早期的激光远不如死亡射线。贝尔实验室希望激光能用于通信,于是一天晚上,两位工程师把第一批红宝石激光器中的一台拉到雷达天线塔的顶部,对准 25 英里外另一个实验室的屋顶,在那里,第三位工程师能在屏幕上看到红色的闪光。科学家们希望用激光器研究原子和分子的性质。工程师们向物体发射激光脉冲,观察会发生什么,他们很快用"吉列"刀片测量了激光脉冲的能量,即脉冲能穿透的刀片数量。但那些激光还不能杀死任何比苍蝇大的生物。

参考文献

1. Nick Taylor, Laser: The Inventor, the Nobel Laureate, and the 30-Year Patent War (New York: Simon & Schuster, 2000), pp. 13-19.

2. Arnie Heller, "Laser Technology Follows in Lawrence's Footsteps," Energy and Technology Review, Lawrence Livermore National Laboratory, May 2000, https://str.llnl.gov/str/Hargrove.html (accessed May 12, 2018).

3. Charles Townes, How the Laser Happened: Adventures of a Scientist (Oxford: Oxford University Press, 1999), pp. 49-50.

4. Robert Bird, personal communication with the author, July 2003.

5. Charles H. Townes, "Masers," in The Age of Electronics, ed. Carl J. Overhage (New York: McGraw-Hill, 1962), p. 166.

6. William West, "Optical Pumping," in McGraw-Hill Encyclopedia of Science and Technology, 8th ed., vol. 12 (New York: McGraw-Hill, 1997), p. 467.

7. "The Nobel Prize in Physics 1966: Alfred Kastler," Nobel Institute, https://www.nobelprize.org/nobel_prizes/physics/laureates/1966/ (accessed February 15, 2018).

8. Gordon Gould, interview with author for Omni (magazine), 1983, unpublished.

9. Spelling of Holbrook's name from United States Army, History of Strategic Air and Ballistic Missile Defense, vol. 2, 1956–1972 (Washington, DC: US Army Center of Military History, 1975), p. 187, https://history.army.mil/html/books/bmd/BMDV2.pdf (accessed May 10, 2018).

10. US Army, History of Strategic Air and Ballistic Missile Defense, p. 186.

11. Annie Jacobsen, The Pentagon's Brain: An Uncensored History of DARPA, America's Top Secret Military Research Agency (New York: Little, Brown, 2015), p. 6.

12. James Baar, "Death Ray Visualized as H-Bomb Successor," Washington Post, May 6, 1958, p. A-8.

13. Richard J. Barber, The Advanced Research Projects Agency, 1958–1973 (Washington, DC: Department of Defense, December 1975), p. I-6, and adjacent material.

14. A. L. Schawlow and C. H. Townes, "Infrared and Optical Masers," Physical Review 112, no. 6 (December 15, 1958).

15. Lawrence Goldmuntz, oral history interview by Joan Bromberg, October 21, 1983, American Institute of Physics, https://www.aip.org/history-programs/niels-bohrlibrary/oral-histories/4633 (accessed December 29, 2016).

16. Data from 1959 in Bureau of the Census, "Average Income of Families up Slightly in 1960," Current Population Reports: Consumer Income, series P-

60, no. 36 (June 9, 1961).

17. Gould, in interview with author, in Jeff Hecht, Laser Pioneers, rev. ed. (Boston: Academic Press, 1991), p. 118.

18. US Army, History of Strategic Air and Ballistic Missile Defense.

19. James A. Fusca, "ARPA Seeks 1970-80 Missile Defenses," Aviation Week, March 2, 1959, p. 18.

20. Barber, Advanced Research Projects Agency, p. III-49.

21. Sharon Weinberger, The Imagineers of War (New York: Knopf, 2017), p. 51.

22. Jessica Wang, American Science in an Age of Anxiety (Chapel Hill: University of North Carolina Press, 1998).

23. Theodore Maiman, The Laser Odyssey (Fairfield, CA: Laser Press, 2000), p. 40.

24. Jeff Hecht, Beam: The Race to Make the Laser (New York: Oxford University Press, 2005), pp. 78-81.

25. D. F. Nelson, "Reminiscence of Schawlow at the First Conference on Lasers," in Lasers, Spectroscopy, and New Ideas: A Tribute to Arthur L. Schawlow, ed. W. M. Yen and M. D. Levenson (Berlin: Springer-Verlag, 1987), pp. 121-22.

26. Gould, in interview with author in Hecht, Laser Pioneers, p. 120.

27. "Anti-Missile Ray Is Pressed by US," New York Times, July 5, 1959, p. 8.

28. William R. Bennett Jr., "Background of an Invention: The First Gas Laser," IEEE Journal on Selected Topics in Quantum Electronics 6 (Nov/Dec 2000): 869-75.

29. Gordon Gould, oral history interview by Joan Bromberg, session 2, October 23, 1983, American Institute of Physics, https://www.aip.org/history-programs/niels-bohrlibrary/oral-histories/4641-2 (accessed December 29, 2016).

30. Stephen Jacobs, telephone interview with the author, June 18, 2001.

31. F. A. Butayeva and V. A. Fabrikant, Research in Experimental and Theoretical Physics, Memorial Volume in Honor of G. S. Landsberg, trans. Bela Lengyel (Moscow: USSR Academy of Sciences Press, 1959), copy of pp. 1–13 supplied by Colin Webb. Other pages are missing.

32. "The Nobel Prize in Physics 1964," Nobel Institute, https://www.nobelprize.org/nobel_prizes/physics/laureates/1964/ (accessed August 27, 2018).

33. Arthur L. Schawlow, "From Maser to Laser," in Impact of Basic Research on Technology, ed. Behram Kursunoglu and Arnold Perlmutter (New York: Plenum, 1973), pp. 113–48.

34. T. H. Maiman, "Optical and Microwave-Optical Experiments in Ruby," Physical Review Letters 4 (June 1, 1960): 564–66.

35. This section is based on Hecht, Beam, pp. 3–6 and pp. 169–89; Maiman, Laser Odyssey, pp. 97–107. Sources for the Beam account also include interviews with Irnee D'Haenens, Robert Hellwarth, Bela Lengyel, and George Birnbaum, and an interview with George Smith in the archives of the Center for the History of Physics at the American Institute of Physics.

36. Maiman, Laser Odyssey, pp. 109–12; T. H. Maiman, "Stimulated Optical Radiation in Ruby," Nature 187 (1960): 493.

37. Ronald Martin, interview with the author, January 4, 2002.

38. Walter Sullivan, "Air Force Testing New Light Beam," New York Times, October 14, 1960, p. 16.

39. Richard Smith, telephone interview with the author, July 5, 1994.

第三章
不可思议的燃气激光器

激光诞生时,人们正对新技术盲目乐观,电子技术和计算机发展迅速。1961年5月25日,约翰·肯尼迪总统宣布计划在十年后将宇航员送上月球。

大众媒体将激光视为灿烂未来的一部分。《星期日报》在"不可思议的激光:死亡射线还是希望?"的专题报道中谈到:"激光带来的影响会比雷达、晶体管、卫星定位网络、电视等新兴电子学领域目前取得进展都大,它带来的技术革命会让以往的任何技术革命都相形见绌。"

这篇专题报道直接用了科幻小说里的激光炮的插图,这对搬到美国西部,正在斯坦福大学教书的亚瑟·肖洛来说有点太夸张了。作为经常写双关语的段子手,他把这篇报道贴在自己实验室的门上,旁边写着:"可思议(可靠务实)的激光器,请往里看。"

激光器的兴盛

梅曼设计的激光器原理很简单,这让制造红宝石激光器变得简单又便宜。当美国空军通信科学部的负责人表达了对激光器的兴趣后,中尉C.马丁·斯蒂克里和他的上司鲁道夫·布拉德伯里对此反应都很热烈。9月,他们开始用美国空军剑桥研究实验室(坐落在波士顿128号公路旁)制作的质量极好的一根红宝石棒研发激光器,到11月激光器就能运行了。"我记得曾要求花费392美元购买电容器和闪光灯。我的请求立即得到了批准,每个人都对能有一台红色激光器的前景感到兴奋!"斯蒂克里后来写道。

激光武器
Lasers, Death Rays, and the Long, Strange Quest for the Ultimate Weapon

他的任务不是制造死亡射线,而是"理解激光器的原理",以及用激光器能干什么。

第一批红宝石激光器发出的亮红色闪光太过微弱,不足以做成武器,但它们提供了提高常规武器准确性的途径。炮弹的精度取决于预知目标的距离,这可以利用激光测距仪获得。它可以通过发射一个激光脉冲,测量从目标反射回来的光需要多长时间返回到激光测距仪测得目标的距离。在休斯研究实验室发布梅曼激光器的消息后不久,美国空军就给了斯蒂克里他们一份制作这种激光器的合同。美国陆军军械研究办公室有不同的想法,他们想用激光器投射出的亮点来为导弹指示目标。在听说了TRG公司的激光器项目后,他们要求美国高级研究计划局对TRG公司的激光器项目进行解密,这样他们就能在自己的项目中使用TRG公司的激光器。

与此同时,美国高级研究计划局和美军各军种将目光投向了高功率的激光武器。

更大、更好的激光器

想要制造更大更好的激光器,把红宝石激光器做大是一个办法。TRG公司就是这么做的,休斯研究实验室也在用相同的思路研制"能杀死一只老鼠"的激光器。另一个方法是寻找比红宝石更大或效率更高的固态激光器材料。

古尔德还提出了其他想法,包括通过向充满气体的管道放电来为激光器供能,就像荧光灯一样,然后在管道两端装上反射镜来制造激光。贝尔实验室使用这种方法,用氦氖混合气制造了一台激光器,但它只能发出微弱的几毫瓦的激光。

像红宝石这样的晶体有一个重要的缺陷,它们的大小受到晶体生长因素的限制,需要经过一个漫长的过程才能使原子合理排列,形成晶体。贝尔实验室发明了一种新的晶体激光器,它以掺杂了稀土元素钕的晶体作为

第三章
不可思议的燃气激光器

增益介质，但是晶体的形成仍然是个问题。后来，一位为美国马萨诸塞州中南部一家成立百年的眼镜和显微镜制造商工作的物理学家，制造了一种以掺钕玻璃作为增益介质的激光器。

美国光学公司是一家老牌光学公司，它成立了一个新实验室，开发新产品。实验室聘请了伊莱亚斯·斯尼策来寻找光纤的新用途。当时，光纤主要用于医学。斯尼策也对激光器产生了兴趣，他在1961年用一个含有发光原子的纤细的玻璃棒当作光纤，制造了一台激光器。这为高能激光器的研制打开了一扇新大门，因为玻璃可以做得比现有激光器中使用的晶体更大、更薄、更细。

和古尔德一样，斯尼策的职业生涯也被安全调查人员打乱了。1925年，斯尼策出生于美国马萨诸塞州林恩市，在美国芝加哥大学读研究生时，他就深度参与了左翼政治活动和抗议活动。1953年获得博士学位后，他在工业界工作，1956年，他在洛厄尔技术学院找到了一份教书的工作。1958年美国众议院非美活动调查委员会传唤他参加在波士顿举行的听证会。"当时我拒绝以宪法第一修正案有关我政治信仰的原由作陈述。对我的指控有点夸大了"，斯尼策在1984年说道，但他还说如果再来一次他依然会这么做。因此，洛厄尔技术学院解雇了他。

斯尼策花了一段时间到处找工作，他曾为约翰·特朗普和罗伯特·范德格拉夫在第二次世界大战后创立的美国高压电工程公司提供咨询服务。斯尼策最后在美国麻省理工学院找到了一份工作，但当学院安全官员休完假回来上班后，说他必须离开，随后，他又被解雇了。他差点在美国哈佛大学找到一份工作，但还是因为政治原因没能成功。

美国光学公司不一样，它是一家守旧的老公司，战后也加入了科技热潮。该公司发明了宽屏电影用的光学器件，麦克·托德用其拍摄了电影《俄克拉荷马州！80天环游世界》。托德后来死于一场飞机空难。美国光学公司还是世界上首批启动光纤技术项目的公司，其实验室主任史蒂夫·麦克尼尔当时正在物色人选接替他们原来的光纤技术项目负责人，之前的那位负责人已离开公司并创办了自己的公司。尽管美国光学公司

激光武器
Lasers, Death Rays, and the Long, Strange Quest for the Ultimate Weapon

有一些军事合同需要进行安全审查，但麦克尼尔依然想聘请斯尼策，只要确保斯尼策不接触涉密材料，五角大楼就同意聘请斯尼策。当时斯尼策的妻子正怀着他们的第5个孩子，斯尼策自己也希望能有一份稳定的工作。

公司给了斯尼策探索新领域的自由，其中之一就是激光器。斯尼策认为光纤可以很好地用于激光器研制。最简单的光纤结构包含两层玻璃，里面一层是由一种玻璃材料制成的纤芯，外面再包裹着另一种玻璃制成的包层，包层与纤芯同轴。关键的技巧在于巧妙选取制作光纤的玻璃材料，使光束在沿纤芯传输时，如果触到纤芯与包层的边界，就会反射回来。这就把光约束在纤芯内传输，防止光进入包层并从光纤里逸散出去。斯尼策发现，如果在纤芯里掺杂一些发光材料，产生的光就会被约束在纤芯里，然后在两端的反射镜之间来回振荡，形成激光。斯尼策将光纤紧密地盘绕在一起，把它们放在泵浦灯附近来测试能否达到产生激光的阈值。后来，他又换了一种更粗的光纤，像玻璃棒一样粗，但它的纤芯结构和普通光纤是一样的。

斯尼策开始寻找能掺杂进纤芯发射可见光的元素。了解到梅曼的红宝石激光器后，他想到了用闪光灯做泵浦。当他发现做不出好的可见光激光器后，他转向了能发射红外光的元素。一开始实验的元素只能发出微弱的光，但尝试到钕元素时，钕元素发出了非常明亮的激光。

斯尼策第一次做激光器，使用的"光纤棒"直径达到了3毫米，纤芯直径为1毫米，产生的能量太大，把激光器末端都烧坏了。不久之后，他就和美国海军研究办公室的人员研讨了"玻璃棒"激光器，还访问了美国国防部研究所。斯尼策告诉他们，制造玻璃棒激光器不需要光纤，如果他们想从中获得更大的能量激光，制造更大的棒子就可以了。

这对激光武器的发明者来说是个好消息。晶体棒的大小和光学质量限制了它们产生激光能量的能力，但玻璃棒可以做得更大，有希望实现激光武器所需的更高性能。这是非常重要的一步。

第三章
不可思议的燃气激光器

图 3.1 伊莱亚斯·斯尼策用一根掺钕玻璃棒在美国光学公司做激光器实验。（图片源自斯尼策家族）

激光器发展的爆发点

1961 年 12 月，搬到华盛顿并成为美国国防部研究所常驻激光专家的比尔·卡弗总结了激光器的最新进展："目前激光器的进展让政府和产业部门的许多人相信，产生并发射足够大的相干光能量能够制造一台可用的辐射武器。"许多研制小组都在研究激光武器，与高功率微波、带电粒子束这两个备选"辐射武器"相比，激光武器的前景良好。激光束不会像带电粒子束那样在地球磁场中发生弯曲，也不像微波那样需要巨大的发射天线。

美国国防部研究所有个包括汤斯和卡弗在内的专家组，他们在圣诞节和新年期间，花了四天时间分析了激光武器的前景。"大多数人都觉得激光武器这主意很疯狂，他们想阻止它"，卡弗回忆说。然而，政府的两家大型核武器实验室，洛斯阿拉莫斯国家实验室和劳伦斯·利弗莫尔国家实验室，指出核武器外壳存在一个潜在致命缺陷。核武器外壳本是用于防止核武器进入大气层时像流星一样燃烧。核武器外壳对热冲击很敏感，所以短促、有力的激光脉冲导致的突然加热可能会让核武器外壳像落在开水里

激光武器
Lasers, Death Rays, and the Long, Strange Quest for the Ultimate Weapon

的冰玻璃一样碎掉。这会让核武器再次进入大气层时暴露在高温下,在空气中不等爆炸就解体了。

携带核弹头的洲际弹道导弹是"冷战"时期最大的威胁,它能够在半小时内击中目标。核轰炸机以亚声速飞行,所以它们要花很长时间才能击中目标,而且很容易受到战斗机和防空导弹的攻击。这就是为什么五角大楼如此担心苏联的核导弹。如果激光能击碎核弹头的保护壳,那么它将成为针对核导弹的终极防御武器。

午餐时,专家组交谈讨论的焦点转向当时的终极武器氢弹。时任原子能委员会主席的 J. 罗伯特·奥本海默曾强烈反对建造"超级"武器,但爱德华·泰勒在争论中胜出,并得到了上级允许,开始了"超级"武器研究。之后,泰勒和其他的评论员都攻击奥本海默。奥本海默的研究许可被撤销,还被赶出了自己帮助创建的原子能委员会。"没人想陷入奥本海默那样的麻烦",卡弗回忆说。所以后来,当国防研究与工程部副主任尤金·富比尼绕着桌子逐个问专家的想法时,每个人都同意可以试着研究一下激光武器。"当'一致同意研究'的结果出来之后,大家都感到很惊讶,每个人都想明哲保身,不想成为孤独的异议者"。卡弗说道。

专家组还建议将研究重点放在固体激光器上,因为与广泛分散在气体中的原子相比,固体中排列紧密的原子更容易被激发,并释放更多的能量。在那之前,气体激光器的功率非常低。专家们指出斯尼策的玻璃激光器很有可能能达到导弹防御所需的高功率。他们认为在 10 年内成功是"合理的",但实际上不到 5 年就"成功"了。

1962 年 1 月 2 日,专家组的部分成员在五角大楼的办公室向分管研究和工程的美国国防部副部长哈罗德·布朗提交了他们的建议。布朗同意了建议,并拨款 500 万美元给美国高级研究计划局,以启动 SEASIDE 计划,研制更大的玻璃和晶体激光器。美国国防部分别与休斯研究实验室和西屋电气公司签订了红宝石激光器的合同,与美国光学公司签订了玻璃激光器的合同。由于缺少安全许可,斯尼策不能参与美国高级研究计划局的项目,但他能够继续参与另一个研究玻璃激光器的非涉密项目。SEASIDE 计划还支持了一项关于激光脉冲如何影响潜在目标的研究,这对评估激光能

第三章
不可思议的燃气激光器

造成多大伤害至关重要。

民众眼中的"非凡激光器"

随着 SEASIDE 计划所需军费开支的攀升，民用激光器的发展步伐也在加快。在贝尔实验室，艾伦·D. 怀特和 J. 戴恩·里格登制造了一种新型的氦氖激光器，它能连续发出红色激光，成了 20 世纪 80 年代世界上最好用、使用最广泛的激光器，也吸引了公众的注意。在 TRG 公司，史蒂夫·雅各布斯和保罗·拉比诺维茨尝试利用古尔德提出的钾蒸气激光器的原理，用碱金属元素铯来制造铯激光器。他们终于在 3 月的一个周六凌晨成功了，然后把周末剩余的时间都用来收集数据。整个周末他们都没能联系上古尔德，但星期一早上，他们拿着笔记本，到古尔德办公室准备告诉他这个消息。他们还没开口，古尔德就知道了："天呐，太棒了。你们成功了！"

1962 年秋天，诞生了对世界产生巨大影响的激光器。20 世纪初，人们第一次从半导体中看到光，但直到 20 世纪 50 年代，半导体电子发展成熟了才引起人们的注意。1962 年夏天，美国麻省理工学院林肯实验室的研究人员观测到，将电流注入一个叫做二极管的砷化镓小芯片（半导体）时，半导体会发出明亮的光。这种光是红外光，但比之前任何时候测量到的红外光都要亮得多，因此美国麻省理工学院的研究小组在新罕布什尔州的一次会议上讨论这一现象时，引起了其他半导体物理学家的注意。在返回纽约州北部的火车上，通用电气研究实验室的罗伯特·N. 霍尔意识到，他可以利用这种效应，通过抛光薄片的两端，将一个微小的砷化镓芯片制成激光器。他很快就成功了，另外三个研究小组也跟着成功了。半导体激光技术的完善需要数年时间，但它将给电信、音频和视频播放器，以及本书第九章介绍的高功率固态激光器带来革新。

半导体激光器将产生巨大的长期影响。但最吸引公众眼球的是激光可以很好地完成一些以前很难完成的事情。

激光武器
Lasers, Death Rays, and the Long, Strange Quest for the Ultimate Weapon

在美国光学公司，伊莱亚斯·斯尼策和查尔斯·凯斯特正在想办法利用激光来治疗眼疾，这样就不用拿手术刀切入病人的眼睛。其中一个例子是治疗糖尿病导致的视网膜病变，糖尿病视网膜病变是导致失明的主要原因，病变的血管在视网膜上扩散，遮住了病人的视线。眼科医生曾尝试用水银灯发出的亮光使病变血管中的血液凝固，阻止其扩散，但效果有限。红宝石激光器发出的脉冲激光的治疗效果更好。视网膜激光光凝术已经成为治疗这种常见致盲眼疾的标准方法。斯图尔特·H. 卢里在他 1962 年的文章《非凡的激光器》中，援引了美国光学公司研制的激光器的一个更富戏剧性的应用，激光可以用于切除眼内的肿瘤。

卢里的文章是公众如何看待激光器的一个有趣例子。他轻松地描述了激光器在十亿分之一秒内击穿一颗小钻石，然后向月球发射激光脉冲的场景。他在解释激光器的作用时引用了查尔斯·汤斯关于电子学中电子管的作用的表述来做比较。卢里还表示，激光器"作为和平工具的用途比作为武器的用途更大"。但他也写道，美国政府已在激光研究中投入 1600 万美元，其中的 95% 都是用于武器相关的研究。

这并不奇怪。那时正是"冷战"最激烈的时期。美国空军参谋长柯蒂斯·E. 勒梅表示，激光束产生的能量"基本上能以光速穿越太空。这是拦截洲际弹道导弹以及诱饵弹的一个极宝贵的特性"。如果激光武器能满足预期的设想，一家名为科技市场的公司在 1970 年对激光器前景的估值是 12.5 亿美元。"巨型激光器，就像第二次世界大战中的防空探照灯一样，能在天空中徘徊，寻找来袭的导弹，用强大的光束摧毁它们或改变它们的航线"。不用说，这类事情并没有发生。

有了这样的炒作，也难怪肖洛强调他的激光器是"可靠务实的"。1962 年时，市面上没有多少激光器，一些工程师和科学家是自己制造激光器，其他人则从休斯研究实验室、美国光学公司、雷神公司和 TRG 公司等少数几家公司购买红宝石激光器。泰德·梅曼在联合碳化物公司的投资支持下，创办了一家名为 Korad 的激光公司（Korad 是 Coherent Radiation 的缩写合成）。安阿伯市的特莱恩仪器公司是美国密歇根大学旗下的一个公司。Maser 光学公司和光学技术公司这两家小公司也制造实验室用激光器。

第三章
不可思议的燃气激光器

光谱物理公司成立于 1961 年,主要生产氦氖激光器。这些公司都不能大规模生产激光器。

大多数激光器用于研究和发明。一些公司的激光器计划很宏大,最引人注目的是美国电话电报公司计划利用激光束通过埋在地下的空心管来传输信号,用于可视电话视频通话服务。贝尔实验室那时正准备在 1964 年的纽约世界博览会上展示这项成果,当时任何用了激光器的事情都是新闻。

大爆炸

SEASIDE 计划的目标是通过增大激光器的体积来提高激光的可用功率。玻璃是不错的材料,它能大块制造。休斯研究实验室的科学家们已经学会了如何在一个玻璃激光棒上积累大量的能量,通过关闭开关,让它暂时停止出光,积聚能量,然后突然打开开关,让其在瞬间释放所有的能量。当时的想法是,一次性释放所有能量会像核弹头一样粉碎目标,就像用锤子狠狠地敲打一样。

然而,当西屋电气公司用红宝石棒进行这个实验时,激光棒碎了。同样的状况也发生在美国光学公司的玻璃棒上,因为可以做得更大,他们的玻璃棒被认为更有前景。

这不仅是热应力会导致热玻璃碗进入冷水后碎裂的问题,还涉及原理性的问题。"从光学质量上看,这种玻璃很美;透过这么远的距离看,你都看不到任何条纹或是波纹。但当你用它制造激光棒,开始用激光照射它时,每次都会炸裂。"斯尼策回忆说。"显然,它里面含有铂,因为它是在铂坩埚中制造的,而且是在特定的氧化条件下制造的。在这种条件下,玻璃中会有一定含量的铂颗粒,"他说,"当然,你不能通过肉眼观察到它们,但激光能,它加热玻璃,玻璃就炸裂了。"问题是制造特殊激光玻璃的过程需要将玻璃在铂坩埚中熔化,这样,玻璃中就会含有微小的铂金属颗粒。当闪光灯(泵浦源)或激光器打开时,那些微小的铂颗粒吸收了光

激光武器
Lasers, Death Rays, and the Long, Strange Quest for the Ultimate Weapon

能量,热铂颗粒膨胀得比玻璃快,就会使玻璃破碎。

1962 年,比尔·夏纳在美国光学公司工作时,还在夜校学习电子学,他帮助斯尼策制造了一个大型玻璃激光器。它能够产生 5000 焦尔的激光脉冲,这在当时是最高纪录。激光棒大约是成年男人的手臂那么粗。但这样运行激光器有危险,激光棒也不是唯一的危险点。"在伊莱激光实验室里,我们有两个大金属垃圾桶。一个称作"伊莱",一个称作"比尔"。以往给闪光灯通电时,它常常会爆炸,所以我们把金属垃圾桶套在头上来应对闪光灯炸了的情况。我们会听到爆炸声,玻璃碎片会砸到金属垃圾桶上",夏纳回忆说。

其他问题也浮现出来,1963 年 7 月在美国马萨诸塞州伍兹霍尔市召开的 SEASIDE 计划会议上,固态激光器功率做不高的问题已经很突出了。两位来自阿尔伯克基美国空军特殊武器司令部的年轻军官认为固态激光器不能用于导弹防御。上尉唐纳德·兰伯森和中尉约翰·C. 里奇说,在输入的电能中,只有不到 1% 的能量能转化到激光束中。摧毁核弹头的激光束则需要几个胡佛水坝的电力输入。废热会在玻璃中积聚,让光束无法聚焦,兰伯森回忆说,"我们最终认为固态激光器不可行。输出能量还差大约四个数量级;指向精度至少有两个数量级的差距;仅仅是为了获得这些欠缺的能量,你也必须得用上世界上所有的玻璃。"更糟糕的是,苏联可以制造大量闪亮的核弹头,并轻而易举地击垮美国的激光防御系统。

到 1965 年,SEASIDE 计划接近尾声,激光武器的进展还是一潭死水。问题不仅是在于激光器本身。当激光从激光器射出后,激光要穿过大气层才能击中目标。大气中那些使星星闪烁的气流会让激光束弯曲并偏离目标。被空气吸收的一小部分激光能量会使光束中心的空气膨胀并导致光束弯曲,就像晴天里炎热的停车场上方的气流使光线弯曲一样。恶劣的天气下,大气则会吸收大部分的光束能量。

激光武器几乎走进了死胡同。这时,一位火箭科学家开始了头脑风暴。

第三章
不可思议的燃气激光器

燃气激光器

1913年，亚瑟·坎特罗威茨出生于美国纽约市，他原本想成为一名物理学家，但经济大萧条使他转而研究流体力学。后来，他回到美国哥伦比亚大学攻读博士学位，师从爱德华·泰勒，毕业后进入美国康奈尔大学任教。1954年，他与一名美国空军军官，以及阿夫科公司的董事长进行了一次重要的鸡尾酒会谈，讨论了能够重返大气层打击目标的核弹头的难度设计。坎特罗威茨夸口说他能在6个月内解决这个问题，那位美国空军军官听后担保五角大楼会出钱支持他，阿夫科公司则承诺提供实验室支持。阿夫科·埃弗雷特研究实验室由此在一个旧轮胎仓库里诞生了。坎特罗威茨之所以选择这个仓库是因为它离美国麻省理工学院、美国哈佛大学和海边都很近。

坎特罗威茨的努力获得了巨大的成功，烧蚀覆盖物至今仍然用于返回地球的太空舱和弹道导弹。这让坎特罗威茨获得了流体力学世界级魔法师的美誉，流体力学在很多领域都很重要。尽管实验室有正式的管理制度，但实际上每个人都向坎特罗威茨汇报工作。

听了查尔斯·汤斯的演讲后，坎特罗威茨思考如何才能利用气体动力学使激光器输出更多的能量。答案来自1963年贝尔实验室的年轻物理学家C. 库马尔·N. 帕特尔发明的一种新型激光器。以往大多数的激光器是电子在原子能级间跃迁时发射激光的，而帕特尔用了二氧化碳气体，二氧化碳分子的三个原子改变振动或旋转方式时就会发出激光。纯二氧化碳激光器的性能很好，能发射10毫瓦的激光，加入氮气能制造出更好的激光器。帕特尔说："你把这两种气体放在一起，第二天你能从原来只能提供10毫瓦功率的管子里获得10瓦的功率。"到1965年的年中，激光器的功率达到了200瓦，单次连续输出的激光能量比有记录以来的任何激光器都要高，也大大超出了帕特尔在贝尔实验室想达成的目标，所以他开始了其他的研究。

激光武器
Lasers, Death Rays, and the Long, Strange Quest for the Ultimate Weapon

那时，帕特尔的激光器已经引起了艾德·格里的注意。格里是美国麻省理工学院的研究生，他一边写学位论文，一边在阿夫科公司兼职工作。1964 年，他带着帕特尔关于二氧化碳激光器的论文复印件跑进了坎特罗威茨的办公室。阿夫科公司已经在研究气动激光器，但他们的研究因为 20 世纪 30 年代初的一个错误概念而停滞不前。二氧化碳分子中的三个原子可以以不同的方式振动，而物理学家们一直认为不同的振动形式以相同的速率弛豫，就像钢琴键被按下后，琴音会慢慢消失一样。但帕特尔的实验表明，分子振动以不同的速率弛豫，就像你的手指松开一些按键，而不松开另一些按键一样。二氧化碳分子可以在某些振动激发态上保持较长的时间，这一事实让帕特尔制造了大量激发态的二氧化碳分子，用于发射激光束。

帕特尔的二氧化碳激光器比其他发射连续光束的气体激光器功率更高。发出的红外激光的波长约为 10 微米，是可见光波长的 20 倍。幸运的是，这个波长的大气吸收率比较小，光束在空气中传播的距离足够远，这对于激光武器的应用来说还是很吸引人的。

坎特罗威茨决定在二氧化碳激光器上尝试他的气体动力学想法。起初，他考虑像帕特尔那样用电荷轰击气体分子，并将阿夫科公司的气体喷射技术用于他制造的新激光器。但很快，格里和阿夫科公司的其他人就意识到，通过喷嘴将热气流喷射到低压区域，将产生足够多的粒子数反转，从而不需用电就能产生激光。苏联的尼古拉·巴索夫和康奈尔大学的亚伯拉罕·赫茨伯格两人也想到了这一点。

阿夫科·埃弗雷特公司是国防领域的承包商，正在研制能打击弹道导弹和核武器等硬目标的激光武器。对于像二氧化碳激光器这样能够连续输出的激光器来说，兆瓦级的输出功率，能够产生每平方厘米数千焦耳的能量密度。"当时，激光器的效率还没那么高，需要排出大量的废热。最好的排出废热的办法是著名的'垃圾处理'原则，即直接让它流走"，格里谈到。该方法通过一组喷嘴让热气体喷射进入激光腔室并急速膨胀，从中提取能量进而发射出激光束，再把带有热量的废气排到激光腔室外面。

激光器像火箭发动机一样工作，燃烧的气体能够产生 10 亿瓦的功率。

第三章
不可思议的燃气激光器

"如果你能提取 1%,哪怕仅仅是 0.1%,那么你就成功拥有了激光武器所需的兆瓦级激光",格里说。

阿夫科·埃弗雷特公司生产的名为气动激光器的装置原理很简单。它们燃烧氰气,产生二氧化碳和氮气的热混合气,这些混合气在激光器里流动,通过化学反应发出激光。"过程非常简单,但这并不是一个高效的激光器",格里说。这意味着燃气产生的能量中只有百分之零点几转变成了激光。

他们一开始先是用激波管做实验,然后用一系列更大的燃烧方式驱动激光器。首先采用了一个小型的燃烧驱动激光器,之后又换成更大的燃烧驱动激光器。在格里意外地把水蒸气掺进氮和二氧化碳的混合气之后,产生了品质很好的激光束,功率也达到了 10 千瓦。当他们的燃气激光器做到 20 千瓦时,他们确信自己可以将激光器的输出功率提高到能让其作为武器使用的水平。

阿夫科·埃弗雷特公司当时的营销经理本·博瓦为五角大楼官员组织了这一突破性进展的首次简报会。博瓦是一位初露头角的科幻小说家,已经出版了两部小说。五角大楼那时已经取消了气体激光器的研制计划,他们认为气体激光器不能产生他们希望的能量,所以当他们发现阿夫科公司的燃气激光器更像是喷火器而不是闪光灯时感到很震惊。后来,博瓦出版了更多的小说,还担任了《类似体科幻小说》杂志的总编。他开玩笑地告诉波士顿地区的科幻小说迷们,他在阿夫科公司的工作是为军事读者写一种特殊类型的科幻小说。

五角大楼将这一技术突破列为机密事项,但美国高级研究计划局和美国国防部研究所一开始对这项技术的态度都很谨慎。一方面是因为对它不了解,另一方面是因为这项技术"不是自己部门研发的",像美国高级研究计划局和国防部研究所这样的大型机构更喜欢使用自己掌握的技术。他们要求其他承包商根据帕特尔的设计,放大电驱动二氧化碳激光器。这些庞然大物般的激光器将更多的初始能量转换成激光,但无法去除废热。休斯研究实验室为高级研究计划局制作的激光器,需要 54 英尺的管子才能输出 1.5 千瓦的功率。雷神公司的激光器做到了 8.8 千瓦,他们声称转化效

激光武器
Lasers, Death Rays, and the Long, Strange Quest for the Ultimate Weapon

率能达到 13%，但需要大约 600 英尺的管子。从体积大小和功率水平上看，它们都无法与燃气激光器竞争。

很快，燃气激光器的进展就有目共睹了。1968 年 3 月阿夫科公司，用 MK-5 系统将激光器的功率提高到了惊人的 138 千瓦。联合飞机公司下属的普拉特·惠特尼公司也加入了竞争，他们试图赢得美国空军的业务，在美国佛罗里达州西棕榈滩的新实验场制造了 XLD-1 激光器，并在 1968 年 4 月将该激光器的功率做到了 77 千瓦。阿夫科公司在五角大楼对其进行的调研中展示了自己的优势，调研结果最终改变了五角大楼的想法。坎特罗威茨说："从五角大楼坚持拒绝提供任何资助，到所有人都想提供资助，这一变化就发生在某个下午的大约 5 点钟。""突然之间，所有的军种都想和我们签合同。"

第八张牌

1968 年，美国高级研究计划局紧急启动了一个涉密项目来提高燃气激光器的功率水平。它被称为第八张牌，暗指在七张桩牌扑克中第八张牌可以带来出奇制胜的效果。这是一个非常秘密的项目，即便有涉密许可，只有被邀请参与其中的人，才能获得有关这个项目的信息。"燃气激光器"这个提法也很隐蔽，军队里没有人直接说这个名字。新墨西哥州的美国空军武器实验室也资助了阿夫科公司和佛罗里达州普拉特·惠特尼公司的其他燃气激光器项目。

这两个项目的发展方向大不一样。美国高级研究计划局继续专注于防御苏联的核弹道导弹，他们敏锐地意识到巴索夫正在研究燃气激光器，而且巴索夫和莫斯科高层的关系很好，局里担心苏联会在激光武器方面有所突破。

美国空军武器实验室率先为三军开展了适用于战场的激光武器前景研究。实验室花了 580 万美元，向阿夫科公司订了三台 150 千瓦的燃气激光器。这样，每个军种都可以进行自己的研究。三台激光器，一台留给实验

第三章
不可思议的燃气激光器

室自己用；另一台给位于阿拉巴马州亨茨维尔市的美国陆军红石兵工厂；最后一台给位于华盛顿特区的美国海军研究实验室。阿夫科公司还制造了巨大的电驱动二氧化碳激光器，由像闪电一样强大的电流提供动力，取名"Thumper"和"Humdinger"激光器。"Thumper"激光器的体积有一所房子那么大，通过一排手臂粗的电缆供电，因启动时发出的巨大声响而得名。

尽管五角大楼长期以来对第八张牌项目的性质和目标高度保密，但巴索夫在苏联期刊上公开发表了燃气激光器的概念之后，五角大楼随即也解密了燃气激光器的概念。他们允许格里在1970年4月召开的美国物理学会会议上披露这个新概念，并在《IEEE 纵览》期刊上发表一篇内容详尽的论文。虽然阿夫科公司已经能做出功率超过100千瓦的激光器，但格里只能透露其输出功率不超过50千瓦。格里在会议上只能展示安全规定允许他公开讨论的最高功率的图表。在物理学会的一次新闻发布会上，格里将光束功率与小型汽车发动机的功率进行了比较，第二天早上他惊讶地发现报纸的头条成了"激光器的功率超越小汽车"。

苏联的激光手枪

同时期，在苏联彼得大帝学院，导弹专家们正为将驻扎在阿尔马兹苏联军事空间站的宇航员研制一种真正的激光手枪，宇航员们将于1973年出发前往空间站。此项目高度机密，被伪装成民用"礼炮号"空间站的一部分。激光手枪就是梅曼和斯尼策演示的早期脉冲激光器的进阶版。然而，泵浦能量不再由闪光灯提供，而是由剧烈燃烧的金属提供，这样能够提供更大的能量，实现持续几毫秒的激光脉冲。激光手枪可以装8包可燃金属，像传统手枪每发射一枚子弹后会弹出弹壳那样，激光手枪每发射一次，会弹出一包使用过的可燃金属。

激光手枪（图3.2）是为了保护苏联军事空间站不受美国航天器的攻击，苏联人认为美国人的航天器会想方设法地获取他们的一些重要机密。

激光武器
Lasers, Death Rays, and the Long, Strange Quest for the Ultimate Weapon

激光手枪不会摧毁正在靠近的航天器,但它发出的耀眼闪光可能会永久性地致盲航天器的光学传感器或宇航员的眼睛。然而,激光手枪从未被使用过,因为它的研制速度跟不上计划,直到1984年才被研制出来,那已经是最后的第一代空间站——金刚石空间站发射很久之后的事了。

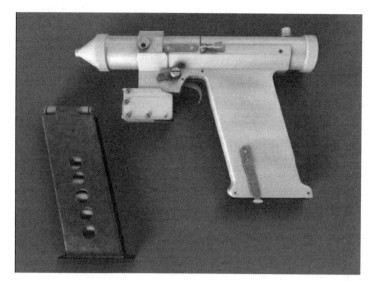

图 3.2　苏联工程师设计的激光手枪,军用空间站上的苏联宇航员以此对美国宇航员或航天器试图窃取苏联机密时进行防御,但它从未被带入太空。(图片源自 Anatoly Zak/RussianSpaceWeb.com)

美国三军通用型激光器

为美国三军研发通用型激光器是一个会带来麻烦的大胆想法。阿夫科公司曾乐观地认为,通过升级他们早期的燃气激光器来获得更大的功率并不困难。但他们真正开始这么做时,要解决设计问题,就必须先回到基础的物理原理。他们花了一年时间,到1970年4月,才做出第一台激光器,送去美国空军武器实验室,然后又花了一年半的时间才使激光器达到预期

第三章
不可思议的燃气激光器

的功率。即便如此,激光器输出的光束仍然很分散,与其说它是一件致命的激光武器,不如说它是个巨大的能发出无形热射线的探照灯。

兰博森是一位航空航天工程博士,他在指出了固体激光器的缺陷后,于1970年年中被晋升为中校,并接管了美国空军武器实验室激光部门的工作。他聪明、精力充沛、富有魅力,但最终对阿夫科公司失去了耐心。他于1971年12月接管了这个激光器项目,在不到一年的时间实验室就大大改善了光束质量。1973年年中,他们开始在试验场用激光器点射缓慢移动的无人机。激光器首先射中了试验场水塔的金属支柱,金属支柱被烧出了明亮的闪光。调整目标后,他们设法烧穿了无人机的外皮,导致它坠落,但无人机机身只受了轻微的损伤。第二天,也就是1973年11月14日,他们将激光聚焦在无人机燃料箱上,聚焦时间超过一秒钟多一点,这足以加热燃料箱中的燃料,并引发了一场令人满意的爆炸。

相关的实验细节保密了好几年,但我在1982年4月的一次激光会议上看了一段关于这次测试的录像。穿透空气的红外激光束是不可见光,所以视频里看不到它,但可以看到无人机。当光束照到无人机时,无人机上的一个位置开始发亮。这段录像是从远处拍摄的,画质不是很好,但它"合格地展示了无人机在空中飞行,被激光束照射后,最终因油箱破裂而起火。在第二次测试中,激光切断了控制电路,导致无人机失控坠毁"。这距离科幻小说中死亡射线的瞬间致死还差很远,但是它却表明了燃气激光器具有成为武器的潜力,这使它成为说服军方高层继续支持激光武器发展的一个重要里程碑。但是,关于激光武器仍有许多工作要做。

不仅是激光器

击落无人机的燃气激光器比马修斯制造的任何"死亡射线"都更像武器。这就是英国空军部期望研制的能杀死一只羊的死亡射线演示样机。这次演示是光速武器的一个里程碑,但是还有很多工作要做,不仅仅是制造更大、更好的激光器。

激光武器
Lasers, Death Rays, and the Long, Strange Quest for the Ultimate Weapon

对于任何武器系统来说,最大的问题是它在现实世界中的杀伤力有多大?在试验场,击中一架几百英尺远、缓慢移动的无人机相对容易,但要击中移动速度更快、距离更远、更难以摧毁的目标则要困难得多。杀伤力不仅仅取决于激光器,它还取决于发射激光束并使之聚焦传输的光学系统、激光束在大气中的传输效果、激光束的瞄准精度,以及如何保证激光束在足够长的时间内始终聚焦在目标上,激光对目标的破坏机理。当然,这些方面的测试必须非常精确和可靠。

首先,要把输出的激光束投射到目标上。对燃气激光器来说,这意味着需要特殊的窗口,输出高能激光束,同时将激光器内部稀薄的高温增益气体与外界稠密的空气隔离开来。最初的燃气激光器没有固体窗口,只有气动窗口(气体以超音速流过激光器壁面时形成的)。气动窗口中气体的流速很快,不会发生泄漏,会形成一个激波层将内部稀薄的气体与外界稠密的空气隔离开来。这种气动窗口能很好地传输激光束,但不能聚焦激光束。所以还需要研发特殊的光学聚焦系统(光束定向器),既能够承受高强度的激光,又能把强激光精准的投射到目标上。

这还不够。在日常生活中,我们不会注意到微量的光被吸收。比如,窗户玻璃会吸收微量的光。但是,将一束百万瓦的激光聚焦穿过一扇窗户,百分之几的功率吸收就是几十千瓦,足以熔化或震碎窗户。和透镜相比,反射镜对光的吸收要少得多,所以反射镜常被用来聚焦激光束,总之,要尽量减少各种元器件对激光的吸收。保持光学元件表面光滑也很重要,这样可以避免激光被散射逸出。对于工作波长为10微米的燃气激光器来说,由于适用于这个波长的光学材料很少,必须要专门研发高品质的光学元件。

这项工作需要专攻此领域的世界级光学科学家,例如简·班尼特,她在位于加利福尼亚中国湖的美国海军武器中心工作。通过研究光谱学,即原子和分子对光的吸收和发射,她获得了博士学位并成了制造和测量光学元件的专家。她酷爱户外运动,喜欢和家人在中国湖周围徒步旅行。

班尼特对测量工作绝对一丝不苟,她有那种推动尖端技术发展所需要

第三章
不可思议的燃气激光器

的细心和认真的态度。她也把这种认真仔细用于录制家庭旅行视频,并制作出了像《国家地理》特辑那样的16毫米胶片。这种认真仔细帮助她理解和掌握了如何控制光学元件表面的微小缺陷以制备出高品质的光学元件,这样就能将兆瓦级的激光束投射到目标上,而不是让光学元件受到激光损伤。

另一个关键问题是光束在空气中的传输效果。我们通常认为空气是洁净的,但我们只能看到太阳传到地面的光。事实上,空气吸收了许多的光。它吸收了大部分的紫外线,尤其是波长最短、最容易引起皮肤癌的紫外线。空气还阻挡了大部分的红外线,但也留出了允许一些波段传输的窗口。其中一个大气窗口是在10微米附近,正好对应二氧化碳燃气激光器的工作波长,但并不是所有的激光都能很好地穿过空气。事实上,即使是可见光,大气湍流也能使远处的物体看起来抖动模糊。在晴天观察一个炎热的停车场,可以看到由于热气流的上升,光线变得弯曲。此外,霾、雾、雨和雪也会使人的视线变模糊。

贝尔实验室的工程师们发现了这些问题。一天晚上,他们把第一批制作的一个红宝石激光器搬到微波塔的顶部,向25英里外的屋顶上发射光脉冲,一名工程师站在屏幕旁边观察是否有红色的光脉冲,结果他并没有观察到多少光脉冲。军队科研人员在红宝石和玻璃激光器上也发现了类似的结果,空气中的二氧化碳对10微米激光的传输影响更大。他们必须搞清楚,一束强大的激光能否在目标上烧出洞来,还是它只能加热空气?

最棘手的问题是:激光束能摧毁目标或使目标失能吗?这不仅取决于光学元件的质量和空气的洁净度,还取决于激光束对目标的作用机理,这些作用机理是很复杂的。

科幻小说中的激光枪射出的能量子弹以直线运动,接触目标后就会爆炸成火球。子弹和导弹要么错过目标,要么靠动能冲击目标,从而破坏或摧毁目标。现实世界的激光武器把激光束聚焦在目标的一个点上并持续加热它,就像透镜聚焦阳光一样。破坏目标要求激光束具有很高的亮度。光束定向器把激光束稳定准确地聚焦在目标上。当然,要选择目标吸收率大

激光武器
Lasers, Death Rays, and the Long, Strange Quest for the Ultimate Weapon

的激光束。① 互联网上关于激光武器的视频显示，激光束发射后激光光斑即刻出现在目标上，随着热量的积累，光斑辐照处逐渐变亮，直到目标开始熔化或燃烧起来。

几秒钟内能量耦合的效果取决于目标材质。将激光聚焦在不易燃烧的性质稳定的目标上，效果可能不理想，因为加热目标产生的烟雾和其他碎片可能会阻碍光束进一步作用于目标。另一方面，如果目标是运动的，烟雾就会被风吹走，激光就能更好地跟踪并继续加热目标。激光破坏装有炸药的目标，可以通过加热炸药，而非烧穿它的外壳来摧毁它，加热炸药使其爆炸，产生高压使外壳解体。激光打击无人机，只要烧坏它的外壳，就能让它无法继续飞行，不一定会引燃它内部的炸药，但炸药可能会在目标坠落地面时爆炸，伤害到自己人。在本书第六章中将描述拦截助推段远程弹道导弹的机载激光武器，其原理是通过削弱导弹内承压罐体的结构强度，使其在内部压力作用下解体，导弹就会坠落在离发射场不远的地方。

激光武器发射短脉冲激光来打击运载核弹头的弹道导弹或其他脆性目标还有另一个致命的问题。高强度的激光可以电离空气，产生大量的等离子体，这种电离效应会阻止后续激光脉冲的传输，导致无法传输足够的激光能量持续打击目标。除此之外，20 世纪 60 年代中期，兰博森还提出了固态脉冲激光器存在的其他一系列问题。

更好的化学激光器

格里在 1970 年发表的关于燃气激光器的文章中提到，在燃气激光器中使用不同的化学物质可以产生不同波长的激光。最重要的是，含有激发态氟化氢分子的混合气体，在燃气激光器的谐振腔内流动时，发出的激光波长（2.7 微米）小于二氧化碳激光的 10 微米波长。

1965 年首次演示了这种化学激光器，但当时没有使用流动气体。

---

① 通常来说，目标对不同波光激光的吸收率是不同的，译者注。

第三章
不可思议的燃气激光器

1969年，洛杉矶航空航天公司的研究人员设计了一台燃气激光器，能产生功率630瓦的红外激光，相当于初始化学反应能量的12%。这种化学反应有潜在的危害性，产生的氢氟酸是有毒的，需要收集起来并洗消去毒。但是它比气动二氧化碳激光器体积更小，输出能量更大，这引起了军方的兴趣。

一个严重的问题是，氟化氢激光器通常发射2.6~2.9微米波长的激光，这个波长的激光会被空气大量吸收。幸运的是，用较重的氘（氢-2）取代氟化氢中的同位素氢，能将激光波长转变为3.8微米左右，使激光束更容易在空气中传输。氘的价格很昂贵，大多数实验为了节省资金，都使用氢来代替氘，但氘产生的激光可以在空气中很好地传输。

氟化氘为燃气激光器提供的能量比二氧化碳提供的能量更大。其较短的波长也很具有优势，因为用于聚焦光束的反射镜的尺寸必须随着波长的增大而增大①。因此，要聚焦得到相同大小的光斑，氟化氘激光需要3.8米的反射镜，二氧化碳激光则需要10米的反射镜。也就是说，聚焦氟化氘激光的反射镜的面积只需二氧化碳激光反射镜面积的13%，这大大减轻了激光武器系统的重量。

当艾德·格里在1971年到美国高级研究计划局开展其激光武器项目研究时，化学燃气激光器已经能达到千瓦级的输出功率。随着化学激光器和二氧化碳激光器达到了很高的功率水平，高级研究计划局把它们交给了军兵种。格里帮助军方研制了基本型验证激光器，这也是首个高能化学燃气激光器。1973年时，其功率已经超过100千瓦，它引领了高能化学激光器的发展。格里还在探索其他的高能激光器，并试图做出更好的激光武器系统。

《航空与航天科技周刊》的记者菲利普·J. 克拉斯在1972年年中回顾激光器研究进展时写道："大多数专家都认为，在十年内，至少能研制出兆瓦级的（连续波）激光器。人们在激光器对军事武器、战略和战术的影响有多大的问题上存在更多的分歧。"尽管一些激光迷们希望激光武器最

---

① 聚焦光斑的尺寸正比于激光波长和传输距离，反比于光束的发射口径。译者注。

激光武器
Lasers, Death Rays, and the Long, Strange Quest for the Ultimate Weapon

终能够拦截飞机和导弹的攻击,"但即使是这些人也觉得,至少还需要几十年的时间才能做到这一点"。

美国各军种激光器不同的发展方向

美国陆军、美国海军和美国空军对激光武器的研究方向各不相同,这反映了他们不同的需求。

美国陆军需要在各种地形上开展行动,他们曾将一台电驱动的二氧化碳激光武器塞进坦克大小的移动战车里来击落无人机,但最终美国陆军认为在恶劣的战场环境中使用激光武器是不现实的,他们基本放弃了激光武器。

美国海军战舰可以装载更大的装备,但在海洋环境中,水汽会吸收二氧化碳激光。美国海军希望海洋大气对氟化氘激光的吸收更小,所以他们转而研究化学激光器。在高级研究计划局的基本型验证激光器测试之后,美国海军与高级研究计划局合作研制了先进化学激光器,采用氟化氘激光器,将输出功率提升到了 400 千瓦,并击落了几枚小型导弹。美国海军的先进化学激光器是个庞然大物,在加利福尼亚州圣胡安卡皮斯特拉诺市以东的山上,占据了美国 TRW 公司试验基地的大片空间。

之后,美国海军要求 TRW 公司制造红外先进化学激光器(绰号为 MIRACL)。激光器内部是如迷宫般的管道,气体在此混合并发生化学反应,产生的氟化氘激光传输到带有 1.8 米大口径反射镜的"海石"光束定向器。这是官方记载的第一个兆瓦级连续波激光器,它于 1980 年建造完工。在非官方的记录中,激光器的功率达到了 2.2 兆瓦。然而,到 20 世纪 80 年代初,MIRACL 激光器开始运行时,美国海军发现氟化氘激光也会被潮湿的海洋空气吸收,就对这种巨大的激光器失去了兴趣。国会从联邦预算中取消了对美国海军这一项目的资助后,MIRACL 激光器没有继续装备到海军,成了新墨西哥州白沙导弹靶场高能激光系统试验场的核心设施,用于包括击落火箭弹和致盲卫星在内的各项军事试验。在超过 15 年的时间

第三章
不可思议的燃气激光器

中，它参与了 150 多次试验，每次用时不超过 70 秒，总共的出光时间不足 1 小时。

探索其他激光器

与此同时，美国高级研究计划局专注于研发波长更短、需要的光学元件更小、发出的激光不会被空气吸收的新型激光器。

一个想法是用高压电脉冲轰击如氙、氪和氩等惰性稀有气体。最初的设想是通过发射电子，使稀有气体原子对形成寿命较短的分子，当分子分裂时就会发射紫外光。美国和苏联的实验室曾在 1972 年和 1973 年演示过这种激光器。

当阿夫科公司的 J. J. 尤因和查尔斯·布劳开始研究稀有气体与氟、氯、溴和碘等卤素的混合物时，才有了真正的成果。另一位研究人员在氯与氙反应时观察到了紫外线，尤因和布劳分析了背后的物理原理。然后，他们决定用电子束轰击氙和碘的混合物，看它是否会发出激光。"发出了大量的光"，尤因说道。光的波长接近于他们原先的预测，光还很亮，他疑惑道："我们之前到底做错了什么？"

他们从未制造出一台真正的氙碘激光器，但美国海军研究实验室的一个团队用一种类似的化合物制造出激光器后，阿夫科公司重新安排了他们的实验，以提高电子束的功率，1975 年 6 月激光器开始出光。最初，他们制造了氟氙激光器，然后是氯氙激光器。之后又尝试了此前一直比较谨慎的氟氪激光器，得到了此类激光器迄今为止最亮的输出光束。他们发现了一个崭新的紫外激光器家族。这类激光器只发出短脉冲，但它们产生的能量比其他任何紫外激光器都要多。高级研究计划局又有了一个全新的武器候选。

激光武器
Lasers, Death Rays, and the Long, Strange Quest for the Ultimate Weapon

美国空军的机载激光实验室顺利起航

1969—1970 年，美国空军科学顾问委员会仔细评估了激光武器的潜力。1971 年春，委员会成员在美国空军武器实验室所在地——科特兰美国空军基地会面。人们对激光技术前景的乐观情绪日益高涨，委员会将讨论的重点集中在他们认为前景良好的新型技术上。激光功率已经达到了 100 千瓦级，这让人们再一次对激光武器的前景兴奋不已。

武器并不是高能激光唯一的应用领域。关于可控核聚变的最新想法是惯性约束核聚变，利用强激光脉冲加热和压缩装载有氢同位素的小球来引发核聚变。从表面上看，原子能委员会是在开发核聚变能源，但他们掩藏在幕后的真正目的是模拟热核炸弹的爆炸，来更好地理解其中的物理原理。另一个与能量有关的激光概念也引起了人们的兴趣，即利用激光来增加铀的可裂变同位素的浓度。阿夫科·埃弗雷特研究实验室的研究人员对此研究有了进展。公开的研究理由是生产核反应堆的燃料，但背后隐藏的真正动机是通过去除可能会抑制爆炸的同位素来提纯核武器中使用的钚。

美国空军科学顾问之一，加利福尼亚大学洛杉矶分校的威廉·麦克米兰建议仿照"曼哈顿计划"，创建一个关于激光防御的国家实验室。在一场公开演讲中，爱德华·泰勒敦促美国空军"早早关注激光及其带来的相关变化"。在演讲的后半段，他站了起来，一边走动，一边用手比画着，预想了一艘不可战胜的"伟大的空中激光战舰"，并提出了一项 20 世纪 70 年代的激光发展计划，其规模堪比美国在 20 世纪 50 年代开展的远程核导弹计划。其他的顾问委员也肯定了开发燃气激光器和放电激光器的前景。

平日里，兰博森是激光的超级爱好者，此时却语气克制地警告说，任何激光项目都应该是基于可行技术的系统性项目。在技术成熟之前，他反对类似"'曼哈顿计划'或上亿美元计划"。他这样说，一方面是基于自己

第三章
不可思议的燃气激光器

对激光器进展的了解，另一方面是担心这样的计划一旦失败，会使美国空军武器实验室不再开展激光武器项目。

最后，委员会支持兰博森的意见，并推荐了一个更合适的项目，这就是后来美国空军武器实验室的机载激光实验室项目（ALL）。这个项目的起源可以追溯到1967年武器实验室两名背景迥然不同的军官之间的讨论。霍华德·W. 利夫中校是从战斗机飞行员一步步晋升为研究部门的军官，中尉彼得拉斯·V. 阿维森尼斯是一位出生于立陶宛的物理化学博士。听了查尔斯·汤斯的一次演讲后，他俩对激光器产生了兴趣。利夫希望给飞行员配备更多的火力，特别是给没有防御能力的雷达飞机的机载预警和控制系统（AWACS）配备更多的火力，他认为武器实验室正在研究的激光技术，可以在机载试验台上逐步地进行演示。阿维森尼斯也喜欢这个想法，于是这个想法就成了实验室发展计划的一部分。

一开始几乎没有什么成果，但美国空军还是让武器实验室负责激光武器项目。兰博森于1969年3月接管了武器实验室的激光武器项目。他对激光器的热情很高，愿意解决棘手的技术问题，他还带来了一批人才。他懂科学，对技术非常了解，是一位优秀的管理者和领导者。他还很能慧眼识人，并让各类人才团结工作。管理武器实验室的激光项目确实也需要这些能力。

兰博森已经让三军通用型激光器开始运行。和其他燃气激光器一样，它内部排列着复杂的管道、阀门、喷嘴和产生光束的负压谐振腔。然而，它却被牢牢地安置在地面的实验室里，还配备了控制光束的光学元件。

机载激光实验室也是一个试验台，但它的目标要宏大得多，需要对在飞机里安装激光武器的可行性进行系统级测试。这意味着激光器和打击目标所需的所有设备必须在持续振动的环境中工作。

搭建机载激光实验室的第一步是准备一架军用波音707飞机，安装一台能发射约400千瓦激光的二氧化碳激光器，激光器发射的激光能量的破坏性要足够强，体积要小到可以装进飞机。它还需要一套火控系统去识别和跟踪目标，以及将光束聚焦在目标上的大口径反射镜。不能使用玻璃材

激光武器

Lasers, Death Rays, and the Long, Strange Quest for the Ultimate Weapon

质的光学元件，要使用能够反射或透射 10 微米波长激光的材料。另外，还必须安装一个可转动的回转炮塔，将光束投向远处的目标。所有这些还必须都能协同运行。

改装后的飞机于 1973 年年初交付使用，先使用波长相同的低功率激光器对光学系统和飞机系统开展测试，普拉特·惠特尼公司那时起开始研制可以安装在飞机上的激光器。他们用了好几年的时间才把激光器的体积缩小到能装进飞机，激光器占据了驾驶员后面的前 1/3 的舱内空间；电源和燃料占据了中间的 1/3，后面的 1/3 装有 20 世纪 70 年代的老式计算机和控制系统。飞机是为激光武器定制的，需要在机体上开孔并进行大量的改装，人们担心飞机能否正常飞行。早期的飞行过程中，一直有奇怪的振动。每一个技术环节都必须考虑周到并进行验证，有些还要进行调整使其符合原来的预期。1978 年，美国空军开着这架载着激光武器的飞机离开地面拍了张照片，但它仍然需要继续改进。

常坐飞机的人认为飞机的振动是理所当然的，但光学系统不能有任何振动。飞机在空气中是不断振动的。持续的振动会使物体松动，为使激光器正常工作，必须紧固关键部件。飞机振动还会使激光束抖动，错过目标。

激光束在空气中的传输成了难题。设计者选用二氧化碳激光器，因为它是 20 世纪 70 年代早期功率最大的激光器。但是 10 微米波长的二氧化碳激光不能在空气中很好地传输。空气中的水蒸汽会吸收激光，二氧化碳分子也会吸收激光，这种吸收加热了空气，使光束变得弯曲和发散。

激光武器上的光束定向器只能将激光束聚焦到距飞机几千米内的目标上，对于许多潜在任务来说，这个距离太短了[①]。金属反射镜会吸收较多的激光能量，必须用流动的水进行冷却。强大的激光束会"点燃"尘埃颗粒，在空气中产生"火花"，沿激光束（不可见光）的传输路径上形成一道可见的"光柱"。激光束还会"点燃"光学元件表面的灰尘，损坏光学元件。因此，一些光学元件必须在无尘室中组装和维护。

---

① 在更远的距离上聚焦效果会很差，激光光斑将变得很大，译者注。

第三章
不可思议的燃气激光器

图 3.3　燃气激光器是建立在流动气体的基础上的，所以需要很多管道和阀门，这是军用波音 707 飞机上装载的激光实验室内部，燃料箱在后部。（图片源自美国国家档案馆）

随着关键测试的临近，军队的制度也推动了实验室管理方式的变化。长达 9 年的任职后，1978 年 2 月 2 日，兰博森出人意料地被晋升为准将，同时他不得不退出这个激光项目，因为项目负责人的军衔被设定为上校。他将开始只有 650 万美元预算、25 人的团队发展成了一个有 8680 万美元预算、350 人的团队。项目面临的最大挑战是击落空中移动的目标。

1980 年 9 月 4 日，武器实验室报告说，机载激光武器所有的重要硬件都工作正常，尽管它还没有发射过强激光，但它应该可以正常出光。可是还存在一些问题：激光器工作时排出的气体产生的推力会在高空中将飞机的机头推高，需要飞行员修正这一问题；冷却系统的温度比预期的要高一些；剩下的一个大问题是光学系统的振动是否会影响光束的传输，但这个问题只能通过下一轮的测试来回答，即测试机载激光实验室是否能击落导弹和无人机。

激光武器
Lasers, Death Rays, and the Long, Strange Quest for the Ultimate Weapon

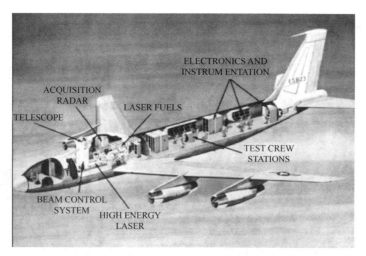

图 3.4　机载激光实验室的布局。它使用的激光器被标记为高能激光器，仅占舱内空间的一小部分。（图片源自美国国家档案馆）

项目组压力很大，如果激光不能很快击中目标，这个项目就危险了。新一轮的地面测试发现冷却系统有泄漏，因此必须将设备先移除、再修复并重新安装。1979 年 11 月，罗纳德·里根击败吉米·卡特当选美国总统后，时间更紧了。这意味着美国空军部长汉斯·马克——机载激光实验室的坚定拥护者，将在来年一月新政府成立时被免职。他和项目的另一个支持者、参议员哈里森·施密特原定于 1980 年 1 月 15 日来武器实验室视察。时间很紧迫，武器实验室要在他们来访时展示激光武器能从飞机内部发射高功率激光束。在一月初的一个多星期里，工人们三班倒，不停歇地安装激光武器。

武器实验室计划在首长来访的前一天进行两次试射，但由于气动问题，这两次试射都被迫提前终止。第二次实验时激光武器发射了一束光到空中，这是重要的第一步。但实验损坏了一个关键的反射镜，他们无法及时更换一个新镜子来进行第二天的演示。虽然马克和施密特都知晓前一天的实验取得了部分成功，但项目组的成员都感到很沮丧。

这之后，武器实验室又进行了一轮试验，并于 1981 年 5 月下旬，在加

第三章
不可思议的燃气激光器

利福尼亚州的爱德华兹美国空军基地进行了一次至关重要的演示。实验目标是用空中飞行的机载激光实验室（ALL）击落一枚导弹。这需要让光束在 3~5 千米外的导弹前端聚焦驻留 2~4 秒。虽然激光武器可以输出 400 千瓦的激光，但预计只有大约 75 千瓦的激光能到达目标发挥作用，这让摧毁目标变得更加困难。军官们很乐观，前提是一切都必须顺利进行。

试验计划进行三天，第一天因为天气恶劣，试验结果不尽如人意。第二天，激光武器出光 1.2 秒，能短暂击中目标。最后一天，激光束在导弹上总共驻留了 1.8 秒，但它在预定位置停留的时间不够长，不足以"击落"导弹。

如果这次试验是秘密进行的，武器实验室就会悄悄地记下结果并吸取所有的教训，改天再进行新一轮的试验。但这次试验是公开的，媒体报道说激光武器的表现不及格。美国空军很恼火，但他们不应该对此感到惊讶。电影中，死亡射线总能为好人服务，但在现实世界中，墨菲定律认为如果事情有变坏的可能，它总会发生的。我在 1981 年年中的时候给五角大楼里认识的一位上校打电话，问他空军接下来打算怎么办，他说在机载激光实验室击落些什么之前，不会有任何新消息。

两年之后，1983 年 5 月，五角大楼高层在听完机载激光实验室项目负责人杰里·詹尼克上校计划在爱德华兹美国空军基地进行新一轮试验的简报后，直言不讳地说："不要再让我们难堪了，完成好它。"经过一系列的试验，机载激光实验室于 5 月 26 日首次击落了两枚导弹。这个项目终于成功了。

激光武器之外的应用

从激光器诞生开始，民用激光产业也走过了漫长的道路。1974 年，我开始在一家名为《激光焦点》（Laser Focus）的激光产业杂志社工作。几个月后，当我告诉邻居自己的工作时，他立刻问我是不是在写死亡射线。我解释说，激光器有许多和平的用途，我们很少涉及激光武器。

激光武器
Lasers, Death Rays, and the Long, Strange Quest for the Ultimate Weapon

《激光焦点》杂志主要关注激光的科学研究和工业应用。一个热门的研究课题是使用宽谱调谐的激光器来研究原子和分子的性质。一家名为"KMS 核聚变"的公司试图研发激光核聚变技术，作为一种新型能源。政府实验室使用激光分离同位素。一些实验室也在为特殊任务研制新型的激光器。

产业界也在发展激光技术。杂志社曾报道过一些公司想要研制一种视频播放器，用激光播放录制在留声机唱片大小的磁盘上的电影。杂志社还报道了激光是如何读取超市自动结账用的新条形码。当时，一些公司才刚刚开始尝试通过光纤传输激光用于通信，几年后，他们就开始测试基于光纤连接的电话网。其中一期的杂志封面展示了一台正在福特汽车生产线上工作的激光焊接机，一篇关于激光加工的新闻提到了阿夫科公司的燃气激光器能输出 10 千瓦的激光，这是阿夫科公司为军方制造的激光器的小兄弟。杂志社也发表过激光应用在医学方面的相关文章。

杂志社还发表了一些与激光武器有关的故事。1974 年 12 月的杂志封面展示了一面反射镜，它可以通过调整自身的面形来改变反射光束的相位分布。反光镜由 Itek 公司研制，它的一个潜在用途是对高能激光器输出的光束进行相位校正，使光束可以更好地聚焦。这项技术在当时还不太成熟，不适合机载激光实验室项目使用，它最后是用在本书第六章所述的大型机载激光武器上。

军方实验室还发现了激光器以其他方式造福世界的和平用途。1964年，美国密歇根大学军事实验室的年轻研究员埃米特·利斯和朱瑞斯·乌帕特尼克斯展示了被称为全息图的三维激光图像，它不需要特殊的观察设备。全息图一度成为了一种艺术形式。

激光实验很快变得越来越深奥复杂。在红宝石激光器发明后不久，研究人员试图将激光束投到月球上，再反射回来，但最多只能观测到模糊的红点。阿波罗十一号的宇航员尼尔·阿姆斯特朗和巴兹·奥尔德林带着一个特殊的反射镜来到月球，这面镜子被称为"后向反射器"，它可以将光束直接反射回发射的地方。在月球上放置反射镜的目的是测量月球到地球的距离，使用激光测量会比以往任何时候的测量都更准确。

第三章
不可思议的燃气激光器

哈尔·沃克小时候是一个喜欢巴克·罗杰斯玩具射线枪的小男孩，后来他长成了 1 米 93 的大高个。在 20 世纪 60 年代初，他去了由泰德·梅曼成立的 Korad 激光器公司工作。沃克刚进公司时是技术人员，后来一步步当上了生产经理。在此过程中，他的工作之一是将激光束射向月球，利用宇航员留在月球上的后向反射器将射出的激光反射回来。美国航空航天局想让 Korad 公司派出最得力的人去利克天文台操作自己公司研制的红宝石激光器。

把激光器运上山，并在山顶的天文台上安装和运行激光器的曲折经历远超沃克的预期。宇航员返回地球后，沃克必须用激光扫描月球表面，找到后向反射器，得到激光的返回信号。激光束在月球上的聚焦光斑至少有 1 平方英里大，月球反射回的激光功率降低到几乎无法察觉的水平，所以他必须加大激光的发射功率，还要当心别损坏了激光器。激光器工作后会升温，所以沃克用风扇来冷却驱动电路。天文学家们惊讶地发现月球上出现了另一束激光也在做同样的工作，他们由此在搜索后向反射器的任务上展开了竞争。最后，激光击中了后向反射器，将一个明亮的激光脉冲发送回望远镜，提供了足够的光能量来测量激光脉冲往返月球需要多长时间，从而第一次直接而准确地测量出月球到地球的距离。

沃克在 Korad 公司工作时唯一用过的激光武器是个电影道具，来自圣莫尼卡的一家公司，这家公司离好莱坞只有一小段车程。电影《天外来菌》的制片人想在电影中使用激光，但 Korad 公司不希望激光器仅被视为武器。折中处理之后，在电影中，激光既能用于生物实验，也可以对付危险的病原体。他们把 Korad 公司的激光器搬到摄影棚，搭了个烟雾背景来衬托绿色的激光束。在一个电影场景中，一个感染了病菌的男人正试图爬上梯子逃跑，他转过身去看抓他的人。就在这时，沃克他们把演员挪开，放了一个小矮人在他的位置上接着拍摄，就像是激光将他打成了个小矮人。对于沃克和他的朋友们来说，这一切都很有趣，但当时 Korad 公司的母公司（联合碳化物公司）的管理层集体对此大发雷霆，因为子公司的名称与激光死亡射线出现在同一个场景带来了巨大的公众影响。

激光武器
Lasers, Death Rays, and the Long, Strange Quest for the Ultimate Weapon

关注点的转移

1983年9月26日，机载激光实验室击落了它的最终目标。激光束连续击中无人机3次，但只在最后一次才给无人机造成了足够的损伤，使其无法完成任务。美国空军历史学家罗伯特·达夫纳在其《机载激光：光的子弹》一书中写道："在证明用复杂激光系统摧毁空中目标的科学可行性方面，最后这次击落无人机仍然是极为重要的第一步。"这次击落无人机从原理上证明了激光武器的可行性。如果一切顺利，机载激光实验室可以击落一个相对弱小的目标。

然而，最后的测试距离现实可行的武器演示验证系统还有很大的差距。机载激光实验室并不是战场上的终极武器，它太笨重、太低效，对条件要求高，需要时刻保养，不是一种实用武器。即使射出了激光，也不能保证将全部能量作用在目标上。二氧化碳激光器输出的10微米波长的激光很大一部分都被空气吸收了，不仅减少了传输的能量，而且使原本能击中目标的大部分激光发生了偏折。人们从机载激光武器上吸取了许多宝贵的经验教训。

其中最重要的一个教训是，燃气激光器还不能满足战场上的军事需求。美国陆军是第一个认识到这一点的，美国海军经过MIRACL激光器的艰难研发后也认识到了这一点。那时，美国空军也决定放弃研发用于作战的激光武器。他们"有序地终止"了该项目，机载激光实验室的运维被逐步停止，这样在未来几年如有需要，机载激光实验室仍可用于进一步的试验。最终，没有人愿意支付8500万美元到1.48亿美元的费用来为进一步的试验做准备。1988年5月4日，当时的兰博森少将和其他数百人目睹了机载激光实验室从新墨西哥州起飞，降落在俄亥俄州代顿市的美国空军博物馆，被封存起来。

第三章
不可思议的燃气激光器

图 3.5　唐纳德·兰博森少将,他是 20 世纪 80 年代美国空军机载激光实验室的主要推动者。(图片源自埃米利奥·塞格雷视觉档案馆)

五角大楼的注意力又转回到美国高级研究计划局最初对导弹防御上。多年前,罗纳德·里根曾提议大规模投资导弹防御计划;而高级研究计划局(ARPA),现在已更名为国防部高级研究计划局(DARPA),已经将重点转向将激光武器空间站送入太空。美国已经成功登陆月球,美国国家航空航天局正在建造航天飞机,也许激光武器会成为太空中的终极武器。

参考文献

1. John F. Kennedy, "The Decision to Go to the Moon," speech before a Joint Session of Congress, May 25, 1961, NASA History Office, https://history.nasa.gov/moondec.html (accessed May 14, 2018).

2. Stuart H. Loory, "The Incredible Laser: Death Ray or Hope," This Week (magazine), November 11, 1962, pp. 7–8, 25.

3. Jeff Hecht, Beam Weapons: The Next Arms Race (New York: Plenum, 1984), p. 26.

4. C. Martin Stickley, in interview by Robert W. Seidel, Niels Bohr Library & Archives, American Institute of Physics, College Park, MD, September 22 1984, www.aip.org/history–programs/niels–bohr–library/oral–histories/4905 (accessed August 30, 2018).

5. C. Martin Stickley, "The Shift of Optics R&D Funding and Performers over the Past 100 Years," OSA History of Optics, ed. Paul Kelley, Govind Agrawal, Mike Bass, Jeff Hecht, and Carlos Stroud (Washington, DC: The Optical Society, 2015), p. 186.

6. Stickley, interview by Seidel.

7. Walter Sullivan, "Air Force Testing New Light Beam," New York Times, October 14, 1960, p. 16.

8. Robert W. Seidel, "How the Military Responded to the Laser," Physics Today 41, no. 10 (October 1988): 36–43; 38; https://doi.org/10.1063/1.881156 (accessed August 30, 2018).

9. Quoted in Robert W. Seidel, "How the Military Responded to the Laser," Physics Today, October 1988, p. 36–43; 37n17.

10. William R. Bennett Jr., "Background of an Invention: The First Gas Laser," IEEE Journal of Selected Topics in Quantum Electronics 6 (November–December 2000): 869–75.

11. L. F. Johnson and K. Nassau, "Infrared Fluorescence and Stimulated Emission of Nd+3 in CaWO4," Proc. IRE 49, no. 11 (November 1961): 1704–705.

12. E. Snitzer, "Optical Maser Action of Nd+3 in Barium Crown Glass," Physical Review Letters 7, no. 12 (1961): 444–46.

13. Elias Snitzer, oral history interview by Joan Bromberg, August 6, 1984, American Institute of Physics, https://www.aip.org/history-programs/niels-bohrlibrary/oral-histories/5057 (accessed May 14, 2018).

14. Jeff Hecht, "The Amazing Optical Adventures of Todd-AO," Optics & Photonics News 7, no. 10 (1996): 34–40, https://doi.org/10.1364/OPN.7.10.000034 (accessed May 14, 2018).

15. Robert W. Seidel, "From Glow to Flow: A History of Military Laser Research and Development," Historical Studies in the Physical and Biological Sciences 18, no. 1 (1987): 120.

16. William Culver, in telephone interview with the author, October 16, 2008.

17. Culver, telephone interview with the author, October 22, 2008.

18. Bill Shiner, in telephone interview with the author, March 19, 2018.

19. Culver, telephone interview with the author, October 22, 2008.

20. Jeff Hecht, "History of Gas Lasers Part 1—Continuous-Wave Gas Lasers," Optics & Photonics News, January 1, 2010, https://www.osaopn.org/home/articles/volume_21/issue_1/features/history_of_gas_lasers,_part_1%E2%80%94continuous_(accessed May 15, 2018).

21. Jeff Hecht, Beam: The Race to Make the Laser (New York: Oxford, 2005), pp. 219-20.

22. R. J. Keyes and T. M. Quist, "Recombination Radiation Emitted by Gallium Arsenide," Proc. IRE 50 (August 1962): 1822-23.

23. Jeff Hecht, "The Breakthrough Birth of the Diode Laser," Optics & Photonics News, July 1, 2007, https://www.osaopn.org/home/articles/volume_18/issue_7/features/the_breakthrough_birth_of_the_diode_laser/(accessed May 15, 2018).

24. C. Koester and C. J. Campbell, "The First Clinical Application of the Laser," Lasers in Ophthalmology: Basic, Diagnostic, and Surgical Aspects; A Review, ed. F. Fankhauser and S. Kwasniewska (Monroe, NY: The Hague: Kugler, 2003), pp. 115-17.

25. Robert Hess, private communication, "A Survey of Lasers at the Birth of Holography," Journal of Physics: Conference Series 415, conference 1 (2013).

26. Richard J. Barber, The Advanced Research Projects Agency, 1958-1974: A Study (Washington, DC: Richard J. Barber Associates, 1975), p. 6-11.

27. Robert W. Duffner, Airborne Laser: Bullets of Light (New York: Plenum, 1997), p. 16.

28. Sidney G. Reed, Richard H. Van Atta, and Seymour J. Deitchman, DARPA Technical Accomplishments: An Historical Review of Selected DARPA Projects, vol. 1 (Alexandria, VA: Institute for Defense Analyses, February 1990), p 8-2.

29. Dennis Overbye, "Arthur R. Kantrowitz, Whose Wide-Ranging Research Had Many Applications, Is Dead at 95," New York Times, December 9, 2008, http://www.nytimes.com/2008/12/09/science/09kantrowitz.html (accessed February 28, 2018).

30. Ben Bova, Star Peace: Assured Survival (New York: Tor, 1986), pp. 35-36.

31. Howard Schlossberg, in interview with the author, March 7, 2018.

32. Arthur Kantrowitz, Oral History Interview by Joan Bromberg on October 30, 1984, Niels Bohr Library & Archives, American Institute of Physics, College Park, MD, www.aip.org/history-programs/niels-bohr-library/oral-histories/31415 (accessed September 28, 2018).

33. C. Kumar N. Patel, in interview with the author, in Jeff Hecht, ed., Laser Pioneers: Revised Edition (Boston, Academic Press, 1992), pp. 195-97.

34. Kantrowitz, interview with Bromberg.

35. Edward Gerry, in telephone interview with the author, October 6, 2008.

36. "Bibliography," Ben Bova Online, last updated April 2018, http://benbova.com/bibliography/ (accessed May 16, 2018).

37. Guest of honor speech at Boskone 1977, author attended, available online at History of Boskone, http://www.nesfa.org/boskone-history/boskone-history.html (accessed May 16, 2018).

38. Jeff Hecht, Laser Pioneers (Boston: Academic Press, 1991), p. 41.

39. Ben Bova, "Chapter Seven," in The Amazing Laser, in Out of the Sun (New York: Tor, 1984); Frank Horrigan et al., "High-Power Gas Laser Re-

第三章 不可思议的燃气激光器

search," Final Technical Report May 31, 1967–April 30, 1968, DTIC document AD0676226 (Fort Belvoir, VA: Defense Technical Information Center, July 1968) http://www.dtic.mil/docs/citations/AD0676226 (accessed February 28, 2018).

40. N. G. Basov, in interview by Arthur Guenther, September 14, 1984, Niels Bohr Library & Archives, American Institute of Physics, College Park, MD, https://www.aip.org/history-programs/niels-bohr-library/oral-histories/4495 (accessed March 1, 2018); Wikipedia, s.v. "Nikolay Basov," last edited August 21, 2018, https://en.wikipedia.org/wiki/Nikolay_Basov (accessed August 30, 2018).

41. Jack Daugherty, in telephone interview with the author, April 3, 2018.

42. N. G. Basov and A. N. Oraevskii, "Attainment of Negative Temperatures by Heating and Cooling a System," Soc. Phys. JETP 17 (November 1963): 1171–74; V. K. Konyukhov and A. M. Prokhorov, "Population Inversion in Adiabatic Expansion of a Gas Mixture," Journal of Experimental and Theoretical Physics Letters 3 (June 1, 1966): 286–88.

43. Edward T. Gerry, "Gasdynamic Lasers," IEEE Spectrum, November 1970, pp. 51–58.

44. Wikipedia, s.v. "Almaz," last edited August 11, 2018, https://en.wikipedia.org/wiki/Almaz (accessed June 17, 2018).

45. Anatoly Zak, "The Soviet Laser Space Pistol, Revisited," Popular Mechanics, June 14, 2018, https://www.popularmechanics.com/space/satellites/a21527129/thesoviet-laser-space-pistol-revealed/ (accessed June 17, 2018).

46. Richard Smith, in telephone interview with the author, July 5, 1994.

47. Joung Cook, "High-Energy Laser Weapons Since the Early 1960s," Optical Engineering 52, no. 3 (February 2013).

48. J. V. V. Kasper and G. C. Pimentel, "HCl Chemical Laser," Physical Review Letters 14, no. 10 (1965): 352–54.

49. D. J. Spencer, H. Mirels, and T. A. Jacobs, "Initial Performance of

a CW Chemical Laser," Opto-Electronics 2 (1970): 155-60.

50. Philip J. Klass, "Special Report: Laser Thermal Weapons, Power Boost Key to Feasibility," Aviation Week & Space Technology, August 21, 1972, pp. 32-40.

51. "Northrop Grumman Laser 'Firsts,'" Northrop Grumman, 2018, http://www.northropgrumman.com/Capabilities/LaserFirsts/Pages/default.aspx (accessed March 7, 2018).

52. Aviation Week & Space Technology, September 8, 1975, p. 53.

53. Philip J. Klass, "Laser Destroys Missile in Test," Aviation Week & Space Technology, August 7, 1978, pp. 14-16.

54. "Laser Weaponry Technology Advances," Aviation Week & Space Technology, May 25, 1981, pp. 65-71.

55. William J. McCarthy, Directed Energy and Fleet Defense: Implications for Naval Warfare (Maxwell Air Force Base, AL: Center for Strategy and Technology, Air University, May 1980), p. 18 (cites references which are no longer posted on the web at the cited locations; some may be found at GlobalSecurity.org).

56. "Mid-Infrared Advanced Chemical Laser (MIRACL)," Global Security.org, last modified July 21, 2011, https://www.globalsecurity.org/space/systems/miracl.htm (accessed March 7, 2018) (republication of government document).

57. "James J. Ewing: Excimer Lasers," interviewed by C. Breck Hitz, in Hecht, Laser Pioneers: James J. Ewing, Excimer Lasers, pp. 243-56.

58. John Murray, "Lasers for Fusion Research," in OSA Century of Optics (Washington, DC: Optical Society of America, 2016), pp. 177-74.

59. Jeff Hecht, "Laser Isotope Enrichment," in OSA Century of Optics (Washington, DC: Optical Society of America, 2016), pp. 161-65.

60. Hans Mark, "The Airborne Laser from Theory to Reality: An Insider's Account," Defense Horizons, April 2002.

第三章
不可思议的燃气激光器

61. "Major General Donald L. Lamberson," Biography, United States Air Force, April 28, 2009, https://www.af.mil/About-Us/Biographies/Display/Article/106449/major-general-donald-l-lamberson/ (accessed March 1, 2018).

62. Hans Mark, "The Airborne Laser from Theory to Reality: An Insider's Account," Defense Horizons, April 2002.

63. Robert Duffner, The Adaptive Optics Revolution (Albuquerque: University of New Mexico Press, 2009), p. 224.

64. "Laser Fails to Destroy Missile," Aviation Week & Space Technology, June 8, 1981, p. 63.

65. Julius Feinleib, "Toward Adaptive Optics," Laser Focus 10, no. 12 (December 1974): 44-70.

66. Harold "Hal" Walker, in telephone interviews with the author July 18, 2017 and April 18, 2018; "Hildreth 'Hal' Walker Jr.," Historical Inventors, Lemulson-MIT, https://lemelson.mit.edu/resources/hildreth-%E2%80%9Chal%E2%80%9D-walker-jr (accessed May 9, 2018).

67. Rod Waters, Maiman's Invention of the Laser (Amazon Digital Services, 2014), chap. 6.

68. "Boeing NKC-135A Stratotanker (Airborne Laser Lab)," National Museum of the US Air Force, January 4, 2012, https://web.archive.org/web/20150722020529/http://www.nationalmuseum.af.mil/factsheets/factsheet.id=787 (accessed March 12, 2018). Photo of interior at "Boeing NKC-135A Cockpit," National Museum of the US Air Force, http://www.nationalmuseum.af.mil/Upcoming/Photos/igphoto/2000544279/ (accessed August 31, 2018).

第四章
高边疆的天基激光武器

"阿波罗"登月计划结束后，当时的年轻太空爱好者们很是失落了一阵子，但在几年后又出现了新的太空热潮。美国国家航空航天局计划建造航天飞机以再次进入太空。先驱物理学家杰拉德·K.奥尼尔提出了太空殖民的概念，五角大楼将太空研究拓展到通信及侦察观测领域，并于1973年启动了全球定位系统的相关工作。

在20世纪60年代初期，美国高级研究计划局认为在轨运行的激光武器空间站将会成为对付核导弹的终极武器，但到了1965年，他们痛苦地认清了一个现实，在当时，没有哪种激光器能够胜任此项任务。1967年签署的《外太空条约》虽然禁止了发展太空大规模杀伤性武器，但允许在太空开展其他军事活动，包括研制用激光能量定向打击特定目标的激光武器，人们对太空军事化的关注不断增长。在70年代中后期，美军对战场使用的激光武器的兴趣开始减退，1976年，高级研究计划局（ARPA）更名为国防部高级研究计划局（DARPA），局里再次尝试将激光武器发展成太空中的终极武器。

从四十多年后的今天往回看，美国高级研究计划局当时调整激光武器应用方向的决定很草率，就像一个莽撞少年做的决定，不像一个承担着发展未来军事技术的专业机构做出的决定。假如激光武器对于战场应用而言过于巨大、笨重，连击落近处的目标都很困难，那凭什么认为它在太空中的打击效果会更好？将巨大的激光武器送入太空轨道的难度远远大于将其从实验室运至地面战场，而且太空中的目标与地面、海上或空中目标相比，距激光武器的距离要远得多。

然而，在四十年多前，情况与现在截然不同。在"冷战"僵局之下，

第四章
高边疆的天基激光武器

美国和苏联几乎将核武器武装到了牙齿。那些年,民众正陷于人类首次登上月球的兴奋中,许多人愿意相信人类已经到了可以很快抵达太空高边疆的关口。况且激光武器如果被搬上太空,还能够避免大气扰动对激光传输造成的一系列严重问题。

军备竞赛与太空竞赛

第二次世界大战的军技竞赛导致了原子弹的出现,这股核竞赛的风潮一直持续到"冷战"时期,进而引发了太空竞赛。那时,地球上的核武器数量足以毁灭整个人类文明,人们需要找到一种能够抵御核攻击的新型终极武器。

在日本爆炸的首枚原子弹是由飞机空投的,但轰炸机需要花费数小时才能抵达目的地,其间可能被喷气式战斗机或地对空导弹击落。美国与苏联利用德国火箭科学家的技术,发展了洲际弹道导弹(ICBM),这种导弹可以在半小时内携带核弹头飞行数千英里。1954年,为了建造洲际导弹,美国为伯纳德·施里弗将军配了一个训练有素的火箭科学家团队,但当苏联于1957年发射"伴侣号"人造卫星时,团队还远未完成任务。"伴侣号"人造卫星的发射让美国官员很焦虑,当火箭的动力强大到足以将人造卫星送入轨道时,它同样能将核弹送至地球的另一端,"伴侣号"人造卫星的成功发射表明苏联已在此方面取得了领先。

在美国高级研究计划局寻求能防御核打击的死亡射线武器的尝试失败后,美苏双方都开始建造大型核武库。双方都选择了传统的核防御方式,即建造快速拦截导弹以摧毁来袭的弹道导弹。美国设计了"保卫系统"(Safeguard system)来保护位于蒙大拿州和北达科他州的核导弹阵地,确保其在受到核打击时能进行反击。这套防御系统还包含用于探测来袭导弹的大型雷达,以及装有500万吨当量核弹头的反导导弹。反导导弹可以通过在太空中爆炸来拦截敌方核导弹,这样就能在敌方核导弹进入大气层前摧毁它。苏联同样建造了一套系统用于保卫莫斯科。

激光武器
Lasers, Death Rays, and the Long, Strange Quest for the Ultimate Weapon

1972年，美国与苏联签署了反弹道导弹条约，约定在各自首都和一座导弹基地周围150千米范围内都只能建立一套有限度的反弹道导弹系统。该条约允许两国继续开展有关导弹防御的研究，但禁止部署超出条约限制的新型反导导弹。之后，美国国会认为"保卫系统"发挥的作用有限，不值得继续发展，决定于1976年将其关停。

最终，双方有意形成了一种"确保互毁"（mutual assured destruction，英文首字母缩写为MAD）的僵局：双方都在导弹阵地上、陆上和海上部署了数千枚可独立命中目标的核武器；都组建了核战略轰炸机编队；而双方的导弹防御能力都极为有限。理论上，如果一方发起攻击，另一方将会被毁灭。但因双方的防御能力都很有限，被攻击的一方仍然有能力进行反击并摧毁对方。和平有赖于知晓对方的实力，产生畏惧，并自我克制。

知晓对方的实力是指通过间谍卫星监视和拍摄对方导弹发射区域及敏感地点，能知晓对方军事实力的真实情况。美苏双方都知道，无法通过第一轮打击就将对方的核武器全部消灭，尤其是那些由核潜艇携带的核武器，它们会隐藏在无法探知的海底。最终的结果便是一种畏惧的平衡，尽管互不信任，但双方都不敢将对方逼得太紧。签署军控条约就是为了巩固这种不易的平衡。

考虑到核竞赛如此高的风险和持续增长的核武器数量，美国高级研究计划局在20世纪70年代继续寻求在太空防御核导弹的做法也就不足为奇了。苏联方面也是如此。激光技术从20世纪60年代中期开始突飞猛进，取得了包括新型燃气激光器在内的重大发展。到了70年代中期，美国高级研究计划局和美国海军发展了基于化学燃料的美国海军先进化学激光武器，它能够产生功率高达400千瓦的激光束。该系统采用的是波长为3.8微米的氟化氘激光，但在太空中，激光器可以采用波长为2.7微米的氟化氢激光，而这种氟化氢激光无法在大气中传输。与笨重的气动二氧化碳激光器相比，它能将用于发射激光束的反射镜的尺寸缩小近4倍，这是其在太空中使用的另一大优势。激光技术在20世纪70年代的飞速发展让人们对太空"高边疆"的前景非常乐观。

第四章
高边疆的天基激光武器

太空乐天派

当苏联成功发射了首颗人造地球卫星"伴侣1号"的消息传来时，美国上下惊得目瞪口呆。但在不到12年之后，两名美国宇航员首次登上了月球。"阿波罗"项目的6次成功登月（时间跨度达42个月，从1969年7月直到1972年12月）标志着美国太空项目取得的卓越成就。太空旅行已从科幻小说走进现实。太空技术的发展在监测全球军事行动、电子通信、天气预报等多个方面为人们带来了许多益处。

火箭科学家沃纳·冯·布劳恩，在20世纪50年代至60年代期间，一直是太空旅行重要的宣扬者。他的大部分公众演讲着重关注对太空的探索，但到了第二次世界大战后的50年代，他开始展望在太空开展军事应用，包括建立核武器太空站。

另一群梦想家对探索太空有不同的看法，他们认为可以进行太空殖民，推动太空工业化。这些梦想家认为太空是新的边界，就像电视剧《星际迷航》里发现的"最终边疆"。杰拉德·K. 奥尼尔是其中的突出代表，他是美国普林斯顿大学的一名物理学家，从1969年开始专门探索对外太空（而不是太阳系内的其他行星）发起殖民的可能性。他在其教授的物理学导论课上，将计算太空殖民可行性作为课后练习布置给那些雄心勃勃的学生们。"在自然科学中有时会出现这样的情况，有些事开始看上去像个笑话，但当用数据证明后，人们就会认真看待它，"他在1974年的《今日物理》上写道。

计算结果让奥尼尔更加相信"现有的技术如果发挥出最高的水平，就能够实现太空殖民。我们需要新的方法，但这些新方法不会超出当今知识的认知范围。挑战在于现阶段如何从经济层面将太空殖民的目标变得可行，其中的关键是不把地球之外的区域当作虚无，而是将其看做富含物质与能量的培养基。"他坚持认为太空殖民"在避免劫掠、伤害以及污染的情况下"是可以实现的。从1974年起，他坚信，"一个世纪之内几乎所有的工业活动都可以搬离地球脆弱的生态圈"。他期望通过将人类和工业迁入太空这一举措，"激励人们自给自足、建立小规模政府单元、实现文化多元、达到高度的独立自主。"他还表示太空新边疆能够给人类提供充足的人口扩张空间，至少是 1974 年全球 40 亿人口总数的两万倍。

他所提出的设想令人着迷，促使美国在 1974 年成立了国家太空研究所。1975 年，L5 学会成立，它的名字来自于地月系统中第五拉格朗日点，奥尼尔曾提议在该位置上建立殖民地。这两个机构在 1987 年合并成了美国国家太空学会，继续推动太空探索、技术发展和太空移民。

奥尼尔的乐观远非独一无二。美国国家航空航天局的登月行动对于许多经历过那段历史的人来说，是一次变革性的经历。在 1957 年时，人类还无法进入外太空。而到了 1972 年，已经有 12 个人在月球上行走并且活着回来讲述那些故事。在那 15 年间，人类见证了喷气式飞机替代螺旋桨飞机，晶体管替代电子管，州际公路纵横穿梭于美国大陆，计算机成了一个大产业。阿尔文·托夫勒在他 1970 年最畅销的《未来冲击》一书中写到："变革的速度在加快"。

人们从 1969 年开始计划开发一种可重复使用的航天器，即后来出现的航天飞机。建造航天飞机的目的是在地球与太空轨道间往返运送航天员和设备。当科幻小说作家亚瑟·C. 克拉克和导演斯坦利·库布里克在电影《2001：太空漫游》中为人们描绘了用泛美航空太空飞船定期进行月球旅行时，太空旅行看上去更像是现实的规划而非科幻。在 1981 年的规划中要求 4 艘航天飞机每个月至少进行一次飞行，一年共计约 50 架次，然而美国国家航空航天局从未实现这一目标。

更多新的想法出现了。亚瑟·D. 理特咨询公司的副总经理彼得·E. 葛雷塞提出建造太阳能卫星用于解决能源短缺的问题，避免类似于 1973 年 OPEC（石油输出国组织）石油禁令期间美国出现的物价飞涨。他预期表面覆盖太阳能电池板的巨型人造卫星能够通过微波或激光束将数 10 亿瓦的清洁能源传输至放置在沙漠或其他无人区的接收器，为获取能源产生的全部或是大多数废弃物和污染物将被留在太空。奥尼尔提出建造巨型的电磁弹射驱动器，将巨型太阳能人造卫星的组件发射至地球同步轨道。

第四章
高边疆的天基激光武器

美国高级研究计划局探索短波长天基激光武器

太空开发的光明前景让美国高级研究计划局在20世纪70年代重新考虑天基激光武器。艾德·格里1971年进入美国高级研究计划局工作后,很快招募了毕业于加利福尼亚理工学院,曾在休斯实验室工作的彼得·克拉克,帮助他启动新的激光项目。首批激光项目的规模都不大,能将激光技术水平提高到对得起其他军方机构给予的支持就行。

一个目标是发展比燃气激光器波长更短的高能激光器。根据光学的基本原理,短波长激光具有一种重要的优势。波长越短,亮度越高,激光束的聚焦光斑就越小。高亮度对激光武器很重要,因为激光束对目标造成的损伤会随着亮度的提高而增加。这就意味着,对长波长激光来说,将其聚焦至同样大小的光斑需要建造更大的发射镜,波长增加1倍,所需的镜子尺寸则为原来的2倍、面积为原来的4倍,而且巨大的发射镜会很笨重。此外,光子是光的基本能量单元,波长越小,光子所含的能量越大。许多材料对短波长激光的吸收率更大。人们被太阳光晒伤就是这个原理。相比于我们可以看到的可见光,波长更短的紫外光是导致晒伤的主要因素。

燃气激光器的激光能量来自于如二氧化碳和氟化氢等气体分子的振动。那些分子的振动能级跃迁对应红外波长。然而,在很多红外波段,大气吸收很强烈,原因在于大气中的气体分子能够吸收这些波段的红外光,转化为自身分子/原子的振动能量。例如,空气中的二氧化碳会吸收二氧化碳燃气激光器发射的激光。虽然空气中几乎不含氟化氢气体,但其他气体分子同样会吸收该波段的激光。3.8微米附近是大气吸收较弱的少数几个红外波段之一,该波段激光可由氟化氘激光器产生,而空气分子对其吸收很少。大气对于可见光波段最为"透明",这也是为何动物们的眼睛经过进化可以看见该波段的光。

在美国高级研究计划局寻找新型激光器的征程中,制造武器并非他

激光武器
Lasers, Death Rays, and the Long, Strange Quest for the Ultimate Weapon

们的唯一目的。美国五角大楼需要找到一种更好的方式与水下的弹道导弹潜艇进行通信。只有波长极长的无线电波才能够穿透海水,但它无法携带大量的信息。可蓝绿光实际上也能够在海水中很好地传输。因此美国高级研究计划局为了实现与潜艇的通信,开始研发处于这一波段的激光。

大型 ZAP 激光器

在发明燃气激光器之外,阿夫科实验室的物理学家还发现可以通过用强大的电子脉冲轰击二氧化碳气体的方式,迸发出大能量的激光。可以把它看成一种安全可控的闪电,就像古代神灵手中的"死光"或是尼古拉·特斯拉用特斯拉线圈产生的电火花。阿夫科实验室的 Thumper 激光器和 Humdinger 激光器,通过向二氧化碳气体轰击强劲电子流产生了强大的红外光束。

1971年,苏联物理学家尼古拉·巴索夫用强大的电子脉冲轰击稀有气体氙原子,去除了原子最外层的电子。氙本身是惰性的,因为它外层的电子是饱和的。一旦将其外层电子轰击掉一部分,就会使两个氙原子形成短寿命的双原子分子,并发出波长为176纳米的紫外光。这一波长的光无法在空气中长距离传输,考虑到紫外光会损害人类的脱氧核糖核酸(DNA),这显然是一个好消息。这一结果向人们展示了获取高能紫外激光的一种新办法,因此美国高级研究计划局也开始进行相关研究。

1974年,当研究人员开始对含有高活性卤素氟、氯、溴或碘的混合稀有气体进行电子轰击时,取得了突破性进展。这种方式能产生由一个卤素原子和一个稀有气体原子氩、氪或氙组成的短寿命分子。强大的静电给予两个原子足够的能量进行反应,形成处于激发态的分子。该分子分裂时能够释放额外的能量产生紫外光。这一类激光器家族被称为"准分子激光器",即由受激二聚物产生激光。正如第三章介绍的,该类激光器于1975年首次出现。

第四章
高边疆的天基激光武器

准分子激光器只能产生脉冲激光，但它们是迄今为止亮度最高的紫外激光。因此，美国高级研究计划局开始将其作为可能的激光武器光源进行研究，并将输出波长拓展至蓝绿波段用于卫星或飞机对潜艇通信。

X射线与自由电子激光器

美国高级研究计划局还对其他两种看上去颇有潜力的新型激光器进行了研究。

按照逻辑顺序，在发明短波长紫外激光器之后，下一步探索的便是更短波长的X射线激光器。在20世纪70年代早期能实现的最短波长位于110纳米附近。发射X射线需要更高的能量跃迁，一般是当电子跌至原子内层的更低能级上时才会发生。X射线波段一般是指1/10~10纳米的波长范围，大约是可见光波长的1/5000~1/50。

在20世纪70年代早期，发明X射线激光器非常困难，但这并未阻止有人用它谋求名利，至少没阻止一名博士制造出第一台X射线激光器。1972年7月，美国犹他州大学的研究生约翰·G.凯普罗斯声称自己通过一个精巧的简单实验获得了成功。他将硫酸铜溶解进杂货店里售卖的无味凝胶，将混合物铺展在显微镜的载玻片上，并用持续时长为200亿分之一秒的激光脉冲轰击该玻片。用黑纸把即显胶片遮挡起来，在激光照射的位置上金箔出现了黑点。凯普罗斯声称只有X射线激光才能够穿透包装材料。

该报道引发了一些关于"果冻"（凝胶）激光器的关注，但受到了许多物理学家的质疑，因为无法证实激光脉冲是如何提供足够多的能量产生X射线的。当几个月之后凯普罗斯在密西根大学介绍他的实验时，研究生欧文·比吉奥反复询问了实验细节。之后，比吉奥将类似的胶片绑在墙上，并尝试在不使用激光的情况下重复该实验。"我穿过房间，大喊'砰'（假装有一束高能激光），之后往回走（鞋子轻轻地在地毯上拖拉），捡起

激光武器

胶片并冲洗出来。你瞧瞧！胶片上也出现了一些斑点，"他在一封邮件中写道。比吉奥认为那些斑点是他的鞋子与地毯摩擦产生静电导致的，并认为凯普罗斯可能在一个寒冷干燥的犹他州冬天进行实验时，同样产生了静电，但凯普罗斯并不相信。绝大多数的研究者认为那种情形下产生的既不是X射线，也不是激光。后来，比吉奥和其他人发现凯普罗斯居然和两位在1989年宣布发现冷聚变的电化学家在同一部门工作。

美国高级研究计划局在X射线激光器上投入了一些研究经费，但就像局里的大部分项目一样，这个项目只持续了几年时间，也没出什么成果。它被叫停的原因是为了把经费节省下来用在一个看上去更靠谱的新研究想法上，即于1976年开始研发的自由电子激光器。美国高级研究计划局也在1976年更名为美国国防部高级研究计划局。

20世纪60年代中期，约翰·M. J. 马蒂在美国加利福尼亚理工学院的一堂激光物理课上突然产生了一个想法。既然原子或分子转换能级时能够发射光子，他想弄明白，不与原子关联的自由电子是否会产生同样的现象？激光物理课的授课教授认为他的想法或许可行，并且给了他一些参考。马蒂去了斯坦福大学后，一直也没放弃这个想法，最终他在自己的学位论文中将其付诸实践。他预期，可以从经过磁铁阵列的一束电子中提取激光能量，（磁场会使电子束来回弯曲不断改变电子的动量，同时发出光子）他将该装置称作"自由电子激光器"，因为这里的电子不受任何原子的束缚。他花费了4年时间进行准备，并在1976年首次成功演示了这一实验。

一些激光物理学家对马蒂的想法表示怀疑，但那次演示改变了美国国防部高级研究计划局和激光研究者们的态度。自由电子激光器具有两方面巨大的吸引力。它是从一束相对论电子中提取能量的，物理学家们知道如何获得相对论电子，且知道自由电子是具有实现高功率的潜力。自由电子激光器的波长取决于磁场的间距以及电子的能量，因而可以通过改变上述参数，将它的工作波长在从微波到X射线的超宽范围内自由调节。这让美国国防部高级研究计划局认为自由电子激光器比仍然毫无头绪的X射线激光器更靠谱。

第四章
高边疆的天基激光武器

图 4.1　约翰·M.J. 马蒂（左）与路易斯·伊莱斯正在第一台自由电子激光器旁工作。（图片源自《斯坦福新闻》。摄影：查克·佩因特）

天基激光武器的三要素

1975 年，乔治·H. 海尔迈耶成为美国国防部高级研究计划局局长后，局里开始将目光转向更大的项目，他们的野心更大，经费预算也更高。海尔迈耶上任后，升级了许多项目的规模，其中就包括高能激光武器项目。他的新举措让美国国防部高级研究计划局的预算有了巨幅增长，从 20 世纪 70 年代初的约 2 亿美元，增长到 1984 年的 8 亿多美元。

海尔迈耶希望美国国防部高级研究计划局能够证明高能激光器可以满足武器系统的要求。与建造一个每次能够发射数秒时间、数十万瓦功率激光束的地基巨型激光器相比，这显然是一个更有野心的目标。过去只有机载激光武器尝试实现这个目标。美国空军为此还在想方设法地将大型激光器、跟踪与瞄准光学系统、控制系统和能源系统塞进飞机。更别说机载激光武器离地起飞之后要如何瞄准并摧毁目标。

115

激光武器
Lasers, Death Rays, and the Long, Strange Quest for the Ultimate Weapon

美国国防部高级研究计划局之前启动的天基激光武器项目也是一个野心勃勃的计划，但两者最初的目标不同。卫星在从通信到监视敌人行动的军事活动中起着十分重要的作用。间谍卫星能时刻监视对方的军事行动和军用装备，有助于维持大国间微妙的平衡。美国想发展一种既能保护自己的卫星，还能在需要的时候使敌方航天器失效的武器系统。最初的计划要将6座激光武器空间站部署到低地球轨道上，这样既可以消灭低轨道的苏联卫星，还可以保护美国卫星。为了评估计划的可行性，美国国防部高级研究计划局打算建造天基激光武器。它由3个重要部分组成：一台巨型的燃气化学激光器，一面用于定向发射激光束的巨型镜子，以及一套复杂的跟踪瞄准装置，用于识别目标并投送致命的激光能量。初期的测试计划在地面开展。

20世纪80年代中期，天基激光武器项目经过了第一轮的研究后，美国国防部长哈罗德·布朗调整了军事项目建设的主次，提升了激光武器项目的地位，并将重心转向发展在太空中使用的高能激光武器。包括MIRACL激光器和机载激光武器在内的大型激光武器相关试验，已让人们认清了一个痛苦的现实：在大气中传输高能激光束存在困难。

当我们将高能激光束定向发射穿透大气时，一种名为"热晕"的效应是无法避免的。即使空气看上去很洁净，它仍会吸收一部分光能量，并且该部分光的能量会加热光束中心位置的空气。空气一旦被加热，体积就会扩张，变得不那么稠密，空气的密度越低则折射率越小。这会导致当激光穿过被加热的空气区域时，光线向外偏折，激光束向外发散并使得激光的到靶功率密度减小，这一结果和对激光武器期待的光束紧密聚焦恰恰相反。为了测量这一效应，普拉特·惠特尼公司在其位于佛罗里达州厂区背后的湿地上建造了2英里长的轨道。研究人员用燃气激光器向该区域发射扫描激光束，利用沿轨道行驶的小火车对激光束的大气传输效果进行测量研究。

此外，大气湍流会导致激光束轻微的来回偏折。例如，在一个大热天看见停车场地面上的气流扰动，或者在晴天观察到深色汽车发动机罩上的光线弯曲，便是这一现象的很好证明。某些研究实验室在开展相关的研究

第四章
高边疆的天基激光武器

工作，制造了可以随时间改变面形的变形镜，以校正大气湍流对光束的扰动或其他效应，但该技术仍然处于发展的初级阶段。

布朗的远期目标是发展在轨运行的激光武器空间站，保护美国的人造卫星，并在未来实现对远程核导弹的拦截。他认为实现这一目标的期限为7~10年。美国国防部高级研究计划局发展太空激光武器的最初目的只是为美国的人造卫星提供防护，然而，在增加了防御远程核导弹的任务后，最初的目标被明显拓展了。与摧毁或使卫星失能相比，用激光对付弹道导弹的难度大多了。

当时，美国国防部高级研究计划局定向能办公室也对太空激光武器的三项关键技术进行了定义，被称为"天基激光三要素"。局里的官员强调他们的目标是演示建造武器系统所需的技术，而不是交付一套实际可用的武器。起初，他们要求两家承包商开展"三要素"相关的设计研究，择优选用每个"要素"的设计方案。

由于激光武器是在太空中使用，不需要担心大气对激光传输的影响，美国国际部高级研究计划局采用了发射2.7微米激光的普通氟化氢激光器，所需发射镜的尺寸仅为工作波长在10微米的二氧化碳激光器的1/4。局里给该激光器的代号为"阿尔法"（ALPHA）。1980年，局里对项目建设的两个阶段进行了展望，从2兆瓦激光器的陆上演示验证起步，最终获得可在太空中使用的5兆瓦阿尔法激光器。该激光器和其他部件须经过特殊设计，要能装进航天飞机，局里计划在20世纪90年代将它们发射升空。

激光系统中的大型光学元件

"天基激光三要素"中的第二个关键要素是验证研制大型发射镜的可行性，发射镜的尺寸要足够大，确保能够将高能量的激光束聚焦到很远距离的目标上，并保持足够的亮度，实现对目标的致命杀伤力。要将天基燃气激光器的5兆瓦激光发射到很远的目标上并造成损害，发射镜的尺寸必须非常大。20世纪70年代后期，美国高级研究计划局认为发射镜最佳的

激光武器

尺寸为直径 4 米。如此庞大的镜子过去从未被发射到太空，这使得大型光学元件演示实验（LODE）成为局里难啃的硬骨头。

和以往做的决策一样，采用 4 米尺寸发射镜的依据来自已发展并验证过的技术。五角大楼已经允许使用航天飞机进行发射，因此所有的东西必须要能装进航天飞机的货仓，而 4 米尺寸的镜子刚好能够装得进。为了研发出能够承受住激光武器兆瓦级光束而不会发生扭曲或熔化的 4 米尺寸发射镜，需要采用全新的技术。

一个方案是采用哈勃望远镜的技术，按比例放大，制造 4 米尺寸的发射镜。当时，公众将哈勃望远镜看作是大型空间光学元件的最前沿成果，实际上，它是一项经过检验的成熟技术，已经用在了监视苏联军事活动的高度机密的间谍卫星上。然而，大型光学元件公司不愿意将镜子口径由间谍卫星的 2.4 米按比例进行放大。美国国家航空航天局曾经想折中使用 3 米尺寸的镜子，但当其预算缩紧后，他们提出了更切实际的计划，即镜子采用 2.4 米的标准尺寸。桃瑞丝·哈米尔回忆道，美国国家航空航天局也反对为国防部高级研究计划局研制 4 米直径版本的哈勃望远镜。她当时是位于纽约州北部的美国罗姆航空研发中心的一名年轻的美国空军中尉，亲身参与了该发射镜方案的评估工作。

第二个方案是采用美国国防部高级研究计划局正在研究的一项技术，这项技术原本是为部署在地球同步轨道的红外间谍卫星而研发，被称为深空大型光学元件 HALO。为了在卫星上看清楚地面上的细节，需要非常大的镜子。美国国防部高级研究计划局计划采用背后配有致动器的单体薄镜，当卫星受到环境变化的影响，导致镜子产生变形时，镜面可以通过自我调整，保证成像质量。这个特殊的变形镜虽然从来没有制造出来，但给人们提供了思路。

第三个方案是建造拼接镜，用一面六边形的镜片作中心，周围再环绕 6 个镜片。同时需要将镜片排列整齐，使 6 个镜面的整体误差不超过可见光波长的 1/4，即万分之几毫米。这个要求听起来就很难。但是，哈米尔的领导罗纳德·普拉特上校，最终决定采用拼接镜的方案，因为他相信与其他方案相比，这个方案更容易实现，并且美国的技术储备足够完备，可

第四章
高边疆的天基激光武器

以应付建造上述发射镜所面临的挑战。于是这就成了大型光学元件演示实验（LODE）的设计方案。哈米尔的工作给美国国防部高级研究计划局留下了深刻的印象，不久她被局里聘为项目经理。

"天基激光三要素"的每一个要素都需要突破现有技术的限制，但美国国防部高级研究计划局认为最大的挑战来自于"金爪计划"（Talon Gold，即天基激光武器跟瞄能力演示计划），该系统负责跟踪移动中的目标，并将激光束准确地投射到目标上。这个系统需要将对运动目标的稳定跟踪、极为精确的光束指向、激光定向发射三者结合起来。"金爪计划"的重要性和难度体现在它是"天基激光三要素"中唯一一项计划进行在轨试验的技术，第一轮试验计划于1984年由航天飞机搭载相关设备在太空进行。

将大型激光器和大型发射镜组合起来的想法并不是新提出来的。早在20世纪70年代早期，便提出了将5兆瓦激光器与4米口径发射镜组合起来的设想，但当时并未确定设计方案。美国国防部高级研究计划局一直在寻找新型激光器，包括创新采用多种化学混合物的燃气激光器，由氯气与过氧化氢和氢氧化钾的混合物反应，产生激发态的氧气分子，氧气分子将能量传输给碘原子，最后由碘原子发射激光。

美国国防部高级研究计划局的计划是开展一系列的地基实验，测试天基激光武器项目所需的各种新技术的潜力，这需要花费几年的时间来完成所有的测试，预期的经费大约为10亿美元。即使是对激光武器和其他天基防御系统更为乐观的那群人，也开始质疑国防部高级研究计划局的计划了。

马克斯·亨特与四人小组

除美国国防部高级研究计划局和军队机构之外，激光武器的拥护者们开始对技术缓慢的进展失去了耐心，在他们看来，这应当是很有可能实现的。在1977年的万圣节前夜，麦克斯维尔·W. 亨特二世完成了名为《战

激光武器
Lasers, Death Rays, and the Long, Strange Quest for the Ultimate Weapon

略力量和天基激光武器》提案的最后一笔，该提案被看作是激光拥护者们的宣言。它极大地推动了用于阻止苏联核攻击的在轨激光武器空间站项目。

从航空航天圈到科幻小说圈，亨特的朋友和同事们都管他叫"麦克斯"，他是一名经验丰富的工程师，获得了美国麻省理工的航空工程硕士学位。他从1944年开始为道格拉斯飞机公司工作，负责设计航空飞行器和导弹系统，1961年他转到美国国家航空航天局工作，1965年，他去了洛克希德公司，并最终在那里一直工作到1987年退休。

亨特最早在1966年接触到激光器，当时他正主持一项名为弹道导弹助推段拦截（BAMBI）的研究课题，打算在卫星上布署拦截器用于摧毁核导弹。他的研究小组认为拦截弹道导弹不太现实，因为需要运送入轨的拦截器的吨位过大，现有的技术无法实现。他们认为激光武器空间站在经济上更可行，但当时他们并不知道绝密的燃气激光器已经问世，因此得出的结论是需要发展新的激光器。

在了解了燃气激光器后，亨特改变了自己的看法，开始积极推动将其用于天基导弹防御系统。五角大楼在20世纪70年代支持洛克希德公司开展了相关的理论研究。到了1977年，亨特确信激光武器将会是防御战略核导弹的有效武器，是结束核僵局的终极武器。是时候做些事了。

"我立刻意识到激光是我们之前从未尝试过的"，亨特后来说道。"当我们理解了光速拦截器的全部意义时可能已经是几十年之后了，但现在我们知道一件事：最快的拦截便是最好的拦截。在爱因斯坦的相对论被证实是错误的之前，激光都将是最快的拦截武器。如果你的武器已能让你拥有足够的能力去轻易的毁伤目标，你最好停下来往后退退，认真想想这些武器会把你带去哪。"

和许多工程师一样，亨特在战略、心理和外交领域没什么耐心。他更希望建造一套用于拦截导弹攻击的防御系统，而不是依赖大规模报复战略的威胁来慑止敌人。他在万圣节发表的论文中写道："高能激光器正在高速发展，并且我们在经济上足以支撑太空运输。如果在太空里使用激光武

第四章
高边疆的天基激光武器

器，有效防御大批量的弹道导弹。……将是切实可行的。"他惊叹于光速防御的威力，考虑到光传输的速度比火箭拦截器要快 5 万倍，激光武器将会成为一种革命性的、更强级别的武器。激光武器还具有以高精度发射聚焦光束的优势，这使得发射偏了的激光带来的大规模伤害风险远远低于发射偏了的核导弹。这样就可以由计算机（而不是人）负责运行激光武器空间站，给激光武器提供像闪电一样快的反应速度，这一点对完成任务很重要。

亨特之所以认为天基激光武器空间站可以成为终极武器，是看到了它击毁助推段核导弹的潜力，该阶段的导弹最容易被击毁。因为助推段的导弹温度很高（大气摩擦和火箭发动机产生了大量热量），是一个诱人的、相对容易攻击的目标，红外探测器能够轻易从太空中发现它。与有着坚固外壳可以承受再入大气层时高温的飞行器相比，助推器的体积更大更脆弱。摧毁助推器便可以打掉其携带的全部弹头，而不用一个个的摧毁助推器释放的小型、低温且难以发现的多个弹头。

图 4.2 马克斯·亨特，提出了能够拦截苏联所有核导弹的绕轨飞行燃气激光武器空间站。（图片源自 2018 麦克斯维尔 W. 亨特基金会）

激光武器
Lasers, Death Rays, and the Long, Strange Quest for the Ultimate Weapon

研制激光武器空间站需要在计算机和通信领域取得巨大进步。在1977年，当时世界上最快的超级计算机的运算能力也远不及现在的智能手机。美国的人造卫星在20世纪70年代持续监测着苏联导弹发射的红外特征，但数据传输速率极度受限，而且数据必须传到地面上进行分析。

总的说来，亨特的能自主作战的激光武器空间站计划是一个幻想，需要激光武器、计算机和通信水平有巨大的进步。当时正处于技术乐观主义（从激光器和计算机扩展到太空旅行）的时代，这才出现了这一计划。亨特在他所处的时代做出了乐观的预测。他的想法就像科幻小说作家为自己的小说构思未来场景那样，可能是十年多之后，但并非数个世纪的遥远未来。军方的技术专家做规划时常常必须这么做，这些事儿在将来说不定还可以写成一本非常棒的小说。但是，人们没有办法确定这是否真的预测了未来。

沃洛普参议员与四人小组

亨特给朋友和同事们看了自己的文章。他还是记者克拉伦斯·A. 鲁宾逊二世的一个"匿名线人"，克拉伦斯为工业界著名杂志《航空周刊与空间技术》供稿。美国国防部高级研究计划局的项目已经不能满足亨特了，他想找人做一些"大事"。他最终找到了一位名叫马尔科姆·沃洛普的美国共和党参议员。

沃洛普是怀俄明州一位可靠而保守的农场主，有着不一般的家族背景。他的祖父奥利弗·亨利·沃洛普是一名英国贵族，他的哥哥约翰是英国第七代朴茨茅斯伯爵。亨利移民到美国后，在怀俄明州定居。在那里，他成了一名富有的农场主，同时也是怀俄明州的议员。但当他哥哥突然离世后，他回到了家乡并且进入了英国国会上议院，直到1943年去世。亨利的儿子奥利弗·马尔科姆·沃洛普留在了美国，并与一位来自东海岸的姑娘结了婚。他们的儿子，未来的参议员马尔科姆·沃洛普于1933年在美国纽约出生，毕业于美国耶鲁大学，并在军队服役后，定居到了怀俄明州。在他进入政坛后，于1976年被选举为参议员。

第四章
高边疆的天基激光武器

那时正由民主党执掌参议院，沃洛普作为一个共和党新人议员，手中的权力很有限。但这并未阻止他表达关于战略防御的强硬观点。1977年，他进入参议院情报委员会后，雇佣了出生在意大利的年轻政治科学家安吉洛·科迪维拉，来帮他想办法取得情报委员会其他成员的支持。科迪维拉与沃洛普在战略防御上有着相同的看法。

参议院情报委员会的工作使沃洛普和科迪维拉敏锐地注意到"确保互毁"机制带来的不稳固的平衡。新一代的间谍卫星揭露了苏联的军事集结行动，这给他们敲响了警钟。他们担忧美国缺乏必需的反导弹防御手段，无法阻止苏联发起的首轮攻击，会使美国的致命性反击能力被彻底摧毁。他们开始寻找有相同看法的人。1978年夏天，科迪维拉在华盛顿举办的一场战略防御会议上听到了亨特的发言，他和沃洛普对亨特用天基激光武器空间站摧毁苏联所有发射升空的核武器的设想很感兴趣。

沃洛普利用他参议员的优势，访问了位于阿拉巴马州亨茨维尔的美国陆军导弹防御小组，提出了一些探索性的问题。他了解到了导弹防御的新技术，但军官们都对这项技术缓慢的进展失去了耐心。这些军官们抱怨说，害怕破坏反弹道导弹条约的担忧阻碍了导弹防御研究的进展，此外，有些陆军和空军的组织为了保住现有项目而反对导弹防御研究。沃洛普在1979年继续收集相关资料，并在当年秋天出版的一期《战略评论》上提出建立一个共计18座激光武器空间站的卫星编队。6座空间站将分布在3个极地轨道上运行，能够覆盖全球。每个空间站将搭载一台5兆瓦的燃气激光器、一面4米口径的聚焦发射镜，以及作战管理控制系统等。每台激光器将能够对"3000英里范围内的目标"发射100次激光。沃洛普声称这些空间站"能够防御苏联所有的重型弹道导弹，大约300枚其他类型的洲际弹道导弹，几乎所有的潜射弹道导弹，和所有的远程轰炸机及巡航导弹运输机"。

提案中的技术概念主要来自亨特。沃洛普提供了一份关于"冷战"军备竞赛冷静而现实的调研报告："尽管终极武器不存在，但这份提案很有把握为美国提供十到二十年实打实的保护。"

沃洛普在参议院关于导弹防御的听证会上作证，新闻报道了他的提案,但并没起什么作用。他尝试赢得工业界的支持,但公司的执行官们担心这会使国会不悦,也不支持他。美国国防部高级研究计划局负责激光武器项目的两名主要官员拒绝讨论项目的进程时间表。最终,在科迪维拉的施压下,亨特同意发表一次演讲,陈述他的提案,几家公司的高层也同意派三名专家参与提案的讨论,但专家们的发言仅代表他们自己的观点,不代表公司的态度。最终的结果是形成了一个绰号为"洛克希德四人组"的团体:亨特、来自 TRW 公司的化学激光专家约瑟夫·米勒、来自珀金埃尔默公司的光学器件专家诺伯特·施诺格、和来自查尔斯·斯塔克·德雷珀实验室的光学跟瞄专家杰拉德·奥利特。

图 4.3 马尔科姆·沃洛普,20 世纪 70~80 年代美国参议院的头号激光迷。(图片源自美国国会)

这个小组后来提供了一些更有趣的提案细节。暂时还未建造完成的航天飞机将把激光器零件送入轨道,在轨道上再将其组装起来并注入燃料。这台激光器的重量大约为 37400 磅(17000 千克),长度为 19~27 英尺(6~8 米)。需要飞船飞行一到两次才能为每个空间站运送足够的燃料。他

第四章
高边疆的天基激光武器

们预计整套系统将花费 100 亿美元。一份五角大楼的报告则不那么乐观，经测算，为了拦截 1000 枚苏联弹道导弹需要建造 25 座激光武器空间站，并且摧毁每枚导弹或使其失效需要花费的出光时间为 10~20 秒。

沃洛普和亨特他们的提案与美国国防部高级研究计划局方面相比，最大的区别在于项目的时间进度与目标。国防部预计在建造任何系统之前都需要数年时间进行研究评估。沃洛普和亨特想要的是一个预算更多，不会被轻易叫停的项目。他们还想把天基激光武器项目的目标由防御和打击卫星扩大到亨特设想的攻击助推段的弹道导弹。攻击助推段弹道导弹的难度更大，需要更高的激光强度。

沃洛普想在 1980 财年①把天基激光武器项目的经费增加到 3 倍的努力没成功。但他在 1979 年年底与罗纳德·里根建立了很好的关系，当时里根正在为自己 1980 年参加总统竞选铺路。里根与沃洛普一样不喜欢"确保互毁"机制，他认为用新技术拦截核武器攻击的战略防御是一个更好的选择。

里根时代的变化

里根当选美国总统后，重新评估了激光武器项目，做了一些调整。在 1981 年年初，参议院军事委员会要求五角大楼对加速部署天基激光武器的前景进行分析。五角大楼提供的报告回应这一"革命性"的变革可能会实现，但能发挥多大作用与项目最终的花费具有很大的不确定性，他们认为用于弹道导弹防御的天基激光武器是"最急切的应用。"关键的不确定因素包括天基激光武器自身的抗打击能力和摧毁未来新一代弹道导弹所面临的困难（当激光武器空间站部署到太空轨道时，可能新一代的弹道导弹已经经过设计已经能够抵御激光的攻击了）。五角大楼还指出，在 1994 年之前，还无法部署天基激光武器。就算部署好了，它也会"基本上局限于打

---

① 财年：指财政年度，又称预算年度，是指一个国家以法律规定为总结财政收支和预算执行过程的年度起讫时间。美国联邦政府现在的财政年度是 10 月 1 日至次年的 9 月 30 日。

激光武器
Lasers, Death Rays, and the Long, Strange Quest for the Ultimate Weapon

击卫星的任务,并且几乎没有任何升级潜力胜任打击飞机或防御弹道导弹等更紧迫的任务。"首台演示验证样机预计花费约 100 亿美元。根据已解密的报告估算,部署用于打击飞机的由 8 个作战空间站组成的系统将花费 250 亿~550 亿美元。防御弹道导弹所需的激光武器空间站数量预计为 54~285 个,花费为 1000~8000 亿美元。

沃洛普一直在推动增加项目预算并加快项目进程。在新国会批准通过的第一批预算中,美国国防部高级研究计划局的激光武器项目预算增加了 2/3 以上,为 10.8 亿美元。接下来在 1983 年,项目预算也有小幅增加。

天基激光武器项目的目标拓展后包括导弹和卫星防御,但硬件方面并不能同步进行升级。"重新调整目标后,天基激光武器将作为导弹杀手,但这是无法完成的任务",一名资深的激光武器研制者说道。一束 5 兆瓦功率的激光经由一面 4 米口径的发射镜发射,能够毁伤人造卫星,但无法摧毁苏联的 SS-18"撒旦"核导弹。研究人员开始讨论将激光器功率提升至 10 兆瓦,配合 10 米口径的发射镜,或者采用 25 兆瓦激光器与 15 米口径的发射镜。这需要发展能在太空中展开的拼接镜技术,并且如此巨大的太空发射镜超出了五角大楼的预算。

格雷厄姆将军与高边疆

里根在 1976 年和 1980 年竞选期间的军事顾问退役中将丹尼尔·O. 格雷厄姆是战略防御的强力拥护者。他有着情报方面的背景,曾经担任美国中央情报局副局长和美国国防情报局局长。他对太空很痴迷,认为太空将是导弹防御的终极高地。但是,他对激光武器和其他高科技的定向能武器不感冒。他想要那些已经具备部署条件的技术,就是那些能猛烈撞向核导弹的拦截器。

格雷厄姆并未加入里根政府,他组建了一个名为高边疆的团体,发起了一项由美国遗产基金会资助的导弹防御计划研究。核心理念为分层次的防御,这样来袭的核导弹接近目标前将经历多重防御系统的拦截。他支持

第四章
高边疆的天基激光武器

利用现有的成熟的技术进行防御，优先发展能快速部署的地基防御系统，该系统能够发射密集的拦截弹，拦截发射井 1 英里范围内的弹道导弹。

他的下一步计划是建造能发射常规拦截弹摧毁苏联导弹的绕轨飞行作战空间站。它们有时被称为"智能卵石"系统，拦截弹由火箭发动机提供动力并且配有制导系统，控制它们猛撞向来袭的导弹，使导弹失效或被摧毁。像亨特和沃洛普的天基激光武器计划那样，格雷厄姆的高边疆计划需要一组若干座在轨飞行的作战空间站以持续监测可能的导弹路径。他希望在 5~6 年后花费 100 亿~150 亿美元实现部署，未来可能会采用第二代的天基拦截弹，也可能是激光武器或其他射线武器。

为了将所有的装置送上太空，格雷厄姆提议建造一种高性能的空天飞机，能够将士兵送入太空、回收或维修人造卫星、侦查任何会让五角大楼担心的航天器。他还推动了其他太空项目，包括对航天飞机进行更新换代、建造载货航天飞机、以及发展功能更强大的下一代航天器。高边疆计划同样有民用规划，即建造一个为太空工业发展提供帮助的空间站和太阳能供电的卫星。

对核能 X 射线激光器的探索

当 1976 年美国国防部高级研究计划局放弃 X 射线激光器的研发时，美国劳伦斯·利弗莫尔国家实验室的两名年轻物理学家乔治·查普林和洛厄尔·伍德才刚接触这方面的研究。虽然 X 射线激光器只能在非常特殊的环境下工作，但他们意识到将 X 射线激光用作表征原子、分子及晶体结构的敏感探针，效果会非常好。罗莎琳德·富兰克林曾做过一个著名的实验，利用普通 X 射线的散射，研究 DNA（脱氧核糖核酸）的双螅旋结构。查普林与伍德 1975 年发表的文章中指出，利用 X 射线激光器发出的相干 X 射线，能够大幅提高测量的灵敏度，并且实现对生物分子与细胞核内 DNA 的三维 X 射线全息成像，这种方式与富兰克林的方式相比能够收集更多的信息。

激光武器
Lasers, Death Rays, and the Long, Strange Quest for the Ultimate Weapon

其他的研究小组也在探索 X 射线激光器，但是利弗莫尔实验室有两大优势。《今日物理》上介绍的其中一个优势是，他们作为核实验室，拥有为进行核聚变实验而建造的巨型脉冲激光器。一束激光脉冲能够在十亿分之一秒内将万亿瓦的能量聚焦在一个小点上，这就能够将内层的电子从原子中击出，为发射 X 射线激光创造合适的条件。当时，用于激光谐振腔的 X 射线反射镜还没有出现，可乔治·查普林和洛厄尔·伍德认为假如激光脉冲能够制造出一块长而稀薄的高度电离的等离子体区域，便能够发射 X 射线激光束。另一项优势他们自己知道，平时也不说起，因为相关的细节是保密的，利弗莫尔实验室的职责就是设计并测试核武器。

当查普林和伍德在实验室上方的小山上散步时，萌生了制造 X 射线激光器的想法。"国会曾经问过实验室，在核武器这块儿，肯定有比再设计制造另一个弹头更好的想法吧？"查普林后来告诉笔者，"在散步过程中，我们觉得 X 射线激光器是个不错的想法。"

乔治·查普林是一名理论物理学家，他当年跟随诺贝尔奖获得者穆雷·盖尔曼学习，于 1967 年从美国加利福尼亚理工学院毕业。当时，他并不清楚应该如何制造 X 射线激光器。后来，在俄罗斯新西伯利亚的一场物理会议上，他听到了俄罗斯物理学家 I. I. 索贝斯曼介绍如何在等离子体中激发激光。之后，当他了解到核武器能够发射强大的 X 射线时，他意识到爆炸产生的 X 射线可能会提供他所需的等离子体。"听到实验结果后，我立刻将从索贝斯曼演讲那里得来的想法与实验结果放在一起思考，不到 5 分钟便得出总体结论——应该能行得通，我可以用核装置制作 X 射线激光器。"他说道。

X 射线产生于受热的物质，由核爆炸提供的能量在百万分之一秒内将物质加热至百万华氏度的高温。在百万华氏度的高温下，核火球像通红的火山岩浆辐射热量那样向外辐射 X 射线。查普林意识到强烈的 X 射线爆发，能将电子从原子中拽出，产生高温等离子体，当受激电子落回原子的低能级时等离子体便能够发射 X 射线激光。苏联物理学家 O. N. 克罗欣也想到了这一点。

洛厄尔·伍德是爱德华·泰勒的门徒，他留胡子，有着天马行空的想

第四章
高边疆的天基激光武器

法，早就对实验室层面的 X 射线激光器感兴趣。伍德最初不太看好爆炸驱动的 X 射线激光器。后来，来自美国麻省理工学院的年轻物理学家彼得·哈格尔斯坦在研究了查普林的想法后，提出了另一种搭建爆炸驱动 X 射线激光器的方式。他之前曾在利弗莫尔国家实验室从事 X 射线激光器的工作。他们意识到通过核试验过程中的一个简单实验便能够评估两种方法是否可行。"在这之后，洛厄尔成为了 X 射线激光器的支持者，并且他使泰勒也对整个事业充满信心。"查普林后来回忆说。

爆炸驱动的 X 射线激光器在诞生之初就被列为机密，因为它涉及了两个高度机密的领域，包括核试验和核武器设计的一些细节。核武器的理论、设计、效能和测试是交互式的过程。利弗莫尔国家实验室和其他实验室编写了复杂的计算机代码给核爆炸的物理机制进行了建模，通过核试验对这些代码进行验证，并收集新的信息。然而，核试验难度大且花费巨大，巨大的能量在百万分之一秒内释放也让测量变得十分困难，甚至会摧毁放置在核爆点地下室的测试设备。这就意味着试验次数少且时间间隔长，试验的结果并非总是尽如人意。爆炸驱动的激光器实验最先开展，可能因为这种激光器在作为武器使用方面有更好的前景。

查普林将实验中使用的材料称为"有机木髓材料"。这个名字来自于一种生长在美国加利福尼亚州核桃溪镇附近空地处的稀疏植物。木髓是一种轻而外壁薄的蜂窝结构，经常出现在植物茎秆的中心。后来，它被超轻多孔结构的气凝胶替代。

X 射线激光器的首次实验是 1978 年美国国防部原子能机构组织的核试验的附带试验，但这次核试验由于真空系统故障最终失败了。两年后，代号为"Dauphin"的核试验全部用于 X 射线激光器的研究，取得了振奋人心的结果。查普林和哈格尔斯坦的设计方案看上去都可行，但进一步的研究工作采用了哈格尔斯坦的方案，因为它在导弹防御方面看上去更可行。

利弗莫尔国家实验室的其他人继续开展实验室层面的 X 射线激光器工作，泰勒和伍德则致力于研究爆炸驱动的 X 射线激光器。能量极高的 X 射线激光器作为地基武器使用时没什么用，因为 X 射线在空气中无法长距离

激光武器
Lasers, Death Rays, and the Long, Strange Quest for the Ultimate Weapon

传输。因此,泰勒和伍德将研究计划进行了拓展,打算用全新的爆炸驱动的死亡射线在太空中拦截弹道导弹。无论是布署在空间站还是由地基发射,只要 X 射线拦截弹上升至太空并能被引爆,就可以对敌方的弹道导弹进行拦截。泰勒将这种 X 射线武器称为第三代核武器(原子弹是第一代,氢弹是第二代),因为它提供了一种将致命毁伤力集中至特定方向或特定能量类型的方式,而不是爆炸后无差别地摧毁该区域的所有东西。有望将核爆炸的巨大能量集中起来,这让泰勒很兴奋,他认为自己可能找到了一种控制氢弹释放的能量的方法。

高度保密的测试结果却很快被泄露给了《航空周刊》的记者克拉伦斯·鲁宾逊,他发表了一篇 3 页纸的报道,这篇报道在 1981 年的 2 月被广泛传播。鲁宾逊在文章中声称功率高达数太瓦的 X 射线脉冲持续了大约 1 纳秒。它的波长经测量为 1.4 纳米,大约比可见光短 300 倍。但他并未提及在发射之后 X 射线束以多快的速度发散开来,这项参数对于激光武器很重要。像探照灯那样快速发散的光束将没什么用。

对于大多数外行来说,利弗莫尔实验室发布的关于研制 X 射线激光武器的计划才是大消息。爆炸驱动的激光武器天生是一种单发武器,在爆炸过后只有一朵持续扩散的充满放射性碎片的蘑菇云。一个想法是用大约 50 支激光棒(激光增益介质)环绕在核弹头周围,并将所有的激光棒指向苏联导弹,引爆核弹能够产生强大的 X 射线脉冲,进而从每个激光棒激发 X 射线激光脉冲。(译者注:核弹爆炸产生的 X 射线是非相干的,而激光棒发出的 X 射线激光是相干的,这二者是不同的)这些脉冲,据称能够携带足够强大的能量损毁表面材料并摧毁目标。据测算,20~30 座 X 射线激光武器空间站,足够在 30 分钟内持续拦截苏联的核导弹。但是,分散攻击会很快耗尽 X 射线激光器的弹药储备,因此同样需要其他类型的防御手段。被泄露的报道中指出 X 射线激光武器空间站会在轨道上永久部署,使得它们较容易受到反卫星导弹的攻击。后来,泰勒和伍德表示可以将爆炸驱动的 X 射线激光武器先放在地面,当敌方攻击预警来临时再发射升空,拦截敌方的导弹。

利弗莫尔国家实验室将 X 射线激光武器计划的代号命名为"亚瑟王神

第四章
高边疆的天基激光武器

剑",即英格兰传奇的亚瑟王的佩剑。对于大多数军方机构来说,这才是一个新闻。美国能源部的官员对消息泄露感到震怒,利弗莫尔国家实验室要求所有的雇员不对鲁宾逊的报道和试验情况发表任何评论,五角大楼也要求官员们不评论此事。在消息泄露之前,泰勒和伍德来到了华盛顿向国会的领导人介绍 X 射线激光,那里恰好也是《航空周刊》的所在地。另一位利弗莫尔国家实验室的科学家罗伊·伍德拉夫也一同前往,防止泰勒和伍德对该计划吹嘘过度。从时间上看,应该是某位参加听证会的人泄露了消息,伍德的嫌疑最大,但没有任何消息源公开确认这一点。

爆炸驱动的 X 射线激光武器的概念和试验情况都存在争议。但它确实与天基燃气激光武器和"高边疆"一样,成为了战略导弹防御计划中被慎重讨论的概念。

超市中的条码扫描器与 CD 播放器

当我刚开始在《激光焦点》杂志社工作时,激光产业还比较小。那时《激光焦点》还是一份小杂志,读者人数不足 2 万,激光产业的全年营业额估算为 2.67 亿美元。开发扫描食物包装袋上条码的激光扫描器是当时的一个热点,激光扫描器也在 20 世纪 80 年代早期成了超市的标配。另一个热点是激光医学治疗,激光治疗视网膜已成为延缓糖尿病导致的失明症状的标准治疗方法,这类治疗方式为激光器产业带来了 500 万美元的销售额。

作为一名初级编辑,我曾为新产品写过一些简介。绝大部分产品简介只对读者和广告商有意义,但有一篇报道从 1975 年起就一直在我脑海中,那是一篇关于首台能够在室温下持续发光的商业半导体激光器的报道。1970 年前,让这种激光器持续发光数秒便是一大突破;到了 1975 年,它们能够持续可靠地发光数千小时,但发射的功率只有毫瓦级。1976 年的最新突破是贝尔实验室推算半导体激光器能够有百年寿命。我从未期待能够见到用半导体激光器做的能量武器。

激光武器
Lasers, Death Rays, and the Long, Strange Quest for the Ultimate Weapon

1980年，激光器及其相关设备的销售额超过了10亿美元，其中约2亿美元被用于军事研究，主要是用在保密的激光武器领域。用于切割、焊接、打孔和热处理的高功率民用激光器的销售额增长至7000万美元，增长率为25%。

1962年，比尔·夏纳在美国光学仪器公司当技术员。美国光学仪器公司在1967年被收购，新老板决定放弃激光器业务。但是夏纳和巴蒂斯塔了解到激光在特种加工领域有2种新兴用途。1973年，夏纳抵押房子贷了款，与工程经理艾尔·巴蒂斯塔合伙买下了公司的激光部门。当航空公司也开始使用激光打孔提升喷气式发动机的性能，激光器的销售额飞速增长起来。

随着激光产业的发展，从业人员也在增加。1974年，休斯飞机公司从Korad公司挖来哈尔·沃克，让他管理公司的军用激光器及电光系统的开发、设计与测试。休斯公司当时主要制造激光测距仪和用于精准定位目标、夜视及其他任务的光学设备。这些激光器的功率不足以杀死人，所以它们并非"死光"，但是激光束能够准确指示敌方目标，引导智能炸弹或导弹击中目标。

沃克是休斯飞机公司管理层中职位最高的非洲裔美国人。他与另一位年轻的非洲裔美国人共用一间办公室，这位年轻人名叫罗纳德·麦克奈尔，刚刚从美国麻省理工学院获得激光物理的博士学位。20世纪70年代的激光界圈子小，我恰好认识麦克奈尔，他曾写过一篇文章发表在《激光焦点》杂志上。他加入休斯公司做了一名工程师，但他真正的兴趣在于搞研究，于是他很快搬到了位于马里布的休斯研究实验室，泰德·梅曼就是在那里制造了世界上第一台激光器。美国国家航空航天局在1978年将罗纳德·麦克奈尔选入宇航员项目，罗纳德·麦克奈尔在1984年2月搭乘"挑战者号"航天飞机完成了他的首次飞行任务。1986年1月28日，由于"挑战者号"升空几秒钟后爆炸解体，他在第二次飞行任务中去世。

参考文献

1. Wikipedia, s.v. "Global Positioning System," last edited September 27, 2018, https://en.wikipedia.org/wiki/Global_Positioning_System (accessed Sep-

第四章
高边疆的天基激光武器

tember 28, 2018).

2. Bhupendra Jasani and Stockholm International Peace Research Institute, Outer Space: A New Dimension of the Arms Race (London: Taylor & Francis, 1982).

3. Neil Sheehan, A Fiery Peace in a Cold War (New York: Random House, 2007).

4. Donald R. Baucom, The Origins of SDI: 1944-1983 (Lawrence: University Press of Kansas, 1992).

5. Stockholm International Peace Research Institute, The Arms Race and Arms Control (London: Taylor and Francis, 1982), pp. 92-93.

6. Frances Fitzgerald, Way Out There in the Blue (New York: Simon & Schuster, 2000), pp. 93-97.

7. Philip J. Klass, "Laser Destroys Missile in Test," Aviation Week & Space Technology, August 7, 1978, pp. 14-16.

8. Michael J. Neufeld, "'Space Superiority'" Wernher von Braun's Campaign for a Nuclear-Armed Space Station, 1946-1956," Space Policy 22 (2006): 52-62.

9. Gerard K. O'Neill, "The Colonization of Space," Physics Today 27, no. 9 (1974): 32, https://doi.org/10.1063/1.3128863 (accessed March 13, 2018).

10. Elizabeth Howell, "Lagrange Points: Parking Places in Space," Space.com, August 21, 2017, https://www.space.com/30302-lagrange-points.html (accessed May 19, 2018).

11. "About the National Space Society," National Space Society, 2018, http://www.nss.org/about/ (accessed March 20, 2018).

12. Alvin Toffler, Future Shock (New York: Random House, 1970).

13. John Noble Wilford, "The Industrialization of Space: Why Industry Is Worried," New York Times, March 22, 1981, https://www.nytimes.com/1981/03/22/business/theindustrialilzation-of-space-why-business-is-wary-

construction. html (accessed May 19, 2018).

14. Peter E. Glaser, "Earth Benefits of Solar Power Satellites," Space Solar Power Review 1, nos. 1 (January 1980): 9-38.

15. Gerard K. O'Neill, "The Low (Profile) Road to Space Manufacturing," Astronautics and Aeronautics 16, no. 3 (March 1978): 24-32.

16. Edward Gerry, in telephone interview with the author, April 11, 2018; "Member Spotlight: Peter Clark," Caltech Associates, 2018, http://associates. caltech. edu/member-spotlight-peter-clark (accessed May 20, 2018).

17. Sidney G. Reed, Richard H. Van Atta, and Seymour J. Deitchman, DARPA Technical Accomplishments: An Historical Review of Selected DARPA Projects, vol. 1 paper P-2192 (Alexandria, VA: Institute for Defense Analyses, February 1990), p. 8-7.

18. N. G. Basov, V. A. Danilychev, and Yu. M. Popov, "Stimulated Emission in the Vacuum Ultraviolet Region," Soviet Journal of Quantum Electronics 1, no. 1 (1971): 18-22, http://iopscience. iop. org/article/10. 1070/QE1971v001n01ABEH003011/meta (accessed March 15, 2018).

19. James J. Ewing, interview by C. Breck Hitz, in Hecht, Laser Pioneers.

20. Jeff Hecht, "The History of the X-Ray Laser," Optics & Photonics News 19 (May 2008), https://www. osaopn. org/home/articles/volume_19/issue_5/features/the_history_of_the_x-ray_laser/(accessed May 21, 2018).

21. J. G. Kepros et al., "Experimental Evidence of an X-Ray Laser," Proceedings of the National Academy of Sciences USA 69 (1972): 1744-45.

22. Irving J. Bigio, email to author, July 28, 2008.

23. Ronald W. Waynant and Raymond C. Elton, "Review of Short-Wavelength Laser Research," Proceedings of the IEEE 64, no. 7 (July 1976): 1059-92.

24. John H. J. Madey, interview by C. Breck Hitz, "The Free-Electron Laser," in Hecht, Laser Pioneers, pp. 257-68.

第四章
高边疆的天基激光武器

25. L. Elias, W. Fairbank, J. Madey, H. Schwettman, and T. Smith, "Observation of Stimulated Emission of Radiation by Relativistic Electrons in a Spatially Periodic Transverse Magnetic Field," Physical Review Letters 36, no. 717 (March 29, 1976), https://journals. aps. org/prl/abstract/10. 1103/PhysRevLett. 36. 717 (accessed May 21, 2018).

26. Sidney G. Reed, Richard H. Van Atta, and Seymour J. Deitchman, DARPA Technical Accomplishments: An Historical Review of Selected DARPA Projects, vol. 3, paper P-2538 (Alexandria, VA: Institute for Defense Analyses, July 1991), p. II-14-16.

27. Louis Marquet, in telephone interview with the author, April 2, 2018.

28. "Laser Applications in Space Emphasized," Aviation Week & Space Technology, July 28, 1980, pp. 62-64.

29. Doris Hamill, in telephone interview with the author, June 7, 2018.

30. Jack Daugherty, in telephone interview with the author, May 21, 2018.

31. Keith A. Truesdell, Charles A. Helms, and Gordon D. Hager, "History of Chemical Oxygen-Iodine Laser (COIL) Development in the USA," Proceedings of the Society of PhotoOptical Instrumentation Engineers 2502, Gas Flow and Chemical Lasers: Tenth International Symposium (March 31, 1995); doi: 10. 1117/12. 204917 (accessed May 21, 2018).

32. "Laser Weaponry Technology Advances," Aviation Week, May 25, 1981, pp. 65-69.

33. Richard L. Garwin, "Boost-Phase Intercept: A Better Alternative," Arms Control Today, September 2000, https://www. armscontrol. org/act/2000_09/bpisept00 (accessed May 21, 2018).

34. Jeffrey T. Richelson, ed., Space-Based Early Warning: From MIDAS to DSP to SBIRS (Washington, DC: National Security Archive, electronic briefing book no. 235, November 9, 2007), https://nsarchive2. gwu. edu//NSAEBB/NSAEBB235/20130108. html (accessed May 22, 2018).

35. Margalit Fox, "Malcolm Wallop, Senator from Wyoming, Dies at 78,"

New York Times, September 15, 2011, http://www.nytimes.com/2011/09/16/us/malcolm-wallopex-senator-of-wyoming-dies-at-78.html (accessed March 18, 2018).

36. Wikipedia, s.v. "Angelo Codevilla," last edited July 27, 2018, https://en.wikipedia.org/wiki/Angelo_Codevilla (accessed September 27, 2018).

37. Malcolm Wallop, "Opportunities and Imperatives of Ballistic Missile Defense," Strategic Review (Fall 1979): 13-21.

38. "Defense Dept. Experts Confirm Efficacy of Space-Based Lasers," Aviation Week & Space Technology, July 28, 1980, pp. 65-66.

39. Report to the Congress on Space Laser Weapons (Washington, DC: Office of the Under Secretary of Defense for Research and Engineering, February 26, 1981), declassified July 23, 2014, http://www.esd.whs.mil/Portals/54/Documents/FOID/Reading%20Room/Special_Collections/12-M-06360001.pdf (accessed May 22, 2018).

40. Jeff Hecht, Beam Weapons: The Next Arms Race (New York: Plenum, 1984), p. 353.

41. Wikipedia, s.v. "Daniel O. Graham," last edited January 20, 2018, https://en.wikipedia.org/wiki/Daniel_O._Graham (accessed March 20, 2018).

42. Daniel O. Graham, High Frontier: A New National Strategy (Washington, DC: High Frontier, 1982), p. 8.

43. George Chapline and Lowell Wood, "X-Ray Lasers," Physics Today 28, no. 6 (1975): 40; doi: 10.1063/1.3069004; https://doi.org/10.1063/1.3069004 (accessed September 4, 2018).

44. George Chapline, in interview with the author, February 7, 2008.

45. George Chapline, "Bootstrap Theory and Certain Properties of the Hadron Axial Vector Current" (PhD diss., California Institute of Technology, 1967), https://thesis.library.caltech.edu/4895/ (accessed September 4,

2018).

46. "The Fireball," Atomic Archive, 2015, http://www.atomicarchive.com/Effects/effects8.shtml (accessed March 22, 2018).

47. P. V. Zarubin, "Academician Basov, High-Power Lasers, and the Antimissile Defense Problem," Quantum Electronics 32, no. 12 (2002): 1048-64.

48. Anne M. Stark, "30 Years and Counting, the X-Ray Laser Lives On," Lawrence Livermore National Laboratory, April 14, 2015, https://www.llnl.gov/news/30-yearsand-counting-x-ray-laser-lives (accessed March 22, 2018).

49. Clarence A. Robinson Jr., "Advance Made on High-Energy Laser," Aviation Week & Space Technology, February 23, 1981, pp. 25-27.

50. William Broad, Teller's War (New York: Simon & Schuster, 1992), p. 92.

51. Frances Fitzgerald, Way Out There in the Blue (New York: Simon & Schuster, 2000), p. 129.

52. "Review and Outlook 1975," Laser Focus, January 1975, pp. 10-28.

53. "Review and Outlook 1981," Laser Focus, January 1981, pp. 38-59.

54. Bill Shiner, in interviews with the author, May 18, 2012 and March 19, 2018.

55. Hal Walker, in telephone interview with the author, April 18, 2018.

第五章
"星球大战"开始了

　　我在此呼吁美国的科学家，请将聪明才智用在人类与世界和平的事业上，让核武器变得毫无用处。

　　今晚，根据我们在反弹道导弹（ABM）条约中的义务，我认识到需要与我们的盟友进行进一步磋商，我正迈出重要的第一步。我们要做出全面而深入的努力来制定一项长期发展计划，开始向消除战略核导弹威胁的最终目标前进。这将为消除武器的军备管制铺平道路。我们既不谋求军事上的优势，也不谋求政治上的优势。我们唯一的目的——也是全人类共同的目的——是寻找减少核战争威胁的方法。

——罗纳德·里根，1983年3月23日

　　电视上转播罗纳德·里根的"星球大战"演说时，艾德·格里正在美国俄亥俄州代顿市的莱特帕特森美国空军基地等待他的朋友兼同事，同时也是美国空军武器实验室首席科学家阿特·巩特尔的到来。那是一次几十年后他仍记忆犹新的会面。格里当时担任 W.J. 谢弗联合公司的总裁。该公司是一家国防承包商，正在比较天基激光、粒子束和高性能拦截器作为武器的前景。里根的演说标志着从第二天开始，弹道导弹防御领域将会有翻天覆地的变化。格里和巩特尔就导弹防御技术开展了一次讲座。格里回忆当时的场景："我们当时预期会有一些人参加，但当我们到现场时，发现人多得都要挤上房顶了。"

　　里根就任总统的2年零2个月里，在发表关于改变国家核防御战略的言论时从未提及激光或死光。在他早期的演员生涯中，曾在1940年参演的电影《空中谋杀》中从破坏者手里挽救了一台超级死光武器。在现实生活中，里根想将世界从核武器的威胁中拯救出来，自从原子弹在广岛和长崎

第五章
"星球大战"开始了

爆炸后，核武器的数量激增，到了可能会引发世界末日的程度。里根希望新技术能够实现从远处对核导弹进行拦截，降低核武器的威胁。

当时，美国和苏联签订反弹道导弹（ABM）条约已超过10年，双方都认同应该对部署导弹防御手段进行限制。然而，苏联的核导弹数量持续增加。里根希望通过发展新的导弹防御手段，缓和核僵局。许多保守派人士不信任苏联，想要发展强有力的导弹防御系统，认为该系统有可能成为结束"确保互毁"核平衡局面的终极武器。经历了1980年的大选之后，美国的政治权力向右派倾斜，保守派人士开始寻找一些可行的其他导弹防御技术。他们比较看好上一章提到的天基激光武器空间站、高边疆项目和X射线激光武器项目。

苏联的当权派敏锐地察觉到苏联在包括计算机和电子的关键技术上落后于美国，担忧美国科学家拥有足够的资源与知识开发出导弹防御系统。另一方面，美国的科学家们正傻着眼，不知道怎样才能克服研制导弹防御系统中遇到的那些巨大的障碍。

把太空作为制高点

早在阿基米德之前很久，军队已经明白一个道理，占据制高点将带来战争中的重要优势。他们可以从高处往下看，勘测敌人的位置。任何向下扔出或发射的东西都会比敌人向上投掷的杀伤距离更远。

在两次世界大战中，制空权都是战争中争夺的制高点，但韦恩赫·冯·布劳恩发明的V2火箭展现的潜力让各国将目光放到了天空之上的太空。发射"伴侣号"人造卫星使苏联成为第一个占领太空轨道制高点的国家，但美国后来居上，1969年"阿波罗号"成功登月让美国取得了领先地位。那时，太空已被证实是对侦察、通信和气象卫星具有重要价值的制高点。20世纪70年代，相关的地方和军方活动都很频繁，在里根的总统任期开始后不久，航天飞机进行了首次飞行。

当里根政府稳定运转后，三个主要团队开始推动实施导弹防御计划。

激光武器
Lasers, Death Rays, and the Long, Strange Quest for the Ultimate Weapon

格拉汉姆将军的高边疆项目推动了太空工业化和军事化。该项目还与和里根关系密切的传统基金会合作，计划用现有的技术，发射装满高速拦截弹的作战空间站。这给他们带来了起步优势。但是，这些想法比较老旧并且之前从未实现过，反对者认为苏联能在作战空间站发挥作用之前便将其摧毁或使其失效。

沃洛普和亨特提出的化学激光武器空间站方案更加有力地推动了新技术的发展。然而，美国国防科学委员会于1981年4月得出结论，沃洛普和亨特推动的天基化学激光武器方案太不成熟，无法用于导弹防御的集成演示验证。沃洛普还因试图绕过参议院军事委员会向国防科学委员会汇报而违反了逐级上报的政治规矩。此外，天基激光武器空间站与满载拦截弹的空间站一样，容易受到苏联的攻击。

1981年2月，泰勒和伍德向美国国会和五角大楼递交了一份有关爆炸驱动的X射线激光武器方案，消息泄露后，该想法引起了公众的关注。泰勒在华盛顿地区很有名，他从20世纪50年代开始一直是最拥护核技术的科学家。他和伍德的X射线激光武器是一个大胆的新想法，但X射线激光武器需要依靠核武器驱动是一大减分项，这给泰勒带来了毁誉参半的名声与许多的敌人。

泰勒的作用

爱德华·泰勒是一位极具争议的物理学家，他在启动里根总统的导弹防御计划中扮演了重要的角色。他有时被认为是疯狂的核武器科学家"奇爱博士"的原型①。彼得·古德柴尔德甚至将2004年为泰勒出版的传记命名为《爱德华·泰勒：真实的奇爱博士》。《奇爱博士》电影中彼得·塞勒斯扮演的疯狂科学家是一个前纳粹分子，有着向美国总统（同样由塞勒斯

---

① 《奇爱博士》是美国导演斯坦利·库布里克执导的讽刺美苏冷战的优秀黑色幽默喜剧片，于1964年在美国上映。该片曾获第37届奥斯卡金像奖四项提名。

第五章
"星球大战"开始了

扮演）敬礼时，错误地说出"拜见希特勒"的蠢笨搞笑的银幕形象。和电影人物相比，泰勒更复杂，也更具多面性。

泰勒于1908年出生于布达佩斯的一个犹太家庭，他早年的生活被第一次世界大战、匈牙利政变和纳粹德国的崛起打乱了。在接受理论物理专业教育后，他于1935年移居美国，在乔治·华盛顿大学教物理。刚到美国的前几年，他在理论物理领域做出了重要的贡献。他加入了"曼哈顿计划"，为美国参战出力。在那里，他与许多美国人、移民科学家一同工作，在后来的氢弹研发过程中扮演了重要的角色。后来，反对重启针对J.罗伯特·奥本海默的安全调查的证词让曾经的同事们和其他物理学家疏远了他，他将职业生涯中剩余的大部分时间都贡献给了与军方相关的核物理研究工作。

这使得泰勒成为了两极化的人物。哈罗德·布朗和迈克尔·梅与泰勒一样都曾做过利弗莫尔实验室的领导者，他们在泰勒的讣告中很好地描述了他的形象："许多人认为泰勒是一个不加思考鼓吹武器系统，特别是核武器的狂热分子，他自己则认为那是解决所有国家安全问题的答案。对于其他人来说，他是富有创造力的美国军事力量设计师，敏锐的国际局势分析家，以及能准确判断未来威胁的预言家"。

泰勒的名声来自于他不加批判地推动其核主张。今天来看，他当得起"奇爱博士"的称号。20世纪50年代末，他的"战车计划"设想在未来用"和平的"核爆炸开展大型挖掘工程。首先在阿拉斯加海岸炸出一个新港口，再从那里挖掘一条新的巴拿马运河或苏伊士运河。他虽然得到了政府的支持，但遭到科学家们、原住民和其他阿拉斯加居民等普通民众的反对。

泰勒的名声很大，人脉也很广。他是利弗莫尔实验室的创建者之一，在卸任实验室管理职责后的几十年，他对实验室仍有相当大的影响力。那时，他已经是全美最知名的核物理学家，在军事政治和核能源方面的影响力很大。

在公众对他的个人印象里，泰勒是个有宏大构想的理论家，通常不太在意细节。当他发现核爆炸移动土石比传统的挖掘方式要容易得多时，他便一头冲向"战车计划"，对环境影响和核泄漏危险等问题视而不见，而

激光武器
asers, Death Rays, and the Long, Strange Quest for the Ultimate Weapon

这些问题最终导致了"战车计划"的失败。

"泰勒的想法总是很宏大,他将利弗莫尔实验室的每一个新项目都称为某个世界难题的解决办法,"弗朗西斯·菲茨杰拉德写道。"很自然地,并非他所有的想法对别人来说都是合乎情理的,同样地,不是所有利弗莫尔实验室开展的项目都会像他宣扬的那样,个个成功实现。"其中一个例子是探索用激光诱导核聚变来产生能源,该项目于20世纪60年代在利弗莫尔实验室启动,是热核爆炸模型研究的衍生项目。利弗莫尔实验室最初估计1千焦的激光能量将足够引起核聚变,但巨大的拥有180万焦耳能量的点火装置却依然没能点燃热核聚变等离子体。评论家经常抱怨泰勒会说某个想法已经可以工程化,但事实上它离真正实现还很远。

泰勒是出了名的不好相处,但他有时也会很有魅力,有一种吸引年轻物理学家的独特魅力。当我在20世纪80年代中期为了一篇新闻故事对他进行电话采访时,对他性格的两面性有了一定的了解。他在机场给我回了电话,开口就问了个问题:"你是马乔里·梅泽尔·赫奇特的亲戚吗?"

我立刻明白了他为什么这么问。马乔里·梅泽尔·赫奇特是《核聚变》杂志的一名编辑,《核聚变》杂志由核聚变能源基金会出版,基金会由长期"担任"总统候选人的林登·拉罗奇领导。基金会的人是核聚变和激光武器的狂热支持者,但因为他们对阴谋论和其他奇怪想法的嗜好被禁止进入利弗莫尔实验室。我回答说"不是",之后的几分钟,我们分享了各自与核聚变能源基金会打过的交道,笑谈了基金会的所作所为。泰勒继续介绍基金会一些好玩的口号。比如"用简·方达喂鲸鱼",这个口号很吸引他,因为在1979年三里岛核反应事故发生3天后,他突发了心脏病,泰勒认为是简·方达诱使他发病并为此责怪于她。这位左倾的女演员曾主演过一部有关核反应堆事故的灾难片,电影上映的日期恰巧在真实的三里岛核事故发生前12天,简·方达还很反对使用核能。(在他多年后出版的自传中,泰勒在找寻心脏病的诱因时将其归咎于过度工作。)之后,我们继续谈论手头上的工作,具体内容我早已不记得了。

第五章
"星球大战"开始了

那次交谈，为我了解泰勒的想法打开了一扇窗户。他可以很友善，能与人分享趣闻，会带着真挚的热情谈论自己感兴趣的想法，这也为采访谈话提供了一些物理和技术方面的背景知识。这确实对我们分享彼此对于核聚变能源基金会的奇特看法有所帮助，我也没有刻意问他一些刁钻的问题。但是，我也能感受到他对那些不同意他观点的人有些傲慢和不耐烦。

与泰勒共事的人谈论他或是阅读他们写的有关泰勒的文章，往往会得到两级分化的观点。对于一部分人而言，泰勒就像父亲一样，会用浓重的匈牙利口音愉快地与人分享他的时间与智慧，总是对国家的利益十分关心。对于另一部分人而言，他是一个黑暗的形象，泰特为人傲慢，轻视其他人的意见，只顾自己的利益，彻底忽视自身的过度乐观与错误。泰勒仿佛是具有内部二元性的某种量子力学实体，在较长的时间周期内观察他会得到两极化的观点，他可能会展现某一面或者截然不同的另外一面。

图 5.1　1982 年 1 月的罗纳德·里根与爱德华·泰勒，当时"星球大战计划"正在酝酿当中。（图片源自美国政府）

泰勒的性格让他在后来的"星球大战"之争中颇具影响力。但他真正的权力比他自己想象的要小，那时他年事已高，徒弟洛厄尔·伍德接过了大部分的工作并推动发展 X 射线激光武器，这让伍德暴露在聚光灯下，成为了具有争议性的人物。

激光武器
Lasers, Death Rays, and the Long, Strange Quest for the Ultimate Weapon

作为物理学家，伍德缺乏泰勒的深度，但他想法多，爱好广泛。在一个古生物学会议上遇到他时我很惊讶，他在会上解释了高亮度的瞬时激光脉冲如何在皮秒的时间内清除覆盖在柔软化石上的坚硬石块，我俩站在一群"化石猎人"中间，像两个激光怪胎一样聊天。

伍德只比大部分参与 X 射线激光器工作的年轻物理学家骨干年长几岁，他们之间建立了深厚的同志友谊。他不遗余力地宣传 X 射线激光器。但他的强力推销和当时的党派之争让他的名声受了损。他是我见过的唯一在科学会议上演讲时，听众会发出嘘声的主讲人，那是 1991 年在加利福尼亚州圣胡安卡皮斯特拉诺召开的首届近地小行星国际会议。

与科幻小说的联系

伍德参加了由美国宇航学会（宇航工程师与科学家组成的专业学会）与 L5 学会建立的美国太空政策国民咨询委员会举办的首次会议。1981 年 1 月 30 日至 2 月 1 日，约 30 名顶尖的太空倡议者和专家聚在一起，共同制定了一个短期政策来确保在里根政府执政的第一年里太空项目能继续健康发展，同时也为未来 20 年太空发展制定一个长期政策。杰里·珀内尔是 L5 学会理事会的成员，也是一位以科幻小说出名的前太空科学家。他经常在另一位科幻小说家拉里·尼文的家中主持这方面的会议。

虽然珀内尔和尼文是写科幻小说出名的，但他们在会议上与学者、宇航员和工程师一同认真地讨论太空政策。他们的目标是把人类送入太空，但里根计划在接下来的一年削减美国国家航空航天局 6 亿美元预算，这让他们感到非常担忧。一份政策报告在几个月之后出炉，表达了他们的观点："太空可能是我们最宝贵的资源。一个合理成熟的太空项目能够为我们带来意义重大、起决定性作用的军事和经济优势，同时还能够大大提升我们的国家自豪感。"

第五章
"星球大战"开始了

他们很清楚激光武器的发展，认为天基激光武器是在太空中应对苏联威胁的最出名的手段。激光武器的总体评估报告有伍德执笔的痕迹，他当时参加了会议。报告里提到了燃气激光武器，并宣称在地球高轨上单独部署一台激光武器有望摧毁敌方在核战争中发射的所有弹道导弹，这会让己方轻松地统治全世界。但报告接着又说敌方也能够轻易的保护自己的弹道导弹免于燃气激光武器的攻击，使燃气激光武器空间站成为"名副其实的待宰羔羊"。

报告推荐了另一种不同的终极武器[①]："由在附近引爆的核武器提供能量的脉冲式天基激光武器——这种激光武器在美国的地下核试验中已经演示过，人们大都认为苏联在许多年前已经开始发展此类激光武器——实际上这种武器可能无法被反制。这种激光武器在极小的空间和极短的时间内释放了太多的能量，目前在现有条件下，还没有办法对付它。

这些防御型武器储存在加固的发射井中，一旦探测到敌方的洲际弹道导弹攻击后，便会发射。这种由核武器泵浦的激光武器能够发射致命的能量，同时击毁数十至数百枚敌方导弹，在打击前还不用提前做好自身防御。12个这种核爆炸能量驱动的激光系统——每个由单独的助推器发射——能够在半小时内保护自身领土的安全，这段时间足够己方的弹道导弹发射、飞向并摧毁敌人的导弹阵地和轰炸机场站"。

这些文字大概率出自伍德之手，他是小组里唯一的激光武器专家。后来，格拉汉姆将军和麦克斯·亨特也加入了这个小组。

这种关于太空武器反复的争论在1982年里持续不断地上演。在泰勒的推荐下，里根任命了乔治·基沃思为他的科学顾问。科学界因为基沃思只是个来自洛斯·阿拉莫斯国家实验室的不知名物理学家而有些担心，但他们需要基沃思在激光武器和核武器方面的经验来评估导弹防御的选项。和泰勒相比，基沃思更像一个现实主义者，认为最重要的任务是在助推段拦截弹道导弹。"那是一项艰巨的任务，我们现阶段还未掌握这种技术。我

---

① 报告中的这款终极武器应该就是前文中提到的由核武器爆炸提供能量的 X 射线激光武器。这应该只是伍德等人的设想和倡议，当时的技术水平不足以支撑研发、布署此类激光武器。
——译者注

激光武器
Lasers, Death Rays, and the Long, Strange Quest for the Ultimate Weapon

可以断言那些自称激光专家,宣称在几年时间内便能够实现这一点的人完全没有得到科学界与工程学界的支持。那就是个猜测,而且我认为是毫无根据的猜测。"

此外,泰勒极力游说把项目扩展到类似"曼哈顿计划"的规模。伍德拉夫却告诉调查小组,在决定发展成为武器之前,需要先花六年时间来评估亚瑟王神剑项目的科学可行性,泰勒对此大发雷霆。泰勒希望在五年时间内,研制出"完全武器化的"X射线激光武器。

基沃思尝试让泰勒不接触里根总统,总统的助手们也想阻止泰勒的游说。但是,泰勒利用自己的人脉设法在1982年9月14日安排了一次与总统的会面。基沃思把那次会面的结果称为"灾难"。

"星球大战"演讲的余波

里根的演讲没有提到技术的具体细节,他想要的是导弹防御的新技术,保守派人士对此很高兴。里根并不关注技术细节。他的演讲让民主党和政府的其他人感到担忧,害怕建造导弹防御设施会打破美苏两国的力量平衡并使军备竞赛升温,促使苏联增加他们的核武器库。

里根发表演讲的第二天,马萨诸塞州参议员爱德华·肯尼迪把里根的导弹防御计划称作"鲁莽的星球大战阴谋",批评者们抓住了当中一个的重要政治观点。"星球大战"的标签基于一个核心现实:所有提出的导弹防御计划都像是小说而非科学,都是基于尚未达到应有水平且有风险的技术。由于很容易让人联想到顶级科幻小说,这项计划引起了大众的关注。后来,该计划被官方命名为"战略防御倡议(SDI)",但只有军方官员和想从五角大楼获得经费支持的承包商们使用这一政治正确的名称。媒体和公众都称它为"星球大战",这让乔治·卢卡斯(《星球大战》系列电影的导演)很恼火。

接踵而至的争议在里根政府内部一直存在。最大的担忧在于发展导弹防御系统是否会让全球力量平衡变得不稳定,引发核战争。另一项担忧在

第五章
"星球大战"开始了

于能否建成一个抵挡核弹道导弹的无漏洞全球保护伞,假如建成了,这又意味着什么。许多拥护倡议的政治家宣称这可以实现,但是工程师们显然更清楚实际情况。

战略防御倡议的启动

1958年2月7日,在苏联"伴侣1号"人造卫星发射仅过去4个月后,时任美国总统的德怀特·艾森豪威尔建立了美国高级研究计划局。首任局长是罗伊·约翰逊,那时局里的工作人员极少。在发表演说1年多后的1984年4月,里根总统才任命航天飞机项目的负责人——美国空军中将詹姆斯·A. 亚伯拉罕森为新设立的战略防御倡议局(SDIO)局长。亚伯拉罕森在美国国家航空航天局的办公室同事在送别他时送了一把光剑玩具祝贺他履新,他当时还很幽默的挥了挥剑。

亚伯拉罕森很快就忙碌了起来。战略防御倡议局1984年的10亿美元预算会在接下来的时间里每两年翻一番,1986年时预算将会达到40亿美元。里根想要的是无漏洞的核保护伞,亚伯拉罕森认为只靠单一系统无法实现这一点。他想建立多层次的系统,首先瞄准助推段的弹道导弹,其次在太空中攻击弹头,最终在最重要的地点附近再部署一层防御。把这所有的全加起来,这项目有些像"曼哈顿计划"了。

美国国防部高级研究计划局的定向能办公室转隶去了新机构。当时的办公室主任路易斯·马奎特回忆说:"我们整个办公室都从国防部高级研究计划局的大楼里搬了出去,搬到了华盛顿战略防御倡议局所在的大楼。"当他们抵达后,发现在办公室前有一个由多人组成的"警戒线"。"星球大战计划"具有争议性,但抗议者主要反对的是核能。

亚伯拉罕森将军在新工作中仍然保持对航天飞机的兴趣。五角大楼为航天飞机项目提供了部分经费,作为回报,他们能使用航天飞机的部分航次。定向能办公室原先并没有使用航天飞机的想法,但当亚伯拉罕森给了他们建议后,马奎特发现了3项可以通过搭乘航天飞机让他们受益的试验。

激光武器
Lasers, Death Rays, and the Long, Strange Quest for the Ultimate Weapon

亚伯拉罕森刚到局里时，对激光一窍不通，但马奎特在一架飞往加利福尼亚的美国空军喷气式飞机上给他上了一堂速成课，亚伯拉罕森学习的速度之快让马奎特印象深刻。"他绝对是这个项目在合适的时间里最合适的人选。"马奎特说。

战略防御倡议局刚成立时，事情还在不断地发生变化。经过了多年研究，光学研究者们通过测量空气扰动和湍流，不断地调节镜面形状，使激光束能够以最小的波前畸变定向发射，也找到了净化光束的方法。亚伯拉罕森告诉众议院委员会，这改变了一切。"基于大气扰动补偿技术的工作已经发展到了关键的节点，大型、高效的地基激光武器很快就能研制成功了。"泰勒建议在必要时将激光变形反射镜送上太空。泰勒在一封给我的信件中写道："在最后一刻，我更愿将激光器留在地面上，将反射装置送上太空。"

新技术为布置在山顶的巨型激光器穿透空气向太空中的天基中继镜发送高能激光束提供了希望。约翰·马蒂主张使用自由电子激光器，该类型激光器由巨大的电子加速器提供能量，将自由电子激光器发出的高能激光束投射到太空中的中继镜上，经过多面中继镜的反射后，实现对世界各地目标的打击。可与中继镜配合使用的另一种激光源是大型紫外准分子激光器，它由电极放电提供能量。"星球大战"计划也想向太空发射电子束或其他种类的带电粒子束，就像威力无穷的闪电一样，当然该项技术实现起来还十分困难。

"星球大战"计划一直支持天基激光武器，但人们开始怀疑搭配 4 米发射镜的 5 兆瓦功率激光器是否足以用于导弹防御。有些人认为激光器的功率需达到 10 或 25 兆瓦，发射镜的口径需达到 10 到 15 米，具体参数取决于要打击的目标。作为一个跟踪瞄准指向系统，当"金爪计划"采用更大的镜面和更高激光功率工作时，不需要做过多的调整。

1985 年——寻求帮助

战略防御倡议局在成立一年后仍在研究如何实现里根总统提出的消除

第五章
"星球大战"开始了

核导弹威胁。局里顶尖的项目经理走遍了全国各地，搭建了各种关系，组织召开了各种会议。我参加了 1985 年 4 月 18 至 19 日在罗切斯特大学召开的一次会议，罗切斯特大学从 19 世纪起便是光学技术中心。当我提及"星球大战"时，一位大学管理人员礼貌而坚定地告诉我，正确的叫法应为"战略防御倡议"。作为一名记者，我不用做到政治正确，但科学家和工程师们更为谨慎，因为他们需要从战略防御倡议里获得经费支持。

战略防御倡议局定向能办公室主任表示他手头上的工作满满当当。路易斯·马奎特说："我们无法回答'它能够起作用吗？'这一问题，因为我们根本不知道'它'是什么。"他表示战略防御应当阻止战争，当"它"不得不被使用时，就意味着战略防御失败了。他给出了一份急需的新技术清单，大部分是太空技术。激光武器的魅力在于拥有以光速传输致命能量的能力，但它们目前还无法胜任此项工作（指战略防御方面的工作）。马奎特的目标是到 20 世纪 90 年代初充分理解所有的技术问题，以便决定接下来的工程发展。这个想法很有野心，但远不如沃洛普之前失败的项目。只要这是一个研究项目，《反弹道导弹条约》就允许进行研究。

研发者们大多关注燃气、准分子和自由电子激光器。利弗莫尔实验室的丹尼斯·马修斯于 1984 年 10 月在波士顿召开的会议上报告首次研制出了实验室用 X 射线激光器，但没有一位发言人对这种爆炸驱动的激光器进行评价，直到有人向主讲嘉宾乔治·基沃思提问该激光器的前景问题。

"我认为（它）可能没什么希望。因为它极具争议性，我说的比较直接。"基沃思回答道。他指出《反弹道导弹条约》限制了今后对此类武器的试验，并表示由詹姆斯·弗莱彻带队的战略防御倡议前景研究小组认识到了爆炸驱动的 X 射线激光器的重要性，但并不认为它像其他提议的系统一样有效。他认为美国应当对这些系统都进行研究，搞清楚哪些有可能实现，以及苏联是否会研制出一个 X 射线激光器，但他并不认为 X 射线激光器是战略防御倡议的重要组成部分，并补充道："在一个民主社会，公众不太可能对它们的部署表示欢迎。"

激光武器
Lasers, Death Rays, and the Long, Strange Quest for the Ultimate Weapon

激光界的疑虑

一个月后,我参加了在巴尔的摩召开的激光与光电子会议,那是当年美国激光业界最大的会议。私下里大家对"星球大战计划"还不太拿得准,大多数人对此还有些怀疑。当时正值激光诞生25周年纪念,很多老一辈的人都出来了。汤斯和古尔德都公开反对"星球大战计划"。只有利弗莫尔实验室和大型航空公司的人对激光武器持乐观态度,因为他们从"星球大战计划"里拿了经费。这些人也许会谴责"星球大战计划"是浪费钱,但只要有人愿意在这上面给钱,他们便十分乐意伸出帽子接住这些钱。

相比之下,国防承包商们反而欣喜得不停搓手。一位在波士顿地区的一家小公司工作的朋友在当年11月的晚些时候邀请我去讲一讲激光武器,我就分享了自己知道的一些事。在随后的午餐中,公司的一位副总对激光武器的商业前景欣喜若狂。里根总统都愿意在这上面花数十亿美元了,还能出什么差错呢?

我忍不住讲了个冷笑话,"假如突然就世界和平了怎么办?"

不出意料,大家都笑了,大家对此都没抱太大的希望。"冷战"已经持续40年了,我和在座的许多人都想不起美国和苏联何时不处于核僵局了。大家对苏联的新任领导人米哈伊尔·戈尔巴乔夫的期望并不高。

"星球大战"内部

一个鲜为人知的事实是"星球大战计划"是一个研究项目,正处于探索如何实现目标的初期阶段。记者们都还不太了解这一点,前战略防御倡议副主任格罗尔德·尤纳斯最近写道:"与记者打交道的挑战在于,他们希望听到我们已经弄清楚了一些事,但我们真没有任何答案。"他

第五章
"星球大战"开始了

回忆是这样告诉记者的:"我们在做研究之前没法估算开支。我们需要约 5 年的时间才能知道是否有值得研发的东西。在那之前,这只是一个研究项目。"

"星球大战计划"的负责人亚伯拉罕森是一位三星中将,当他签署正式的技术备忘录时满面笑容。"亚伯拉罕森真的相信有技术奇迹,他还能让其他人也坚信他们能够取得比预期更大的成就。"尤纳斯写道。将军问了深入而尖锐的问题,但没有任何敌意。他看上去特别适合这项工作。

爱德华·泰勒可能是"星球大战计划"中最大的问题了。他一生中有 40 多年的时间都在研究核武器,被誉为"氢弹之父"。泰勒相信 X 射线激光武器会是终极武器,是第三代的核武器。原子弹是第一代核武器,氢弹在泰勒那个年代被称为"超级炸弹",爆炸能量远超原子弹,是第二代核武器。泰勒认为 X 射线激光是新一代核武器,因为它能将能量聚焦在定向的光束上,他认为通过这种方式能够真正用可控手段控制蕴含在原子中的能量释放。与前几代核武器不同,X 射线光束不是大规模杀伤性武器;它是定向的死亡射线,只会摧毁需要毁灭的单一目标。也许泰勒把它看做一种能挽回所有核武器受损声誉的方式,这也是他认为的能抵御苏联导弹威胁的方法。

尤纳斯写道,"泰勒痴迷于爆炸驱动的 X 射线激光武器的概念,但还有一些细节的工作没搞清楚,他把这些都留给同事去做。"作为一名理论家,泰勒一直认为一旦概念建立起来了,那么问题就解决了。他一旦想出了一个点子,便声称工程师能够解决细节问题,实现他的想法。

使泰勒陷入麻烦的细节在于他把这想法推销给了里根总统,里根当时想消除世界上所有的核武器。许多人认为里根耳根子软。正如前文所说,里根的助手们尝试让总统远离泰勒和其他看上去会操纵他的人。在经过长时间的努力后,泰勒终于和总统见了一面,他极力游说总统利用核能驱动的激光去防御核导弹。他离开后,里根向他的助手模仿泰勒的匈牙利口音,"爱德瓦热爱炸弹"。里根很清楚 X 射线激光武器的本质,他对发展新一代的核武器毫无兴趣。为了判断苏联是否会因 X 射线激光武器具有抵抗

激光武器
Lasers, Death Rays, and the Long, Strange Quest for the Ultimate Weapon

战略防御倡议的潜力及其对国防的重要潜在影响,尤纳斯在诺贝尔奖获得者汉斯·贝蒂的要求下支持了这项研究。

洛厄尔·伍德同样意识到要大肆推销爆炸驱动的 X 射线激光武器,他精明地邀请《纽约时报》记者威廉·J. 布罗德来家里住一段时间。1984 年 5 月,布罗德在伍德家住了一周,与伍德团队里正在研发 X 射线激光武器的"星战勇士"们进行了对话。布罗德为此写了一本书,名为《星战勇士:深度揭示太空武器背后的年轻科学家》。

这本书描绘了伍德带领的"O 小组",那是一群阳光、年轻,大多是单身的白人男性物理学家,正在进行爆炸驱动的 X 射线激光武器研究。他们大部分的工作在计算机上完成,因为他们无法随意跑到实验室去测试设计中的某个小改动,测试将需要进行核试验,而自从 1963 年《部分禁止核试验条约》签订以来,核试验被严格限定在地下进行,他们必须证明自己的项目是合理的,还要看看日程表上是否还有时间。

布罗德重点关注星战勇士们的性格。我曾在美国加利福尼亚理工学院读了 4 年的本科,当时大多数学生学的都是物理、天文或工程等硬科学,这些星战勇士们给我一种怪诞的熟悉感。事实上,一位叫汤姆·韦弗的小组成员本科时与我住了一年的对门。我们都喜欢音乐,我为他还录制了一些唱片,包括滚石乐队的名曲《同情魔鬼》,那录音带被我收藏起来了。在我们居住的布莱克宿舍楼里,汤姆是不爱热闹的人。他高大、冷静,那时他看上去是我们中最理智清醒和最用功的人。

毕业后,我和韦弗便失去了联系,但布罗德的书让我知道了他后来的情况。韦弗后来去了利弗莫尔实验室,他获得了那里的全额助学金,这让他可以在附近的加利福尼亚大学伯克利分校读博士。他的博士学位论文是关于天体物理的,具体研究激波在超新星同位素合成中的作用。他的工作需要大量使用计算机,利弗莫尔实验室拥有世界上最强大的计算机,这些计算机是开展核武器复杂物理现象建模的必要条件。天体物理学研究恒星、星云、星系的内在运行规律,以及所有在宇宙中闪闪发光的各类物体。超新星是大自然中的核爆炸,其爆炸规模比核武器大得多,但两者有着共同的物理特性。许多年轻的天体物理学家们都在做"炸弹"研究,因

第五章
"星球大战"开始了

为找个工作干比评上教授容易多了。

布罗德称整个小组是紧张而充满活力的，小组成员中的绝大多数人像以前读研究生时那样长时间地工作。也许这是一种使他们保持年轻的方式，在某些方面他们的工作环境与大学校园类似，但显然在大学里，物理系和计算机中心离校园的其他地方远远的，被安全门、栅栏和各种规矩环绕。但当1985年布罗德的书出版后，一些星战勇士开始变得焦躁不安，另一位小组成员彼得·哈格尔斯坦很快离开了那里，去美国麻省理工学院教书了。

"挑战者号"之殇

航天飞机项目在1981年时起步缓慢，但到1985年时已完成了9次发射。作为一种重型航天运载工具，航天飞机对"星球大战计划"很重要，需要通过它将沉重的设备送入太空。1986年1月28日的早晨，"挑战者号"航天飞机发生爆炸事故后，这些计划就戛然而止了。遇难的7名机组成员中有任务专家罗纳德·麦克奈尔，他是来自美国麻省理工学院拥有博士学位的激光物理学家。

亚伯拉罕森将军当时正与马奎特一同在办公室观看"挑战者号"升空的直播。那是美国国家航空航天局有史以来经历的最严重的悲剧，因为进行了电视直播，所有人都看到了被不断重播的事故视频。那是令人震惊的经历，特别是在事故原因披露之后。

这次事故对于太空狂热者们来说是一次惨痛的教训，因为太空旅行不是他们想的那样容易。1988年9月，当航天飞机再次飞入太空时，距离事故发生已过去了两年零8个月，在此期间已经积压了大量等待发射入轨的卫星。五角大楼不得不重新考虑航天飞机的使用，并将之后的发射任务交给其他航天器。"星球大战"计划也因此不得不在待解决的问题清单里加上"怎样进入太空"这一问题。

激光武器
Lasers, Death Rays, and the Long, Strange Quest for the Ultimate Weapon

两个厌恶核武器的男人

罗纳德·里根不仅想结束核战争的威胁，还想让核武器从世界上彻底消失，而爱德华·泰勒并不完全赞同这一观点。苏联政府可能并没有意识到米哈伊尔·戈尔巴乔夫同样也希望结束核僵局。当里根和戈尔巴乔夫于1986年10月首次在冰岛的雷克雅未克峰会上见面时，他们意识到他俩有着共同的梦想，即废除核武器。

两人在核心目标上达成了一致，但在接下来的对话中未能完全协商一致。戈尔巴乔夫坚持"星球大战"计划必须"被限制在实验室里开展研究和试验"。里根拒绝了这一提议。戈尔巴乔夫锲而不舍地坚持将"星球大战"计划限制在实验室层面，里根则不厌其烦地拒绝了他。当会谈临近结束时，里根表示："如果我们销毁全部的核武器，我就同意这一点。""我们可以全部销毁它们，"戈尔巴乔夫说。但他之后又再次要求将战略防御倡议（SDI）限制在实验室里进行，而里根又一次地拒绝了他。

但他俩并没有空手而归。在里根总统任期的前几年，美国和苏联曾讨论过禁止中程弹道导弹，这种弹道导弹的射程要低于洲际弹道导弹（ICBM）的射程下限，即5500千米。实际上，双方主要的担忧是苏联的中程导弹可以打击西欧目标，而美国部署在欧洲的导弹又可以打击苏联。在离开雷克雅未克之前，里根和戈尔巴乔夫一致同意撤除部署在欧洲的中程弹道导弹，并将各自拥有的核弹头数量降至100枚以下。经过进一步的协商，里根和戈尔巴乔夫于1987年12月在华盛顿峰会上签署了协议，开始销毁核弹头。这是持续到2000年的核裁军时代的开始，数千枚的核弹头被拆除，大量核弹级铀经过混合稀释后被用于核反应堆。

那时人们都认为双方错过了一个很好的机会。两国领导人都希望废除核武器，建立一个更好的世界。最终双方因为一些微不足道的，甚至只是用辞上的分歧而未能达成一致。到底是哪儿出错了呢？

第五章
"星球大战"开始了

回过头看,尤纳斯说原因很复杂。两位领导人都不理解其中涉及的技术问题,他们得到的关于战略防御研究现状的建议有许多都是互相矛盾的。美国前国务卿乔治·舒尔茨告诉里根,用战略防御倡议获得的有限成果去换取有意义的武器协议是值得的。然而,泰勒和其他人声称"星球大战计划"是美国科技的王冠之星。戈尔巴乔夫的一些顾问告诉他,无论是美国的战略防御倡议还是苏联自己的战略防御发展计划都毫无进展;而另一些人却吹嘘说接下来的火箭发射就能将苏联的太空武器首次送入太空。一些顾问提醒戈尔巴乔夫,苏联承担不起继续同美国"冷战"的代价,但另一些人却警告他不能让步。里根认为美国的经济充满活力,戈尔巴乔夫注意到了苏联经济的弊病。

成功废除核武器的概率很小。尤纳斯写道,"他俩都没得到拥护者和助手们的支持。"里根和戈尔巴乔夫收到的都是假情报。他们都需要应付来自政界和军方的阻力,那些人的思维已在数十年的核僵局中被固化。假如他俩最终在废除核武器上达成了一致,双方都将走上一条艰难的前进道路。他们后来达成的关于有限缩减核武器数量的协议,可能是他们能取得的最好结果。

极地号(POLYUS):苏联的激光武器发射了——1987

美国的政府官员普遍认为苏联也有自己的"星球大战"计划,但他们不知道具体的细节。事实上,在雷克雅未克峰会召开期间,苏联正在计划首次发射他们的新巨型运载火箭"能源号"(Energia),它搭载了95吨重的"极地号"(Polyus)激光武器,是苏联的太空武器空间站。"能源号"的载重仅次于曾运送"阿波罗号"登月的美国"土星五号"运载火箭,而美国已放弃了这类巨大而昂贵的火箭,转而发展航天飞机。

苏联的火箭工程师们为"极地号"设计了两种方案,一是"斯基泰

激光武器

Lasers, Death Rays, and the Long, Strange Quest for the Ultimate Weapon

人"项目（Skif）①，搭载激光武器打击低轨或弹道导弹轨道上的目标，二是"卡斯卡德"（Kaskad）项目②，搭载用于打击更高轨道和地球同步轨道目标的动能拦截器。在雷克雅未克峰会召开期间，苏联计划发射一台兆瓦级的二氧化碳燃气激光武器，但峰会结束后，他们决定在"极地号"上装载氙气和氟气代替原定的二氧化碳气体，这样激光器就不会发射激光束。后来，他们决定根本不释放任何气体，这样激光器就不会发出任何东西，从而不会被认为是一种武器。

当戈尔巴乔夫和其他苏联政治局委员们于 1987 年 5 月 11 日抵达发射场时，一切都已就绪。第二天，在视察结束之际，戈尔巴乔夫告诉工程师们不能发射火箭。但当工程师们抗议后，戈尔巴乔夫和其他政治局委员们改变了想法，同意让试验继续进行。火箭成功进入了预定轨道，但在第二阶段发射"极地号"时，航天器朝错误的方向旋转了 90 度，导致它由向上进入轨道的航向变为向下的航向。发动机点火后，"极地号"与航天器分离并向下坠入太平洋。它是迄今为止唯一曾进入太空的武器级激光器，尽管它无法正常工作，也并未进入轨道。美国的监视卫星记录了这次发射行动，但无法看出"能源号"火箭搭载的是什么。

1988 年，第二艘"能源号"火箭将无人领航的"暴风雪号"（Buran）送入太空，"暴风雪号"是一种像穿梭巴士一样的可重复使用的航天器，但它仅仅使用了一次。

来自核试验的坏消息

1980 年底，从代号为"Dauphin"的核试验成功后，到里根总统发表星球大战演讲期间，利弗莫尔实验室没有进行过关于 X 射线激光器的核试验。最近的一次试验将在里根总统演讲的 3 天之后进行，但试验仪器在测

---

① Skif 指斯基泰人，他们是古代生活在中亚和南俄的游牧民族。
② Kaskad 在俄语里指瀑布。

第五章
"星球大战"开始了

量数据时坏了。1983年12月16日，对哈格尔斯坦的设计进行的试验中似乎出现了激光。泰勒给基沃思寄了一封信，声称这一结果证明了X射线激光器的科学可行性，并将"进入工程实施阶段"。负责X射线激光器项目的伍德为人小心谨慎，他认为泰勒的说法有些言过其实。他要求泰勒撤回这封信，被泰勒拒绝后，他自己写了一封信，但利弗莫尔实验室主任罗杰·巴策尔叫他不要寄出这封信。从这件事开始伍德与泰勒生了嫌隙，尽管泰勒已经正式退休并不再承担任何管理责任，但他的影响力仍是巨大的。

当利弗莫尔实验室的测量专家乔治·曼森指出，对哈格尔斯坦的设计进行的测试中，系统没有被校准，因此需要重新核实测量结果，以确定观测到的X射线的来源时，情况变得更糟糕了。1984年8月2日，利弗莫尔实验室的竞争对手，洛斯阿拉莫斯国家实验室用不同的仪器进行了测试，没有观察到X射线激光，他们由此得出X射线激光不存在的结论。洛斯阿拉莫斯国家实验室的高级官员C. 保罗·罗宾逊向利弗莫尔实验室寄了一封用词刻薄的信件，警告他们假如想保住自己的声誉，就得让泰勒和伍德停止推进该项目。

与此同时，泰勒的说法升级了。1984年12月28日，他给美国武器谈判专家保罗·尼采写信说："一台应用了这种技术的办公桌大小的X射线激光武器模块，有望击落发射后进入其视场的整个苏联陆基导弹部队发射的弹道导弹。"

这一说法的依据来自洛厄尔·伍德团队的一项新设计。最初的"亚瑟王神剑"项目计划在细长的X射线增益材料棒两端进行光学泵浦，从而实现高度集中的能量输出，能量集中度比炸弹要高百万倍。不久之后，伍德团队又提出了两个新的项目。一个是"亚瑟王神剑升级版"（Excalibur-Plus），能够把聚焦能量密度再提高一千倍；另一个是"超级亚瑟王神剑"（Super Excalibur），能够在此基础上将聚焦能量密度再提高一千倍，这就比炸弹的能量集中度高了万亿倍。据推测，"亚瑟王神剑升级版"非常强大，当它放置在低轨或地面时，能够摧毁高空中的目标。"超级亚瑟王神剑"能够从地球同步轨道上打击上述

激光武器
Lasers, Death Rays, and the Long, Strange Quest for the Ultimate Weapon

目标。

一张来自利弗莫尔实验室的照片显示"亚瑟王神剑"的其中一种外形是一个球体,表面布满了长而细的突刺,就像一只白色的箭猪蜷成一团,把炸弹"死亡之星"藏在里面。利弗莫尔实验室用计算机模拟预测,那些长而细的突刺能够将爆炸产生的 X 射线转化为高度聚焦的激光束,但没有实验能验证这一点。对于如何将多束激光束对准朝多个方向同时移动的多个目标这一难题,泰勒满不在意地认为它只是个工程问题。工程师们对这个问题体会更深,将这个问题的难度描述为介于噩梦般的复杂和完全不可能实现之间。它是一个跟踪与指向的问题,美国国防部高级研究计划局认为该问题是天基激光武器最困难的挑战。布罗德后来写道:"'超级亚瑟王神剑'除了一些纸上的研究外没有任何现实性。它更像是一种期望而非发明。"

但这并未阻止泰勒在美国斯坦福国际研究院(SRI International)暗示这项新技术将使美国具备抵抗 5000 枚导弹及 30 万枚诱饵弹攻击的能力。伍德在 1984 年 10 月 15 日向亚伯拉罕森将军作了简要汇报,并在第二年多次前往华盛顿,告诉联邦官员们新型 X 射线激光器是怎样运行的。泰勒在 1984 年 12 月 28 日写给国家安全顾问罗伯特·C. 麦克法兰的信中吹嘘了"超级亚瑟王神剑"项目,并表示最短将在三年内验证其原理。一个月后,在与利弗莫尔实验室的管理人员交谈时,伍德对时间进程的预计更保守一些,认为即使有充足的经费支持,相关的科学原理也要到 1990 年才能构建完成。直到那时他们才能开始真正的研究工作,研制能发出千束激光的原型样机。

1985 年 3 月 23 日进行了代号为"Cottage"的核试验,用于验证"超级亚瑟王神剑"项目,光束亮度据说增长了百万倍,这使得伍德变得大为乐观。在接下来的一个月,他用华丽的图表告诉美国中情局局长威廉·凯西,"超级亚瑟王神剑"项目将拥有"多达 10 万束可独立瞄准的激光束",并补充说 3 月的核试验证明了通过聚焦激光束能够将亮度提升至武器级。泰勒和伍德的推广活动看上去势如破竹,项目预算在接下来的几年获得了大幅提升。

第五章
"星球大战"开始了

但这之后,开始出现问题了。1985 年 11 月,《科学》杂志报道了洛斯阿拉莫斯国家实验室发现代号为"Cottage"的核试验存在问题,核爆炸释放的 X 射线激光的亮度数值比利弗莫尔实验室估算的低得多。这篇文章同时还质疑了这类爆炸驱动的激光武器能否成为阻止大规模核导弹攻击的终极武器。如果它们被放置在轨道上,很容易受到反卫星武器的攻击,在敌人发起第一波进攻前 X 射线激光武器便会失去作战能力。伍德和泰勒的瞬间响应防御概念自身存在致命缺陷:它基于能在瞬间探测到敌方大规模的导弹发射,但敌人可以通过制造比传统型燃烧速度更快的高速火箭助推器来减少预警时间。"最终,所谓瞬间响应的 X 射线激光武器无法应对速燃助推器,"利弗莫尔实验室战略防御倡议体系研究主任科里·科尔说道,"速燃助推器排除了'瞬间应对'目标的可能性。"12 月底进行的代号为"Goldstone"的核试验带来了更多的负面影响。当所有数据处理完毕后,X 射线激光的亮度只有利弗莫尔实验室原先预测的 1/10。

10 月底,因为利弗莫尔实验室无法制止伍德和泰勒言过其实的言论,伍德拉夫被搞得焦头烂额,这两人名义上还受他管理,于是伍德拉夫辞去了核武器项目副主任的职位。当时给爆炸驱动的 X 射线激光武器建模的哈格尔斯坦也退出了项目,他去美国麻省理工学院教书了。

从那开始路就不好走了,而且还是下坡路。接下来一轮的试验是想验证 X 射线激光束能否聚焦能量,这一点在 12 月进行的代号为"Goldstone"核试验中还未得到验证。1986 年 9 月进行的代号为"Labquark"的核试验结果看上去挺有希望的,但接下来代号为"Delamar"的核试验使用了更精密的测量仪器,得到的结果并不好。光束尺寸没有缩小,这表明光束没有被聚焦;它的光斑扩展为一个空心的环,中间区域的 X 射线强度很低。这个结果虽然不能说明 X 射线无法被聚焦到高功率密度,但至少证明了利弗莫尔实验室还没能做到这一点。实验室里优雅的理论模型与实验数据并不相符,美国战略防御倡议局(SDIO)开始削减 X 射线激光武器项目的预算。

加利福尼亚大学负责运行利弗莫尔实验室,当大学一位匿名的"吹哨人"向南加利福尼亚的美国科学家联合会寄送了实验室的一些人事档案

激光武器
Lasers, Death Rays, and the Long, Strange Quest for the Ultimate Weapon

后，科学上的惨败演变成了一桩丑闻。在驳回了罗伊·伍德拉夫对伍德和泰勒的抗议后，利弗莫尔实验室的管理层便刻意躲着他。伍德拉夫希望能够调到实验室的另一个项目组，他从读大学开始便在那里工作。结果他不但没调动成功，还被降职去了一个小办公室，那里被伍德拉夫的朋友们称作"西方高尔基市"，因为当时苏联政府会将持反对意见的科学家流放到高尔基市。伍德拉夫通过多种渠道去上诉，"吹哨人"发现了那些上诉资料。美国科学家联合会在1987年10月公开了那些文件，这事很快成了加利福尼亚州的新闻头条。

这不是伍德拉夫想要的结果。他拥护核武器，是它强有力的守护者，但他同时坚持每个人应当按规则办事并说实话。新闻被爆出时，伍德拉夫正身处洛斯阿拉莫斯国家实验室，那里的科学家们纷纷起立向他鼓掌。美国国会审计总署发现利弗莫尔实验室的做法并没有违反任何法律，但对实验室处理伍德拉夫投诉的流程却有些担忧。审计总署表示泰勒和伍德对X射线激光武器的乐观态度远超其他任何人。泰勒和伍德保住了在利弗莫尔实验室的职位，但实验室的信誉大为受损。

泰勒和伍德的名誉受损更大。布罗德在1985年出版的《星战勇士》一书中，将伍德和研究X射线激光武器的年轻物理学家们写得比较正面。并深入分析了X射线激光项目惨败的原因，在1992年，他出版了一本言辞苛刻但论证严密的书来揭露这次惨败，书名叫《泰勒的战争：星球大战骗局背后的最高机密》。他在书的序言里讲述了泰勒追求最终成功，即终极武器（但他并没有直接用"终极武器"这个词）。"然而，没有任何胜利可言。不顾同事们的抗议声，泰勒在事关国家安全的关键问题上误导了美国政府的顶级官员，为一场数十亿美元的骗局铺平了道路，用和平之梦作幌子，把历史上最危险的军事项目掩藏其下。"

其他觉得受到泰勒和伍德欺骗的人在谈到他们时，言词也很苛刻。里根总统的首席科学顾问乔治·基沃思后来声称推动爆炸驱动的X射线激光武器纳入"星球大战计划""充满了谎言，是纯粹的谎言"。

第五章
"星球大战"开始了

对新型激光武器的追寻

1988年底,在美国内华达州塔霍湖召开的激光会议上理查德·L.格利克森报告说"星球大战"计划同时发展多种类型的激光武器。MIRACL激光器现在是国家激光武器测试靶场的核心设备,当时被用于地基激光武器的测试,由光束定向器发射高能激光束,测试高能激光对不同目标的毁伤特性。TRW公司在其位于加利福尼亚州圣胡安·卡皮斯特拉诺东部山中的试验场测试Alpha激光器。另一种氟化氢变体的燃气激光器——以氟化氢激光的一半波长运行(即氟化氢泛频激光器),也在进行测试,但该项目后来终止了。

另一种不同的方式是在山顶上建造巨型激光器,将激光束聚焦发射到处于太空轨道的中继镜。自由电子激光器看上去是最适合部署在山顶的激光器,它的体积非常庞大,因为它周围建有用来制造相对论电子的大型加速器,这些电子能放大激光。到1988年底,实验室用自由电子激光器的功率只达到瓦量级,但这并没有阻止规划者们对地基自由电子激光技术实验(GBFEL-TIE)到20世纪90年代中期可以发射兆瓦级激光束的美好展望。接下来他们开展了场地调研,在白沙导弹靶场考察了一块宽2英里长10英里(3.2千米×16.1千米)的场地。当时,一些人认为自由电子激光器是最有希望成功的,加里·R.果尔德施坦因在1988年美国物理学会的会议上阐述了这一点。但他经过分析发现,"最乐观的估计,未来激光系统在可见光或近红外波段的功率水平仍与核导弹防御所需的千兆瓦级平均功率有数个量级上的差距。"

那些计划部署在山顶的激光器始终也没能造出来。1989年5月,美国战略防御倡议局推动了这个计划,打算在2000年前建造这些激光器用于导弹防御。但第二年的预算遭到了大幅缩减,所有的大型建设项目都被叫停了。

激光武器
Lasers, Death Rays, and the Long, Strange Quest for the Ultimate Weapon

天基激光武器

战略防御倡议局指导下的天基激光武器计划进展缓慢。该计划的门面项目名叫 Alpha（阿尔法）激光器，官方评级为兆瓦量级。它曾一度计划实现 5 兆瓦功率的激光输出，但却从未达到这一水平。阿尔法激光器看起来与 2 兆瓦级的 MIRACL 激光器类似，从原理上都是利用燃烧化学燃料激发气体分子并发射红外激光，实现兆瓦级的功率输出。激发的两种分子几乎一样，只是它们包含不同的氢同位素。因为要在大气中使用，MIRACL 激光器使用包含稀有氘元素的氟化氘气体作为增益介质，氟化氘激光的波长为 3.8 微米，在空气中的吸收很小。阿尔法激光器使用氟化氢气体作为增益介质（氢比它的同位素氘要丰富得多），发射波长为 2.7 微米的激光，它在太空中使用时不会受到大气吸收的影响。

但是相似之处仅此而已。MIRACL 激光器是 20 世纪 70 年代设计的，用于测试将巨型激光武器安装在美国海军战舰上拦截巡航导弹的前景，这在当时是人们关注的重点。因为战舰足够大，不太需要考虑缩减激光器的体积和重量。但化学燃气激光器无法在高腔压下运行①，而且由化学反应转化为激光的能量很少，因此 MIRACL 激光器足有一栋楼那么大。

因为要用来验证激光器在太空中的可行性，Alpha 激光器必须满足不同的要求，应对不同的状况。相比 MIRACL 激光器，天基激光武器的一个重要优势是，Alpha 激光器在太空环境中更容易运行②。当然，真空环境需要对激光器做些新设计，并且需要特殊的平台来装载它。因此，在圣胡安卡皮斯特拉诺东部的山顶建造了一座巨型的白色建筑来放置 Alpha 激光器

---

① 因此必须使用体积庞大的引射系统来维持负腔压和排除废热，译者注。
② 阿尔法激光器和 MIRACL 激光器都是化学燃气激光器，都必须在负腔压条件下运行。MIRACL 激光器是地基激光器，处在大气环境中，必须使用体积庞大的引射系统来实现负腔压；阿尔法激光器是天基激光器，处在真空环境中，因此无需使用体积庞大的引射系统就能实现负腔压——译者注。

第五章
"星球大战"开始了

的设备。

Alpha 激光器的主体是一个直径约 1 米的圆柱体,圆柱体上沿轴向排布了 25 个圆环,这些圆环沿径向方向排出废气。激光束以适当的角度在这些圆环内传输,并沿圆柱体外表面纵向谐振。圆柱体两端的镜子反射并收集激光,形成强大的光束。它于 1989 年 4 月 9 日首次出光,并在几年后实现了兆瓦级功率的激光输出。研发者们于 1995 年报道称,他们按计划实现了光束质量优越的兆瓦级激光功率输出,出光时间持续了 6.2 秒。

另一项关键要素是一面由 Itek 公司设计建造并在太空中使用的 4 米拼接镜,《航空周刊》杂志在其 1987 年 11 月 23 日的封面上首次展示了这种发射镜。艾德·格里告诉众议院军事委员会,这种 4 米的镜子具有"优异的光学品质……可以根据需要调节镜面的面形来校正光学畸变"。马丁·玛丽埃塔公司刚刚获得了一份 1.08 亿美元的合同来测试这个巨型激光器与巨大的发射镜,这是名为"天顶星"项目研究的一部分。"天顶星"项目的研究目标是将 Alpha 激光器和 4 米的拼接镜组合起来,或将可在太空中使用的改进版本进行组合,并对其开展飞行测试。"近期天基化学激光武器所需的技术正飞速接近成熟,"加里说道,他预测适用于导弹助推段拦截及中段交互识别的军用激光武器系统"看上去在本世纪(20 世纪)末之前便可出现"。

里根总统于 1987 年 11 月参观了马丁·玛丽埃塔公司,他站在"天顶星"系统的实物模型——一个 80 英尺长、15 英尺宽的圆柱体前发表了讲话。这个系统太大了,需要研发起飞推力达到 800~1000 万磅的新型组合助推器,这比苏联"能源号"或美国"土星五号"用的助推器都要大。这个助推器是如此之大,人们叫它"野蛮人"或"巨人"。专家们也曾经讨论将激光功率提升到 25 兆瓦量级,并制造展开后直径可达 15 米的拼接发射镜,如此一来,激光武器空间站便能摧毁核导弹。

原定的计划是测试"天顶星"系统能否控制振动并将光束整形,使光斑能够稳定保持在 100~200 千米以外的目标上。"星球大战"计划的官员们表示不必为了应他们的要求摧毁目标,激光光斑只要能够保持在目标上就行。虽然他们说的很乐观,但"天顶星"系统测试的时间一拖再拖。

激光武器
Lasers, Death Rays, and the Long, Strange Quest for the Ultimate Weapon

1987年底，官员们表示将在1990年时开展太空试验。一年后，"天顶星"项目变成了一项将耗时7年，花费15亿美元的项目，到1994年中的时候再开始测试。美国审计总署1989年的一份报告指出"到了1989年3月，发射时间从1990年推到了90年代中期"。

随着苏联战略导弹威胁的减小，相关项目的热度和经费也随之减少。美国TRW公司测试了巨型拼接镜集成到阿尔法系统的可行性，结果令人振奋。之后，在1997年进行了一场全方位的地面演示验证试验。但是，天基激光武器和"天顶星"系统从未离开过地面。没有人愿意花钱建造巨型助推器，因此"天顶星"项目缩减为两个模块，在太空中进行装配。后来，"天顶星"项目被改了名字，项目也被缩减为将在2008年开展地基试验。整个项目最终在2002年被叫停了。从那以后，弹道导弹防御的希望转向了机载激光武器，一种装在波音747飞机上的新型兆瓦级化学激光武器。

布什政府改变了规则

里根总统卸任后，规则改变了。乔治·H.W.布什总统执政后，五角大楼正式认识到自"星球大战"计划启动以来技术专家们一直在说的观点：要保护整个美国不受核打击是不可能的。

亚伯拉罕森将军离任后继续充满热情地推荐伍德和泰勒的新概念——"智能卵石"，但这一采用高速拦截器撞击核导弹的简单想法早在20世纪50年代就出现了。新电子技术的出现让其在80年代更具可行性，洛斯阿拉莫斯国家实验室的物理学家格里高利·卡纳万曾在1986年与泰勒和伍德讨论过用"慧石"进行导弹防御。伍德做了详细的笔记并把方案进行了优化，形成了"智能卵石计划"。一位时事评论员称其为"散乱的弹珠"，但战略防御倡议局当时并没有太多可以选择的项目。"智能卵石"计划的花费不断增长，其他长期研究项目的拥护者们开始抱怨"'智能卵石计划'抢了其他项目的饭碗"。

1989年，当军控谈判刚启动时，美国官员向苏联官员展示了位于圣胡

第五章
"星球大战"开始了

安卡皮斯特拉诺的美国 TRW 公司研发的 Alpha 激光器。1991 年 6 月 22 日，美国战略防御倡议局首次向美国公众展示了相关设施，在 5 月 16 日的测试中，它的激光输出功率已经超过了一兆瓦，战略防御倡议局定向能组的负责人认为有必要把这一成绩"证明给大家看是真实的"。

Alpha 激光器的能量来自直径 1.1 米、长度 2 米的圆柱体，大小相当于一个超重的电冰箱。设计者们声称如果有 5 米长的激光器，就能实现 10 兆瓦的功率输出。激光器将 25 个完全相同的空心铝环堆叠在一起，并向其注入三氟化氮和氢气，气体燃烧形成的自由氟原子会通过喷嘴喷出，速度会达到超音速，与氢气混合后发生反应形成激发态的氟化氢分子，在圆柱体内产生激光。真空腔的大小决定了功率大小，化学洗消器能消除有毒的氟化氢和氟气。下一步便是将激光器与 4 米的镜子装配到一起。

然而，战略防御倡议局已经在讨论把天基激光武器计划的规模缩小，作为"智能卵石"计划的辅助和补充，"星球大战"计划的新负责人亨利·F. 库珀提出了这一方案。布什总统上台后，国际形势发生了变化。苏联开始解体。第一次海湾战争凸显出一个新事实，最直接的威胁是一些"流氓国家"可能会向美国的盟友，甚至是美国本土发射导弹。库珀将他自己的计划称为 GPALS，即防御有限打击的全球保护计划，并计划建造 1000 枚智能卵石拦截弹和 500 至 1000 架地基拦截器。

《航空周刊》很罕见地对这一提议进行了苛刻的回应。它在名为《把战略防御倡议带回地面》的一篇社论中问道："自从 1983 年起，美国人在战略防御倡议上花了 200 多亿美元，它实际在国家安全上到底起了多大作用？遗憾地说，现有的结果还远远不够。"编辑补充道："战略防御倡议负责人亨利·F. 库珀还一本正经地表示，考虑到智能卵石的强大能力，（460 亿美元的）花费是相当低的。"连那些一直支持国防建设的杂志也受够了昂贵又无效的太空防御计划。

更多的人则不再对太空防御抱有幻想。1991 年，在美国 TRW 公司向公众开放参观 Alpha 激光器设施的一周后，我在圣胡安卡皮斯特拉诺报道了一场关于近地小行星的会议。当利弗莫尔实验室的一名发言者提出建立

激光武器
Lasers, Death Rays, and the Long, Strange Quest for the Ultimate Weapon

一套昂贵的搜寻小行星的系统时，观众席上的一名天文学者讽刺地问他是否在提出"小行星战略防御倡议"。天文学者们对洛厄尔·伍德在晚宴上发表的讲话很不满。

战略防御倡议局的末路

1991年底，苏联解体。1992年2月，美国审计总署的一份报告警告说采用"智能卵石"计划带来的一系列防御体系的更改存在巨大风险。从1992年下半年到1993年，传来了更多的坏消息。"智能卵石"和其他项目，包括最关键的1984年覆盖层寻的试验（HOE）[①] 的测试结果都曾被篡改或夸大。他们捏造了爱国者导弹成功拦截的数据。

1993年5月，新一届的克林顿政府不再使用战略防御倡议的名称，并将大幅缩小了的导弹防御项目交给了新的弹道导弹防御组织。"星球大战"计划到此结束。

"星球大战"是什么？

罗纳德·里根发起战略防御倡议，目的是寻找能制造终极武器的新技术，消除核武器对美国的威胁。里根愿意与其他国家分享"星球大战"的技术，这反映出他希望这种终极武器能够成为现实，消灭全世界核武器。但他与戈尔巴乔夫从未达成双方都满意的协议。哪怕他们真的成功了，他们身后的力量很可能会介入其中，从参议院、政治局或其他密室里阻止这个协议。

洛厄尔·伍德声称"星球大战"计划是一项出色且成功的骗局，一个

[①] 覆盖层寻的试验（HOE）是美国开展的用非核弹头拦截模拟洲际弹道导弹的试验。

第五章
"星球大战"开始了

五角大楼版本的波将金村①,向人们展示了一项虚假的精湛技术,欺骗苏联做出了关键性的让步。他说从始至终都知道自己建议的想法过于复杂,花费昂贵,且无法实现。"我睁大双眼参与其中,做了自己该做的事……我获得了想要的结果。苏联最终解体了。"

格罗尔德·尤纳斯不同意伍德的看法,他曾担任了2年的"星球大战"计划首席科学家,写了一本名为《死亡射线与骗局》的书,讲述了他的经历。他在书中有不同的观点。"没有人在虚张声势,现实不像虚张声势那样简单。里根讨厌核武器和苏联,他相信,假如我们能够共同努力实现消除核武器并共享防御系统,我们便能保护好自己,"他在一封邮件中写道,"战略防御倡议发挥的作用很小,苏联的解体是由自身原因造成的,并非我们的功劳。诡计、处置失当和道德混乱摧毁了他们。"

假如它是一篇科幻故事,没有人会相信它是真的。

参考文献

1. Ronald Reagan, "Address to the Nation on Defense and National Security" (speech, Oval Office, White House, Washington, DC, March 23, 1983), https://www.reaganlibrary.gov/sites/default/files/archives/speeches/1983/32383d.htm (accessed March 23, 2018).

2. Ed Gerry, in telephone interview with the author, April 11, 2018.

3. Murder in the Air, directed by Lewis Seiler, Warner Brothers, 1940.

4. Gerold Yonas, Death Rays and Delusions (Albuquerque, NM: Peter Publishing, 2017), p. 61.

5. "First Shuttle Launch," NASA, April 13, 2013, https://www.nasa.gov/multimedia/imagegallery/image_feature_2488.html (accessed May 22, 2018).

6. Frances Fitzgerald, Way Out There in the Blue (New York: Simon & Schuster, 2000), pp. 131-35.

---

① 波将金村:出自俄国历史典故,女皇叶卡捷琳娜二世视查波将金将军的封地时,为使女皇对他有个好印象,波将金将军在女皇乘船经过的第聂伯河畔用类似舞台上的木头画布背景挡住了破败的村庄。后人用波将金村来指代弄虚做假的面子工程。

7. Peter Goodchild, Edward Teller: The Real Dr. Strangelove (Cambridge, MA: Harvard, 2005).

8. Edward Teller with Judith Shooolery, Memoirs (Cambridge, MA: Perseus Publishing, 2001).

9. Dan O'Neill, The Firecracker Boys (New York: St. Martin's, 1994).

10. Fitzgerald, Way Out There in the Blue, p. 129.

11. John Nuckolls et al., "Laser Compression of Matter to Super High Densities: Thermonuclear Applications," Nature 239 (September 15, 1972): 139–42.

12. David Kramer, "NIF May Never Ignite, DoE Admits," Physics Today, June 2017, https://physicstoday.scitation.org/do/10.1063/PT.5.1076/full/ (accessed May 23, 2018).

13. William J. Broad, Star Warriors (New York: Simon & Schuster, 1985).

14. William J. Broad, Teller's War (New York: Simon & Schuster, 1992), p. 187.

15. Jeff Hecht, "Will We Catch a Falling Star?" New Scientist, September 7, 1991, https://www.newscientist.com/article/mg13117854-700/ (accessed May 23, 2018).

16. Howard Gluckman, "L5 News: Space, the Crucial Frontier—Citizens Advisory Council on National Space Policy," L5 News, April 1981, in National Space Society, http://space.nss.org/l5-news-space-the-crucial-frontier-citizens-advisory-council-onnational-space-policy/ (accessed September 27, 2018).

17. Jerry E. Pournelle, "SPACE: The Crucial Frontier" (Tucson, AZ: Citizens Advisory Council on National Space Policy," Spring 1981), http://www.nss.org/settlement/L5news/L5news/CrucialFrontier1981.pdf (accessed March 24, 2018).

18. Wikipedia, s.v. "Citizens' Advisory Council on National Space Poli-

cy," last edited January 7, 2018, https://en. wikipedia. org/wiki/Citizens%27_Advisory_Council_on_National_Space_Policy (accessed March 24, 2018).

19. Sharon Watkins Lang, "Where Do We Get 'Star Wars,'" Eagle, March 2007, https://web. archive. org/web/20090227050446/http://www. smdc. army. mil/2008/Historical/Eagle/WheredowegetStarWars. (accessed September 4, 2018).

20. Ryan Teague Beckwith, "George Lucas Wrote 'Star Wars'" as a Liberal Warning: Then Conservatives Struck Back," Time, October 10, 2017, http://time. com/4975813/star-wars-politics-watergate-george-lucas/ (accessed May 23, 2018).

21. Sharon Weinberger, The Imagineers of War (New York: Knopf, 2017), pp. 43-45.

22. "Washington Report," Aviation Week & Space Technology, April 23, 1984, p. 17.

23. Edward Teller, in letter to the author, January 10, 1984.

24. Author's notes from "Symposium on Lasers and Particle Beams for Fusion and Strategic Defense" (Rochester, NY: University of Rochester, April 17-19, 1985).

25. Jeff Hecht, "The History of the X-Ray Laser," Optics & Photonics News, May 2008, https://www. osaopn. org/home/articles/volume_19/issue_5/features/the_history_of_the_x-ray_laser/(accessed September 5, 2018).

26. Yonas, Death Rays and Delusions, p. 186, citing US State Department Memorandum of Conversations, Reykjavik, Iceland, October 11-12, 1986.

27. Gerold Yonas and Jill Gibson, "It's Laboratory or Goodbye," STEPS Science Technology, Engineering, and Policy Studies, no. 3 (February 18, 2006): 12-23, http://www. potomacinstitute. org/steps/featured-articles/65-it-s-laboratory-or-goodbye(accessed June 17, 2018).

28. Konstantin Lantratov, "The 'Star Wars' That Never Happened: The True Story of the Soviet Union's Polyus (Skif-DM) Space-Based Laser Battle

Stations," Quest: The History of Spaceflight Quarterly 14, no. 1 (2007): 5-14; no. 2 (2007): 5-18.

29. Vassili Petrovitch, "Buran: Reusable Soviet Space Shuttle," Buran-Energia. com, http://www. buran - energia. com/bourane - buran/bourane - desc. php (accessed June 17, 2018).

30. Edward Reiss, The Strategic Defense Initiative (Cambridge, UK: Cambridge University Press, 1992), p. 79.

31. Nigel Hey, The Star Wars Enigma (Lincoln, NE: Potomac Books, 2006), p. 145.

32. "Teller's Telltale Letters," Bulletin of the Atomic Scientists, November, 1988, pp. 4-5.

33. R. Jeffrey Smith, "Experts Cast Doubts on X-Ray Laser," Science, November 8, 1985, p. 646.

34. "Peter Hagelstein," MIT Directory, http://www. rle. mit. edu/people/directory/peter-hagelstein/ (accessed May 26, 2018).

35. Deborah Blum, "Weird Science: Livermore's X-Ray Laser Flap," Bulletin of the Atomic Scientists (July-August 1988): 7-13.

36. Daniel S. Greenburg, Science, Money, and Politics: Political Triumph and Ethical Erosion (Chicago, IL: University of Chicago Press, 2003), p. 292.

37. Richard L. Gullickson, "Advances in Directed Energy Technology for Strategic Defense," Proceedings, International Conference on Lasers "88, Lake Tahoe, NV, December 4-9, 1988, pp. 270-77.

38. Timothy J. Seaman and William Dolman, The 1986 GBFEL-TIE Sample Survey on White Sands Missile Range, New Mexico: The NASA, Stallion, and Orogrande Alternatives, AD-A212 838 (Washington, DC: US Army Corps of Engineers, 1988).

39. Gary R. Goldstein, "Free-Electron Lasers as Ground Based Weapons," AIP Conference Proceedings 178, no. 290 (December 1988); https://doi. org/10. 1063/1. 37821 (accessed September 5, 2018).

第五章
"星球大战"开始了

40. "SDI Free Electron Laser Faces Cuts in Power, Delay," Aviation Week & Space Technology, May 22, 1989, p. 22.

41. "SDI Organization to Slash Funding for Ground-Based Free Electron Laser," Aviation Week & Space Technology, October 8, 1990, p. 27.

42. Anthony J. Cordi et al., "Alpha High-Power Chemical Laser Program," Proceedings of SPIE 1871, Intense Laser Beams and Applications (June 6, 1993).

43. Richard Ackerman et al., "Alpha High-Power Chemical Laser Program," Proceedings of SPIE 2502, Gas Flow and Chemical Lasers: Tenth International Symposium (March 31, 1995): 358-64.

44. "Space-Based Laser," Aviation Week & Space Technology, November 23, 1987, cover and pp. 80-81.

45. Craig Covault, "SDI Considers Cluster Booster to Launch Zenith Star Spacecraft," Aviation Week & Space Technology, November 30, 1987, pp. 20-21.

46. Theresa M. Foley, "Martin Marietta Hosts Reagan SDI Visit," Aviation Week & Space Technology, November 30, 1987, pp. 21-22.

47. "News Briefs," Aviation Week & Space Technology, December 12, 1988, p. 40.

48. Harry R. Finley, Zenith Star Space-Based Chemical Laser Experiment (Report NSIAD-89-118; Washington, DC, Government Accountability Office, April 1989), p. 3.

49. James A. Horkovich, "Directed Energy Weapons: Promise & Reality" (37thAIAA Plasmadynamics and Lasers Conference, American Institute of Aeronautics and Astronautics, San Francisco, CA, June 5-8, 2006), https://arc.aiaa.org/doi/10.2514/6.2006-3753 (accessed June 17, 2018).

50. Robert L. Park, Voodoo Science: The Road from Foolishness to Fraud (London: Oxford, 2000), p. 188.

51. Michael A. Dornheim, "Alpha Chemical Laser Tests Affirm Design of Space-Based Weapon," Aviation Week and Space Technology, July 1, 1991,

p. 26.

52. "Bring SDI Down to Earth," Aviation Week & Space Technology, February 18, 1991, p. 7; James R. Asker, "SDI Proposes $41 billion System to Stop Up to 200 Warheads," Aviation Week & Space Technology, February 18, 1991, p. 28-29.

53. Samuel W. Bowlin, Strategic Defense Initiative: Changing Design and Technological Uncertainties Create Significant Risk (Washington, DC: US General Accounting Office, February 19, 1992).

54. Ashlee Vance, "How an F Student Became America's Most Prolific Inventor," Bloomberg Business, October 20, 2015, https://www.bloomberg.com/features/2015-americas-top-inventor-lowell-wood/ (accessed May 27, 2018).

55. Gerold Yonas, email to the author, March 29, 2018.

第五章
"星球大战"开始了

美国麻省理工学院2.009课程在一个校园车库的房顶演示了阿基米德如何通过"太阳死光"点燃罗马战船。通过对穿透云层的阳光进行聚焦,木头在十分钟内被点燃。(图片源自美国麻省理工学院2.009课程)

在《星球大战》中,H. G. 威尔斯描绘了火星入侵者能用隐形热射线的死光点燃他们触摸到的任何东西。然而,当《惊异传奇》杂志1927年8月重印这本小说时,作为封面的隐形射线看上去不够恐怖。(图片源自弗兰克·R. 保罗公司)

激光武器
Lasers, Death Rays, and the Long, Strange Quest for the Ultimate Weapon

在亚历山大·菲利普斯写的《月球之死》故事中,当来自月球的昆虫访客遇上饥饿的霸王龙时,死光救了它们。图为《惊异传奇》杂志1929年2月的封面,作者是纸媒时代最伟大的艺术家之一——弗兰克·R. 保罗。(图片源自弗兰克·R. 保罗公司)

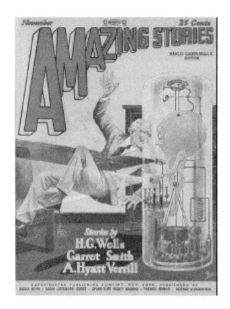

不是所有科幻小说中的射线都是致命性的。图为《惊异传奇》杂志1927年11月的封面"来自阿达西亚的机器人",一个来自35000年后的未来人利用控制射线将一个1927年的人类定在半空中,作者为弗兰克·R. 保罗。(图片源自弗兰克·R. 保罗公司)

第五章
"星球大战"开始了

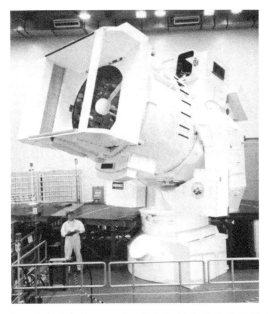

在工厂里展示的为了发射 MIRACL 激光器输出的 2 兆瓦激光束而建造的海石光束定向器（Sea Lite Beam Director）。（图片源自美国国家档案馆）

图为 MIRACL 激光器的内部结构。燃气激光器内部有大量的管道，多种气体在黄色的管路中流动，从喷管喷出，发生化学反应，形成激发态的氟化氘气体，发出 2 兆瓦的中红外激光。（图片源自美国国家档案馆）

激光武器
Lasers, Death Rays, and the Long, Strange Quest for the Ultimate Weapon

加里·蒂索恩（左）与 A. K. 海斯（右）在早期紫外脉冲激光器旁工作。电子束轰击大型管道里的气体产生氟化氪（准分子）激光，该类型激光器现在常用于眼部手术和制造半导体电子元件。（图片源自美国桑迪亚国家实验室）

图为在太空中组装的太阳能卫星。这是杰拉德·奥尼尔设想的如何让工业进入太空的一个例子。地球同步轨道上的能源卫星能够通过微波将能量发射至地面的小区域，代替在地面上燃烧产生污染的化石燃料和铺设占地的太阳能电池板。（图片源自美国航空航天局）

第五章
"星球大战"开始了

这是搭载了黑色的"极地号"的苏联巨型火箭"能源号","极地号"装载了高能二氧化碳激光器的原型机,但未能在太空中发射激光束。1987年5月的发射旨在证明苏联有能力将大型激光器送入太空轨道。但当"能源号"火箭进入太空后,朝错误方向旋转了90度,导致"极地号"坠入了太平洋。(图片源自 Vadim Lukashavich, Buran.ru.)

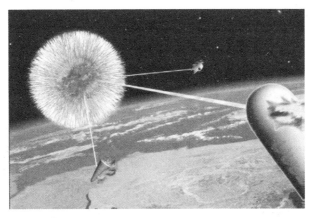

利弗莫尔国家实验室的一位艺术家提出的"超级亚瑟王神剑"的概念,这是一种爆炸驱动的X射线激光器,类似箭猪和死星的混合体。向外突出的白刺是X射线激光的材料棒,能同时瞄准敌方的许多枚核导弹。它通过在激光器中心引爆炸弹给X射线激光材料提供能量,产生蕴含巨大能量的X射线激光脉冲,顺着白刺方向朝着目标发射。理论上,一台超级亚瑟王神剑装置一次就能摧毁大量的核导弹。但是,该模型没能通过可行性测试。(图片源自美国劳伦斯·利弗莫尔国家实验室)

L 激光武器
asers, Death Rays, and the Long, Strange Quest for the Ultimate Weapon

爱德华·泰勒（左，白色外套）与洛厄尔·伍德（左，蓄须）向战略防御倡议（SDI）智囊团做简报。罗纳德·里根背对镜头，面向泰勒。亚伯拉军森将军穿军装，位于图片右侧。黑布盖着的可能是泰勒和伍德设想的秘密武器模型。（图片源自白宫摄影收藏，里根博物馆）

罗纳德·里根在马丁·马利埃塔公司发表讲话，他身后是巨型天顶星太空飞船的实物模型，该飞船计划为天基高能激光器及光学装置进行太空测试。整个20世纪90年代都在开展这项工作，但项目在2002年被取消了。（图片源自白宫摄影收藏，里根博物馆）

第五章
"星球大战"开始了

图为组装后的机载激光武器光学发射塔的特写镜头。这是实现向目标定向发射兆瓦级激光束的复杂光学系统的最终阶段。用于发射激光的直径1.5米的镜子上映射出了实验室的情形。(图片源自洛克希德·马丁公司)

在白沙靶场测试时安装于拖车顶部的THEL光束定向器,下面是燃气激光器和其他配套装置。读者可以参考士兵的身高想象一下装置的大小。(图片源自诺斯罗普·格鲁曼公司)

L 激光武器
asers, Death Rays, and the Long, Strange Quest for the Ultimate Weapon

部署于美国海军"庞塞号"军舰上的激光武器系统（LaWS）正俯瞰海洋。6台IPG公司制造的工业级光纤激光器为系统提供了足够的激光功率，能够击落无人机并引爆小艇上的弹药。（图片源自美国海军研究办公室）

美国海军陆战队地基对空防御系统：部署于战斗车辆上的激光武器击毁无人机与导弹，这是美国海军研究办公室正在为海军陆战队研究的一个概念系统。（图片源自美国海军）

第五章
"星球大战"开始了

洛克希德·马丁公司的雅典娜（Athena）激光武器系统：一台适装于卡车的激光武器，激光器的顶盖被移除以展示装置细节。该系统可将一辆皮卡的发动机盖烧穿，参见下一图片。（图片源自洛克希德·马丁公司）

一辆皮卡的发动机盖被洛克希德·马丁公司的雅典娜激光武器烧穿了一个洞，正冒着烟。为了便于瞄准，皮卡被斜置，但是激光的作用效果依然令人印象深刻。（图片源自洛克希德·马丁公司）

第六章
机载激光武器顺利起航

"冷战"结束后导弹防御项目处于一种失去敌人的尴尬境地。"星球大战"计划也悄然消失了，但1991年的第一次海湾战争却让人们重返了噩梦般的第二次世界大战场景。伊拉克发射短程"飞毛腿"弹道导弹轰炸了以色列和沙特阿拉伯，这是自纳粹向英格兰发射最后一批V2导弹之后，第一次在战争中使用导弹。"飞毛腿"导弹精度不高，但杀伤力很强。美国拥有"爱国者"导弹，用它来保护以色列和沙特境内的基地不受伊拉克袭击的成功率有限，这重新引发了美国发展机载反导激光武器的兴趣。

机载激光实验室项目从理论上证实了飞机搭载的激光武器能够击落飞行目标，但是第一代的燃气激光器技术无法用于战场，它10微米的波长也是个问题。当美国前任空军部长汉斯·马克在20世纪90年代初期重新审视当时的激光技术时，他发现有两项技术的进展有望让反导激光武器更进一步。其中一项是一种新型高能激光器，它能发射1.3微米波长的激光，比机载激光实验室发射的10微米激光具有更好的大气透过率。另一项是自适应光学技术，利用该技术能够补偿空气湍流和光束发散。

1.3微米波长的激光器被称为化学氧碘激光器（COIL），因为它的能量来源于化学反应。将能量从激发态的氧气分子转移至碘原子，进而发射波长1.315微米的激光。该过程相当复杂，历时好几年才在位于新墨西哥州的美国空军武器实验室首次演示成功。

这种激光器的化学反应过程如下。首先要将氢氧化钠等强碱和浓缩的过氧化氢混合，产生含有2个氧原子、1个氢原子和1个额外电子的高活性的自由基。自由基再与氯气分子进行反应，产生激发态的氧分子，使其能够将能量进一步转移至碘原子。这个化学过程很强大，而且涉及快速流

第六章
机载激光武器顺利起航

动的气体,但它不像燃气激光器那样需要燃烧化学燃料。

1978 年,武器实验室研制出的第一台 COIL 激光器发射的功率仅为 4 毫瓦,效率还非常低。但在第二年,研究团队将输出功率提至 100 瓦,效率提升至 3.7%,到 1989 年,输出功率达到 39 千瓦,效率升至 24%。这个功率已经接近武器级,而且该波长的激光有可能击落 100 千米外上升的导弹。这项技术看上去已足够成熟,当 1992 年国会告知导弹防御局放弃那些在 15 年内无法实现的项目时,基于 COIL 技术研发机载激光武器的计划顺利地过关。

自适应光学技术的出现

另一个同样重要的因素是新型光学系统的发展,该系统能够减少空气对高能激光束的影响。在大气中将致命的激光能量打在移动目标上很困难,这成了第一代激光武器在战场测试时的最大障碍。水汽和二氧化碳会吸收一部分的激光能量,使空气升温,让激光束像探照灯一样发散开来。气流还会使激光束摇摆,就好比在大晴天光线穿过铺有柏油的停车场路面一样。当机载激光实验室在空中飞行时,跟踪和打击目标的难度变得更大,飞机自身的振动和机身周围的空气湍流都会影响激光武器。当飞机停在地面不动时,激光武器很容易击中目标,但当机载激光武器在空中飞行时,很难让激光束稳定地聚焦在移动目标上并保持足够长的时间,造成致命伤害。经过多年的努力,机载激光武器最终在 1983 年进行了几次打击试验,但很明显的是,在有望成为实际的战场武器之前,激光武器的技术路线需要回到制图板上重新进行规划设计。

长期以来,天文学家们也面临着类似的困难。持续的大气湍流会使星光不断抖动,星星在夜间看起来就一闪一闪的。在静止不动的空气中,照相和电子成像能够通过长时间曝光记录下发光极其微弱的物体,但空气湍流让星光发散,使照片上的星星糊成一团。20 世纪 50 年代,天文学家霍勒斯·巴伯科克有幸在威尔逊山天文台和帕罗玛山天文台工作,那里有世

激光武器

Lasers, Death Rays, and the Long, Strange Quest for the Ultimate Weapon

界上最大的 2 台望远镜。一个是 1917 年完工的 100 英寸威尔逊山望远镜，另一个是 1948 年完工的 200 英寸帕罗玛山望远镜。利用高灵敏的摄影胶片，威尔逊山望远镜向世界展示了宇宙中无数的星系。但因为大气效应，照片很模糊，就像是用 10 英寸望远镜拍出来的水平。威尔逊山望远镜比哈勃望远镜还大 4 英寸，如果排除大气（以及来自洛杉矶的城市灯光）影响，它观测到的星空会和哈勃望远镜一样清晰。巴伯科克提出了一种降低气流干扰的方案，他设想用灵敏的光学器件来测量大气湍流对星光的扰动，利用测量到的信息不断调整望远镜镜片的面形，实现对扰动效应的补偿。这是个绝妙的主意，但当时庞大的光学传感器、大规模的真空管计算机和笨重的望远镜玻璃镜片无法做到这一点。天文学家们也没有足够的经费去研发新技术。

五角大楼有大量的经费去投资新技术，提升军方感兴趣的图像画质。他们在 20 世纪 60 年代试验了几种方法来提升间谍卫星拍摄的图像画质。20 世纪 70 年代初期，美国高级研究计划局想提升军用地基望远镜拍摄到的苏联卫星的图像画质，这与天文学家遇到的问题相似。1972 年，美国高级研究计划局资助了位于波士顿 128 号公路沿线的 Itek 公司，对巴伯科克的想法开展研究。Itek 公司研究了从地面观测卫星时，空气扰动导致的图像畸变。之后，他们尝试利用畸变信息去调整可弯曲的"柔性"镜子的面形，这样，地基望远镜就够得到苏联卫星更清晰的图像。

这就需要制造一种轻薄可弯曲的自适应光学镜子，镜片背后装有数排活塞式的致动器。当精密的传感器测得入射光的畸变信息后，控制器来回驱动致动器，调整镜面的形状，以获得更清晰、更稳定的图像。1974 年，Itek 公司宣告已成功造出这种镜子，《激光焦点》杂志 12 月刊的封面就是一张柔性镜面的照片。这是一次重要的尝试，自适应光学技术未来可应用于大气成像、光学通信和高能激光束传输。Itek 公司声称这种变形镜能够解决图像畸变。

该技术同时还能提升高功率燃气激光器发射的激光束的光束质量。普拉特惠特尼公司在位于潮湿的南佛罗里达州的一座工厂里建造了它的实验激光设施（XLD）。高湿度的空气会吸收激光器发射的波长 10 微米红外激

第六章
机载激光武器顺利起航

光,光束中心的空气被激光加热,导致光束向外发散,产生"热晕"效应。普拉特惠特尼公司在其工厂后面的沼泽地里铺设了长达 2 英里(约 3 千米)的轨道,这样工程师就能对光束的传输进行测量。美国麻省理工学院林肯实验室的路易斯·马奎特在激光器的光学装置中安装了变形镜,并在有轨车上安装了一组传感器,让它们沿着轨道进行参数测量。他发现利用自适应光学系统能够将激光束的发散程度降低 60%。虽然之前预期的改进效果应当比这更好,但对于自适应光学技术来说,这仍是一大进步。

与此同时,美国国防部高级研究计划局为在轨运行的激光武器空间站开发的大型光学系统,正面临着一大难题:如何将巨大的镜片送入太空,并让镜子保持极度精确的面形,以打击远距离的目标。他们的解决方式是使用大型拼接镜,将拼接镜送至太空后再展开。使用薄的拼接镜,既可以减轻重量,每一块拼接的镜片又可以像变形镜那样,通过驱动器对自身面形进行灵活的调整。美国国防部高级研究计划局利用该技术在大型光学演示实验中建造了 4 米口径的反射镜。

五角大楼认识到自适应光学技术是一项极为关键的技术,哪怕美军已将激光武器撤出了战场。1982 年,军方的研究人员已将控制镜子面形变化的致动器数目增加了 2~3 倍,并把变形镜的大小扩大了 4~5 倍。随着技术的不断进步,五角大楼担心技术的保密问题,想要隐瞒技术细节。1982 年 8 月在圣迭戈召开的一场光学会议上,保密官员要求撤下 120 篇研究论文,其中许多论文都涉及自适应光学。

那时,美国空军武器实验室已成为了高度敏感的应用光学领域的主要研究中心。珍妮特·芬德,现在是美国空战司令部的首席科学家,回忆起当她刚到实验室时,那里的"敢做敢干(can-do)"文化。尽管机载激光实验室还无法在飞行中击落目标,但已经比最开始时进步了许多。

像许多光学专家一样,芬德进入这一行是因为对天文学感兴趣。她曾在基特峰国家天文台工作,但很快发现自己对研究光学器件更感兴趣。她因此去了美国亚利桑那大学求学。那时,亚利桑那大学是全美仅有的两所具有授予光学博士学位资格的大学之一。之后,她去了位于科特兰美国空

激光武器
Lasers, Death Rays, and the Long, Strange Quest for the Ultimate Weapon

军基地的武器实验室，从事自适应光学和尖端军用光学研究工作。两年后，机载激光实验室在飞行中成功击落了"响尾蛇"导弹和巡航导弹。她表示，这对于武器实验室来说是个好消息，因为当时的国家新闻已经报道了实验室有可能完成这个任务。

20世纪80年代，武器实验室的光学研究团队一直在忙着做其他项目。为天基激光武器研发的大型光学元件需要利用自适应光学技术保持其精确的面形来实现激光束的精准聚焦传输。送入太空的所有东西都需要减重，导致各个部件很容易在外力的作用下发生弯曲。当激光武器空间站绕地球运动，进入和离开太阳光照区域时温度会剧烈变化，多个部件会产生热变形，这是个大问题。美国国家航空航天局在把哈勃望远镜送入太空之后，通过惨痛的教训认识到了这一点。哈勃望远镜每次进出光照区域时都会抖动，这是因为太阳能电池组的支撑杆随温度变化会收缩或膨胀。战略防御倡议（SDI）决定发展能够像雨伞一样在太空中展开的拼接镜，那些可展开的镜面同样需要自适应光学技术来克服轨道中可能存在的受力变化，确保镜面保持精确的面形。战略防御倡议资助了两家公司研发该技术，希望以此建立一个产业基地。天文学家后来也使用这项技术，用它来建造詹姆斯·韦伯太空望远镜上的6米口径的折叠镜。

武器实验室想开发一些新技术，科学家们认为这些新技术可能对激光武器的研发有帮助。芬德和一位同事着手对望远镜阵列发射的多束激光进行相干合成，这些激光束之间具有相干性，通过相干合成可以获得一束高亮度的激光。这一概念之前已应用于微波雷达领域，当排成阵列的若干小天线指向同一方向，经过波束合成能够获得一束相干的波束，该合成波束的聚焦性比一般雷达天线发射的波束更好。但是，光束相干合成的难度更大，因为光波需要在波长尺度下实现相位匹配，雷达的波长为厘米级，但激光的波长比雷达的波长小数万倍。研究者将激光器发射的激光分成三束，由三台望远镜平行发射，之后利用变形镜成功将输出的三束激光合成为一束激光，合成后的激光束与初始激光同样相干。他们把该演示装置称为法萨（Phasar），命名的灵感源自《星际迷航》而非《星球大战》。

第六章
机载激光武器顺利起航

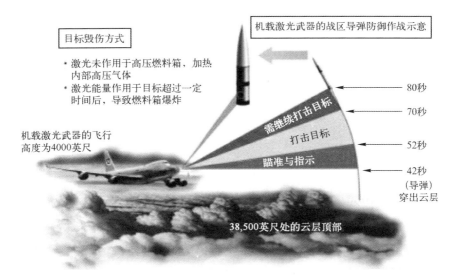

图 6.1 机载激光武器的打击方案：飞机的飞行高度为 4 万英尺，刚好在云层之上。弹道导弹从飞机巡航区域下方发射后大概需要 42 秒穿出云层。机载激光武器将有 10 秒钟的时间捕获、跟踪与瞄准导弹目标，之后通过 18 秒的持续照射击落目标。为确保万无一失，可对目标再增加 10 秒的照射时间。（图片源自机载激光武器计划）

武器实验室发展的大型自适应光学系统技术为 20 世纪 90 年代机载激光武器的出现打下了坚实的基础。该项目的任务目标与早期的机载激光武器项目完全不同。该项目计划让飞机在 4 万英尺的高度飞行，当弹道导弹从数千英尺下的云层中钻出时，机载激光武器对其进行识别和瞄准，然后从几百公里以外对它们进行打击。虽然这一高度的空气很稀薄，但仍需要在激光传输的整个路径上对大气扰动进行补偿，确保到靶的激光能量密度足够击毁目标。为了实现上述效果，需要将飞机发射出的激光束瞄准目标的薄弱部位，同时探测目标的反射回光，测量传输回路中光束的波前畸变，获得大气扰动的信息，由自适应光学系统对发射的激光束进行预补偿，从而实现高功率激光束对目标的聚焦打击。将这些自适应特性整合进光学系统很困难，但却是机载激光武器能成功击落导弹的关键。

激光武器
Lasers, Death Rays, and the Long, Strange Quest for the Ultimate Weapon

结合短波长 COIL 激光器的进步，自适应光学技术的进展使美国空军领导层坚信，相比天基激光武器，机载激光武器能够提供更便宜、更有效的弹道导弹防御手段。1991 年，美国空军开始计划研发机载激光武器。但真正实施这项计划还需要花费一些时间。

缩小激光武器的打击范围

第一项工作就是确定激光武器防御的对象。空战司令部认为机载激光武器应当瞄准迅速激增的短程、中程战术弹道导弹，在其处于较脆弱的助推段进行打击，距离为 150 千米（93 英里）至数百千米。危险的导弹碎片会落回发射场附近，并摧毁诱饵及多弹头。相比大气层外阶段和重回大气层阶段，这一阶段的导弹更容易被激光打击。那些处于助推段的导弹很容易成为目标，因为他们的飞行速度相对较慢，火箭排出的热气让它们很容易被发现。过了助推段之后，激光武器就必须摧毁已展开的弹头，这是一项更困难的任务。

美国空军最初考虑同时发展化学燃气激光器和 COIL 激光器，并计划在 2000 年前进行机载激光武器的飞行测试。但在接下来的概念设计竞争中，波音公司和罗克韦尔国际公司的联合团队决定采用波音 747 飞机装载 COIL 激光器的方案。团队还面临着动能拦截武器的竞争，动能拦截武器也具备自身的优势。

使用 MIRACL 激光器进行了 6 个月的毁伤效应试验之后，美国空军发现激光的毁伤效果非常好，开始谈论在最初计划的一个机载激光武器试验平台之外，打造由 7 台机载激光武器组成的编队，其中 5 台用于战备巡逻。机载激光武器按计划以"8"字形在前方部队不远处的上空绕飞，滞空时间达 18 小时以上，在飞回补给前携带的化学燃料足可发射 20 至 40 发激光束。机载激光武器项目主管理查德·D. 蒂贝上校说："这可不是骗人的把戏。"

第六章
机载激光武器顺利起航

一种新型的激光器

击毁助推段的弹道导弹需要兆瓦级功率的激光器,这就要求将当时的 COIL 激光器功率指标继续提升,使它比燃气激光器的功率更高。这涉及的化学过程很复杂,需要将氯气注入浓缩的碱性过氧化氢溶液制造激发态的氧气分子,经稀释后与碘分子混合,形成能够发射激光的受激碘原子。它的关键优势在于,整个化学反应在密闭系统中进行,许多化学物质可以重复使用或能转化为固体,所以不需要向外排放废气。这一点非常重要,因为激光器一旦向外排放废气,就会改变飞机的气动特性,影响激光束的方向。

避免排气还能减小振动,振动会导致燃气激光器发射的激光无法稳定地指向目标。"必须用特殊设计来减小振动,"肯·比尔曼回忆说,他当年带领的团队负责机载激光武器的光学系统设计。当美国 TRW 公司完成了 COIL 模块的组装后,"你可以将手放在增益室的顶部感受一下,唯一的声响来自化学物质被超声速的喷入增益室中时产生的声音。"系统内部的工作温度仅为 200°F 左右。他说:"整个系统很安静,但功率强大。"

这并不意味着 COIL 激光器是完美的。高浓度的过氧化氢是一种危险的物质,特别是它与氢氧化钠这类强碱性物质混合时,反应尤其剧烈。这种剧烈的化学反应是 COIL 激光器产生激光束所必需的。但是,制造高能化学激光器需要使用高能量的化学物质,这也是预料中的风险。

美国空军的激光武器计划(ABL)

1994 年年底,美国空军预计建造和测试首台激光武器飞行演示样机将花费 6~7 亿美元。飞机将装载兆瓦级功率的 COIL 激光器,飞行高度为 4~5 万英尺,能打击从约 3.8 万英尺高的云层里冒出来的弹道导弹的助推器。

激光武器
Lasers, Death Rays, and the Long, Strange Quest for the Ultimate Weapon

美国空军作战司令部帕特·加维上校预测"这将是一场金钱的战争",但他补充说,"现有的技术能让我们实现目标。"

1995年8月确定了最终的计划。这是一项耗资约60亿美元的项目,建造一支由7台机载激光武器组成的编队,每台激光武器都装载了足够的燃料,可以在2分钟内击毁多达40枚弹道导弹。使用这个新技术的风险很大,但相比而言,使用动能拦截器的方案要花费450~500亿美元。美国空军希望激光武器除了拦截弹道导弹外还能攻击低轨卫星或敌人的飞机。但是,当时还没有任何一台激光武器能成功击毁助推段的弹道导弹,只实现这一个目标就已经非常困难了。

随着项目合同签订时间的临近,美国空军仍不断地冒出新想法。比如,考虑在装有激光武器的笨重的波音747飞机周围配上一群战斗机伴飞,以防激光武器自身无法击退来袭的敌人,增加机载激光武器编队的能力。

当时这是个好主意

在里根启动"星球大战计划"12年后,机载激光武器计划(ABL)看上去切实可行。我回忆起美国麻省理工学院林肯实验室的一名工程师在当地演讲时,对机载激光武器的乐观态度。他认为,"星球大战计划"中燃烧化学燃料并绕地球轨道运行的激光武器空间站,只是科幻小说中的情节。我们没有足够的经费和技术去建造它们,也不可能从数千千米或英里外击毁核导弹。"冷战"结束后,部队也不再需要那样的作战能力。

但在他看来,机载激光武器的成功近在咫尺。一架波音747飞机携带的有效载荷为100吨,是航天飞机携带至近地轨道有效载荷的4倍,至国际空间站有效载荷的8倍,而且航天飞机的开销要远高于飞机。民用的波音747飞机一天内可以飞行很多次,而现存的4艘航天飞机一年只飞几次。

此外,机载激光武器的目标比较容易实现。机载激光武器只需拦截少量具有威胁性的弹道导弹即可。虽然这些导弹能携带高毁伤性的弹头,但

第六章
机载激光武器顺利起航

它们的射程很有限,只有几百千米或英里,远远够不到美国本土。与里根设想的建立无漏洞核保护伞拦截成千上万的苏联洲际核导弹相比,开发机载激光武器容易多了。

回顾过去,我发现人们对机载激光武器的热切态度与当年高级研究计划局的官员们在古尔德身上看到的热切态度是一样的。但现实中的终极武器永远比不上纸上的或 PPT 里的终极武器。

机载激光武器的设计

机载激光武器的组件在波音 747 飞机中是紧密排布的。飞机主舱 2/3 的后部空间里装满了激光器模块和燃料。6 个 SUV 汽车大小的激光模块和所需的化学燃料及其处理系统装在飞机尾部。它们能在 4 万英尺高度的气压下工作。每一个激光器模块及内含的化学物质重约 6500 磅。飞机后部区域还装有两台固态照射激光器。一个气密的隔板将激光器、化学燃料与飞机的剩余区域隔离开,确保飞行员与作战小组的安全。激光器通过孔洞将水汽与其他化学废料排出。

指挥控制系统、基于二氧化碳激光器建造的主动测距系统和光束控制系统装在飞机主舱的前 1/3 部分。飞行员坐在主舱前部的上方位置。

光束传输管道连接飞机尾部的 COIL 激光器和前部的光束控制系统。高能激光束和其他激光束传输到位于飞机前鼻处的可旋转光学"炮塔",可以根据需要定向发射激光。"炮塔"内包含一套自适应光学系统,能够补偿大气扰动的影响。激光束通过 1.5 米直径的光学窗口从"炮塔"射出。

三台更小的激光器组成了目标跟踪指向系统。一台发射 10.6 微米激光的二氧化碳激光器负责搜索跟踪潜在目标。一台固态照明激光器发射波长为 1.03 微米的激光,对目标进行照射分析,比如,对前鼻和油箱等液体燃料导弹的薄弱部位进行定位;COIL 激光照射目标产生的热量能软化弹壳,导致导弹助推器内外受压不均,最终破裂开来(相较而言固态助推器更坚

激光武器
Lasers, Death Rays, and the Long, Strange Quest for the Ultimate Weapon

固,但通过加热也可以损伤其外壁)。工作波长为 1.06 微米的信标照射激光聚焦照射在目标的一点上,这样,自适应光学系统就可通过测量该激光的反射回光对大气扰动进行补偿。

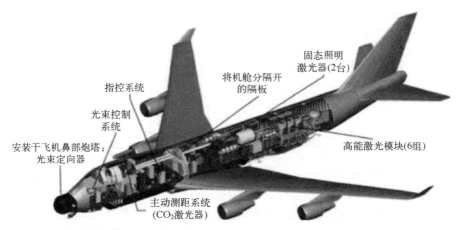

图 6.2 机载激光武器的内部结构:COIL 激光器占满了飞机后部 2/3 的空间,由管道将激光束传输至光束控制系统,自适应光学系统位于前部。固态照明激光器发射的激光束通过同一管道传输。飞机前鼻处的炮塔可以通过旋转方向跟踪瞄准目标。(图片源自波音公司)

起航前面临的困难

波音公司的机载激光武器(ABL)团队得到了美国空军的合同,一开始,项目进展良好。在"星球大战"计划开展后的 10 年里,他们在计算机和自适应光学方面一直领先。但在尝试组建一个由 7 台机载激光武器组成的编队的过程中,他们遇到了许多其他技术挑战,因此美国空军的解决方案是在研制和测试样机的过程中不断学习新技术。如此一来,完成测试的样机就是第一台机载激光武器。之后,利用在研制样机过程中学到的知识,研制出剩余的机载激光武器。

主要的问题在于 COIL 激光系统无法达到美国空军对激光武器的功重

第六章
机载激光武器顺利起航

比要求。波音 747 飞机的大小限定了激光器的尺寸，波音公司研制出的第一台激光器样机的输出功率仅为美国空军要求的一半。美国空军的计划是，先用这个只有一半功率的激光器打击靶目标，然后利用在测试中积累的经验，最终研制出达到原定功率指标的激光器，再将这些经验用于机载激光武器编队的剩余飞机上。然而，事情的发展并没有预期的那么顺利。

其中一个原因是 COIL 激光器自身的问题。美国空军认为 COIL 激光器技术已经成熟，却没测量过激光器的输出功率与光束质量。这一点很重要，因为激光武器需要激光束同时实现小发散角与高功率，以确保激光达到毁伤目标所需的高能量密度。1999 年 8 月的一次爆炸事故也引发了一些问题，事故中，一个容量 300 加仑装满浓缩过氧化氢的存储箱发生了爆炸，过氧化氢正是激光武器系统中使用的化学物质之一。

在研制机载激光武器光学系统的过程中，也出现了一些未曾预料的问题。除了 COIL 激光器外系统中还有 3 台独立的激光器，每台激光器会发射不同波长的激光并需要各自独立的光束控制系统，这就意味着需要搭建很多装置。事实上，首台机载激光武器样机的 COIL 激光器，是由 6 个独立模块组成的，每一个模块的大小都与雪佛兰"萨博班"汽车差不多大小，每个模块都带有自己的光学系统。接下来制造的具备全射程能力的第二台机载激光武器，需要把 14 个这样的增益模块装进波音 747 飞机。

美国空军原以为这是个研发新型光学系统的好时机，但结果却不怎么好。肯·比尔曼曾负责设计洛克希德·马丁公司的光束控制系统，他回忆，问题不是出在技术上，而是受光纤光学和互联网突如其来的巨大成功所影响。万维网的普及带来了人们对带宽的巨大需求，而只有光纤能满足这样的带宽需求。这就造成了对商用光学器件以及光学专家的大量需求，人们都被吸引去制造那些商用光学器件了，比尔曼手下已经没剩多少人在做机载激光武器了。

繁荣的商业经济影响了很多公司。Itek 公司在业界以卓越的光学制造工艺而闻名，它还是自适应光学系统的先驱。公司曾经在"星球大战"计划中投入很多资源，建造了制作大型太空光学镜片的巨大镀膜装置，这种镜片还可以用在机载激光武器系统上。但是，公司只能看着"星球大战"计划的预

激光武器
Lasers, Death Rays, and the Long, Strange Quest for the Ultimate Weapon

算一减再减。20 世纪 90 年代后,休斯公司买下了 Itek 公司,将它拆分并廉价出售。突然间,比尔曼所需的精密光学镀膜工艺再也没有了。

他试过联系位于加利福尼亚州的光学薄膜实验室公司(OCLI),从名字上就能看出,这是一家做光学薄膜的公司。他们对给机载激光武器镀膜很感兴趣,但电信业也需要他们生产的滤光器来提升传输系统的容量。通信行业的买家比美国空军出价更高,1999 年,OCLI 公司被一家更大的光学公司以 28 亿美元收购,OCLI 公司所有的镀膜生产线都投入到商业光学市场。

比尔曼找到了一群以前在 Itek 公司工作的镀膜工程师,他们加入了波士顿地区的巴尔公司。这是一家专做光学薄膜的小公司,公司老板很有爱国情怀,愿意帮助比尔曼。巴尔公司已有两个用于镀制光学薄膜的巨大镀膜机,但假如洛克希德·马丁公司愿意花钱,巴尔公司还有地方再安装一个镀膜机。比尔曼回忆说:"巴尔公司的报价并不高,但当我把报价带回来之后,洛克希德·马丁公司表示他们没钱。"光学薄膜的问题使项目延期了 2~3 年。

其他光学器件的供应也不断出现问题。美国国会研究服务中心警告,研制装在飞机上的激光"炮塔"要 3 年时间,制造装载激光武器的波音 747 飞机要 2 年时间,这样,留给样机测试的时间就会很少。他们还担心分系统的集成测试会出现问题,导致项目延期。美国空军计划重组该项目,这可能会导致拦截导弹试验延期 2 年。

简而言之,美国空军之前设想的是一个具有示范效应、能快速推进的项目,而在实际过程中,它成了一个教科书式的麻烦,项目不断地延期,开销也超支了。由于原先计划在第一台机载激光武器完成测试前就开始建造下一台机载激光武器,这些问题可能会导致项目的整体崩盘。

命令调整

2000 年 4 月,艾伦·帕利科夫斯基上校,在位于科特兰的美国空军基地被任命为机载激光系统项目的办公室主任。她对激光武器了解不多,但因为

第六章
机载激光武器顺利起航

项目是采用化学激光器方案,而她之前取得了化学工程博士学位,并具有管理技术项目的经验,所以在对项目进行关键的设计审查时,她被任命为项目办公室主任,她把这次审查称为"在开始制造之前进行的最终审查"。

帕利科夫斯基在美国新泽西理工学院加入了美国空军,学习工程学,那是一所位于纽瓦的走读学校。她很喜欢那里的气氛,也很享受后备军官训练团(ROTC)里同志们的友情。在一家私人公司做了暑期兼职工作后,她决定要把自己的才能用在更伟大的事业上,而不是仅仅替其他人赚钱。在热动力学方面的天赋使她在美国伯克利大学拿到了博士学位,当她参与美国空军的工作后,她立刻喜欢上了这份工作,特别是在工程中解决问题的感觉。在这一点上,机载激光武器项目给她提供了充足的机会。

她在科特兰美国空军基地找到了一群可靠的激光专家,他们中的许多人曾参与了之前的机载激光武器项目的工作。她说:"定向能领域的圈子很小。"事实上,在这个圈子里,大部分人是子承父业。唐·兰博森作为旧激光武器系统的推动者,在以中将军衔退休后,加入了机载激光武器独立审查小组。他的儿子史蒂夫是新激光武器系统的首席科学家,帕利科夫斯基把他看作机载激光武器技术的奠基人。

她面临的一大挑战是巨型激光器的技术难度很大。她说:"这个激光器需要一个高速的涡轮气泵使激光谐振腔达到所需的气压,同时,它还必须紧凑适装。当他们第一次启动激光器时,只是为了让它运行起来,结果气泵内的叶片撞在了一起,成了一堆金属碎片。我们后来花了大约 1 年时间进行重新设计。"另一个问题出在激光腔室为了减轻重量选用的复合材料上。"当我们试图将建造的第一个激光腔室抽真空时,它自己就塌了。于是我们只能从头开始,换了钛合金材料,雇来了差不多美国所有的薄壁钛材料焊接工,以确保能按时完工。"她回忆道,"我是一名工程师。当科学家们把科学原理弄清楚后,要靠工程师来解决细节问题,这是成败的关键。假如花了 5 年时间建造的发射窗口出现裂缝或缺口,我们可能得重头再来"。

振动是个大问题。她说:"飞机的结构会发生弯曲,更别提大气湍流的影响,大部分精密光学元器件装上飞机之前都是在抗振的花岗岩平台上

激光武器
Lasers, Death Rays, and the Long, Strange Quest for the Ultimate Weapon

搭建的。"他们必须尽量减小振动的影响,确保激光武器从 100 千米(60 英里)外向飞行的导弹发射的光束能够聚焦在一个小点上,并且能持续一定的时间,最终将导弹击落。

项目在推进过程中解决了数不清的技术问题。当巨大的阀门同时开启后,所有的 6 个激光器模块应该要同时运行发射激光。但是它们并没有同时运转。帕利科夫斯基说:"我们想破了脑袋,尝试了各种计算,也不知道为什么会有 1 个激光器模块无法运行,但其他 5 个却都能顺利运行。"之后,美国 TRW 公司的一名工程师认为原因可能在于微小的压差,因此他们增加了一些新的管道并注入氦气以平衡气压。"当我们这样做了以后,每次所有的激光器模块都能顺利运行。"

之前机载激光实验室(ALL)的项目经验对他们有所帮助,但并不是在 20 世纪 70 年代得到的所有教训在 21 世纪都还能用。机载激光武器需配备一套硬连接的急停刹车系统,一旦出现故障,将立即关闭激光器,防止飞机或激光武器系统受损,但武器系统在测试之前,就经常会自行关闭。原因很简单,他们在起初的几次测试之后便把安全报警系统打开了。帕利科夫斯基说:"如今,我们不可能把所有的系统都打开。"

2001 年 12 月,乔治·W. 布什决定美国要建造导弹防御系统,并退出反弹道导弹条约。这带来了巨大的挑战。机载激光武器设计用于防御射程相对较近的弹道导弹,应对第一次海湾战争中出现的作战场景。设计者们认为,防御弹道导弹最有效的方式是当导弹升空至云层之上后,由高空飞行的飞机向导弹发射强大的激光束。那些导弹的射程有限,只装备了常规弹头。

美国之前已经在研发导弹防御系统,用于摧毁在大气层上方处于飞行中段的战略核弹头。然而,在大气层上方飞行的弹头是较难打击的目标,"星球大战计划"的研究表明,打击携带弹头进入太空的导弹更容易,并且能够在弹头和诱饵被释放前就把它们一起摧毁。五角大楼正在研发的技术方案中,机载激光武器是唯一用来摧毁助推段导弹的,但它主要是用于打击地区冲突中常见的短程和中程弹道导弹。因此,装载激光武器的笨重的波音 747 飞机只考虑了相对较近的打击距离。虽然打击助推段的洲际弹

第六章
机载激光武器顺利起航

道导弹（ICBM）的过程是一样的，但一个有能力制造出洲际弹道导弹的国家，也能使用先进的武器从距离发射场更远的地方对机载激光武器进行攻击。如要把足量的激光能量传输得更远，飞机需要飞到更高的海拔高度，因为那里的空气更稀薄，能让更多的激光能量穿透大气打击目标。对机载激光武器来说，拦截远程/洲际弹道导弹要比拦截局部战争中使用的短/中程弹道导弹困难得多。

美国退出反弹道导弹（ABM）条约也是有争议的，有反对者要求削减机载激光武器项目的预算，以阻止核导弹防御系统的发展。机载激光武器项目的预算计划变为每年不超过2亿美元，这只是中段防御系统数十亿美元经费中的一小部分，尽管反导导弹之前已经做过演示，但助推段的激光打击还未曾测试过。帕利科夫斯基亲自处理这些和预算相关的更高层面上的问题，让工程师和科学家们可以心无旁骛地工作。

由于进行了调整，机载激光武器项目不出意外地超支了，项目进度也落后于预期。当预算超支后，美国审计总署（GAO）在2004年5月写道："计划不合理，前期未充分预估到研发该系统的复杂性。"项目花费的总额已超过20亿美元，接下来还要花更多的钱，项目的预期进度也不明朗，审计总署认为首台半功率样机的军事效能是"高度不确定的"。

巨型激光器首次出光

机载激光武器项目既复杂又费钱，但美国空军和承包商的研究渐渐取得了进展。2004年11月10日，他们取得了一个里程碑式的关键性进展——"第一束光"，激光器首次发射出强大的激光束。

帕利科夫斯基在2018年说道："我职业生涯中的高光时刻之一，是那台高能激光器首次发射出激光。"另一个高光时刻是2015年，那年她成了美国空军历史上第3位四星上将。她现在指挥着美国空军装备司令部下的8万人，一年管理着约600亿美元的经费开支。

激光武器
Lasers, Death Rays, and the Long, Strange Quest for the Ultimate Weapon

图 6.3　艾伦·帕利科夫斯基将军（图片源自美国国防部）

机载激光武器项目团队紧张地工作了 4 年。激光器当时还未安装上飞机，仍安放在地面上，他们可以很容易地对其进行操作。帕利科夫斯基说："我们一边承受着巨大的压力，一边完成工作。由于制订计划时过于乐观，我们的进度总是落后于计划。"当团队向爱德华兹美国空军基地报告第一次测试已准备就绪时，帕利科夫斯基正在外参加会议在经历了重重困难之后，团队对第一次测试不是很乐观。她乘坐红眼航班返回，在飞机落地后立刻打开了手机。"我收到了史蒂夫·兰博森发来的一条短信和一条语音留言，都是相同的内容'我们有激光器了'。我当时在飞机上高兴得手舞足蹈，人们看着我，一副'你在发什么疯？'的表情。但经历了那么多后，我真是欣喜若狂。"她叹了口气说。

因为害怕损坏激光器，激光器首次出光仅仅持续了大约 1 秒，但这却是一个巨大的里程碑。当帕利科夫斯基在 2005 年 3 月离开项目团队时，实验室将首次出光测试中用于测量激光束功率的量热计送给了她作为纪念。当我打电话采访她时，她告诉我"那是一大块铜"。"我现在正在看着那台量热计，直到现在我还能看到激光束在上面印出的八边形图案。每当我觉得沮丧时，我便看向那块金属板，它提醒我坚持就会成功，你必须埋头苦

第六章
机载激光武器顺利起航

干,坚持克服那些'仅仅是工程上的'挑战。"

在激光器首次出光后的第六天,我参加了帕利科夫斯基宣布测试结果的电话新闻发布会。她宣布测试证实了设计方案在物理学原理上是正确的,激光器能够发射并保持兆瓦级功率的激光束。她说工程师们花了8天时间检查了所有的子系统,以确保他们都能正常运行。他们计划在接下来的一个月开展进一步测试,之后进行一系列的地面测试,不断提升功率指标,直到激光器能以全功率出光并击毁导弹。他们还计划由一架改造过的波音747飞机装载激光武器,在飞机前鼻部安装用于定向发射激光束的转动"炮塔",并进行机载激光武器的飞行测试。

最复杂的武器

2007年,《航空周刊》杂志把机载激光武器总结为"有史以来最复杂的单台武器集成尝试"。近300万行的计算机代码集成进了一架改造过的波音747运输机,机上装载的激光器模块、燃料、光学器件及子系统总重约50吨。飞机还要飞到4万英尺的高度。

短短几个字的评语含义丰富。参与该项工作的研发人员知道机载激光武器真正的复杂性。"所有的技术专家一致认为,机载激光武器最难的技术问题是光束控制和火力控制,"肯·比尔曼说道,他当时牵头负责光学系统部分的设计。"目标以每秒几千米的速度运动时如何将激光束从这么远的距离射向目标,并将光斑始终保持在只有22厘米宽的目标上?激光束的每一下抖动都会损失能量,"损失任何一点能量都会使激光武器更难在有限的时间里对助推段目标进行有效打击。

当机载激光武器系统打击冒出云端的导弹时,要进行许多操作,光学系统的高度复杂性也正来源于此。最初的设计包括3台较小的激光器,负责发现并跟踪目标,协助、引导高能激光束打击目标。其中一台是装在飞机顶部吊舱中的电驱动二氧化碳激光器,用于最先发现目标。二氧化碳激光器的工作波长在10微米附近,机载激光武器在高海拔工作时二氧化碳激光能够不

激光武器
Lasers, Death Rays, and the Long, Strange Quest for the Ultimate Weapon

受冰晶的影响，保持较高的大气透过率。飞机利用该成像系统选择打击目标。但吊舱带来的空气阻力会影响飞机的飞行，并且二氧化碳激光器的工作效果不怎么好，因此飞机上的吊舱和二氧化碳激光器最终都被拆除了。

其他两台尖端的固态激光器装在飞机舱内，激光器的功率足够高，可以侦察目标并将包含目标信息的信号传回机载激光武器。跟踪照明激光器负责跟踪目标的航迹，并识别出向目标的哪个部位发射高能光束毁伤效果最好。之后，由信标照明激光器将光束聚焦至目标的"最佳打击位置"上，传感器通过接收反射回来的激光对传输路径上的大气扰动进行测量，并通过自适应光学系统对大气扰动进行补偿，使发射的高功率 COIL 激光束能够紧密聚焦在目标上。为了使所有光路都匹配，跟踪和信标激光以及高能 COIL 激光均通过同一套光学系统发射，被称为"共模式、共光路"技术。比尔曼说："这项技术有很多优势，如果没有它，我将难以设计机载激光武器的光学系统。"

产生高能激光束的 COIL 模块在飞机后部，用于光束校正的光束控制系统在飞机前部，在它前方的飞机前鼻处安装了可转动的"炮塔"，用于瞄准目标和发射激光束。由于这些重要的部件都位于机身的两头，机身会沿着长度方向产生弯曲，带来严重的光束校正控制问题。比尔曼的团队开发了一种自动校正激光束传输路径的技术，能够对飞机的连续弯曲形变进行校正。

当比尔曼用一系列图表和我讨论之后，他大笑着说："全靠魔法实现。"这让我想起亚瑟·C. 克拉克的著名发现："任何足够先进的科技，都与魔法无异。"这是我最喜欢的克拉克名言，它是一句优美的真理。尼古拉·特斯拉可能会理解移动通信，但对他来说，智能手机中的电子技术都像魔法一样。对普通的参议员、众议员或将军，机载激光武器中包含的优美的光学系统看起来就如魔法一般。然而，即使有魔法加持仍不足以使机载激光武器成为终极武器。

当 COIL 激光器在地面试验中首次实现出光后，机载激光武器团队艰难地继续前行。他们对改装后用于装载巨型激光武器的波音 747 飞机进行了飞行测试。之后，他们在飞机上安装了光学系统、辅助激光器和一台功

第六章
机载激光武器顺利起航

率较低的测试激光器，用于测评高功率激光束控制中的关键技术问题，优化对大气扰动进行校正的自适应光学系统，减小振动及其对光学系统的影响，并且将所有的设备整合成一套有机的武器系统。找出有问题的地方，想办法解决它，并确保这一操作不会带来其他新的问题，这是一步步谨慎排除故障的过程。

一直以来，激光器的重量都是一个关键问题，因为重量总是会影响飞机的性能。最初的计划是安装 14 个 COIL 激光器模块以提供兆瓦级的功率，但最终造出的 COIL 模块比预期的要大，6 个模块的总质量约为 18 万磅，已经超过了最初计划的 14 个模块的总重。团队当时计划将研发的第一套武器系统作为演示验证系统，用于弄清工程上的细节问题。因为不需要达到设计的满功率指标，他们只安装了 6 个激光器模块。他们计划重新设计模块并缩减激光器的尺寸，这样能在第二架飞机上装进全部的激光器模块，实现满功率激光输出。第二架飞机将成为工程制造的演示验证系统。这将成为由 7 台机载激光武器组成的整个飞行编队的基础，该飞行编队能同时遂行两种军事行动，并且 1 个编队能够发挥 3 个编队的作用。

军事行动中的使用问题

2007 年，机载激光武器最大的问题可能是"CONOPS"，即军事用语中的"作战概念"，或者说，如何在军事行动中使用它。美国国会研究服务中心在一份审查报告中指出："当机载激光武器即将进行采购并可能配备部队时，仍存在飞机的采购数量、飞机的部署位置以及如何使用它的问题。"换句话说，假如机载激光武器能用，军方如何有效地使用它？

飞机的尺寸、对特殊化学原料和机组人员的需求带来了新问题。飞机将部署在"前线"部队，以便在需要时能发动攻击。但是，机载激光武器所用的特殊化学原料需要小心处理，而前线的保障条件非常有限，如果在作战时一些设备无法提供保障，一旦机载激光武器耗尽燃料，就必须返航进行补给，这将会给敌人进攻的机会。

激光武器
Lasers, Death Rays, and the Long, Strange Quest for the Ultimate Weapon

　　五角大楼计划由7架机载激光武器组成1个飞行编队，但是美国国会研究服务中心警告说，由于需要给飞机补充燃料、给激光武器补充化学原料、对飞机进行维护，再加上机组人员的休息时间，机载激光武器编队将只能服役于美国空军10支飞行联队中的1支。机载激光武器编队能在前线部队中分开行动吗？还是把所有机载激光武器集中到一个飞行联队？采用第一种方案，7架机载激光武器飞机只能在10支飞行联队中穿梭作战，这样，机载激光武器在每一个飞行联队的作战时间只占其总作战时间的一小部分，因此敌人可以和机载激光武器飞机耗时间，等它飞去其他飞行联队或燃料耗完后再发起攻击。采用第二种方案，只有一支飞行联队能发挥机载激光武器的防御作用，敌人就会攻击其余的部队，因为他们没有激光武器。因为战争地点不确定且可能数量众多，现代军队必须具备快速重新派遣的能力，但激光武器的数量太少了，无法满足要求。

　　机载激光武器是一个"高度可见的目标"，它很庞大、笨重，并且需要战斗机护航。美国海军之前已经认识到了这个问题，大型作战舰艇很容易受到敌方小艇的袭击。美军各军种都在抱怨为一些"使用要求高、使用次数低的资产"提供行动支援时的高昂开销。例如，装在波音707型飞机上的JSTARS（联合监视目标攻击雷达系统）机载作战管理系统，该系统造价高、数量少、每一套系统相互间离得很远，很容易受到攻击。机载激光武器编队可能还需要数量本来就很有限的空中加油机为它加油。

　　激光器的重量、燃料以及相关的设备带来了额外的后勤补给问题。在原先的计划中，第二台和之后的机载激光武器要包含更多的激光器模块，输出更高的功率，在更短的时间内打击更多的目标。但是，机载激光武器的原型样机仅安装6个激光器模块就超重了，而原计划是14个激光器模块，以提高激光武器的作战距离和效率。激光器模块装载得越多，飞机就越重，需要的燃油就越多，空中加油的压力就越大。同时飞机上装载的化学原燃料也越少，飞机就需要更频繁地飞回机场对化学原燃料进行补给。由于机载激光武器的航程很有限，它无法飞越一些幅员辽阔的大国，当然这也不是一个好主意，因为它还很容易受到防空武器的袭击。美国国会研究服务中心还抱怨说："因为现阶段还不清楚机载激光武器的能力，很难

第六章
机载激光武器顺利起航

对机载激光武器的使用方式进行评估。"

然而，机载激光武器的首轮打靶测试近在眼前，可能再投入几亿美元就能实现。就算不能成为终极武器，许多人仍对这一热点技术充满期待，无论是美国国会还是布什政府都没打算终止这一项目。人们还希望出现性能更好的激光器。事实上，长期被忽略的固态激光器，其功率一直在稳定地增长，并且军方实验室已经报道了一些振奋人心的消息。

花费43亿美元之后的首次打靶试验

名为YAL-1A的机载激光武器，于2008年11月24日在爱德华兹美国空军基地首次进行了地面上的打靶试验。这是一个里程碑，距离COIL激光器首次出光已过去了4年时间。激光武器对2个不同的目标各发射了长达1秒的激光束。这时，距离1996年项目启动已经过去了12年时间（原计划是在2002年进行首次打靶试验）。项目的预算现在已经增至43亿美元，是最初计划的4倍多。

波音公司对在2009年开展首次毁伤性打击测试很有信心。"没有什么比着火的导弹残骸更能向全世界证明这个系统是可行且卓有成效的，"波音公司机载激光武器项目主任麦克·林恩说道。根据五角大楼的要求，公司对这台巨大的激光武器进行了优化设计，以适应弹道导弹防御的要求，同时它也可以打击包括飞机、地对空导弹和巡航导弹等其他目标。有人提出将卫星加入打击目标的清单，可以用激光致盲间谍卫星的照相机，或是摧毁卫星的燃料箱，使其不能变轨机动。然而，这台激光武器得先安装进飞机才行。

机载激光武器的打靶测试进行地缓慢而谨慎。当奥巴马政府接任后，继续担任美国国防部长的罗伯特·盖茨重新审视了项目经费。尽管项目存在延期和超额开支等问题，机载激光武器项目仍是在研项目，旨在成为作战武器系统。盖茨表示因为其军事效用"高度可疑"，还面临经费和技术问题，项目应该退回至研发阶段，取消原计划建造的第2架飞机。

激光武器
Lasers, Death Rays, and the Long, Strange Quest for the Ultimate Weapon

"在国防部我没有发现任何一个人认为机载激光武器能投入实战，"2009年3月19日，盖茨在美国国会拨款委员会国防分委会的听证会上表示。"事实上我们需要将一台比现有化学激光器强大20~30倍的激光器装上飞机，才能够在想要的距离上击落目标。"

"由于机载激光武器的射程很有限，它必须飞入敌国的领空，距离导弹发射点足够近，才能利用激光束击落助推段的弹道导弹。虽然多台机载激光武器同时打击能够拓展打击距离，但那将会需要10~20架波音747飞机，每架飞机的造价约15亿美元，并且每年还需要1亿美元维持运转。据我所知，没有哪位军方高层会相信这是一个可行的作战概念。"

盖茨的话不足以终止这个正在进行的大型项目。2009年的经费已经下拨，而该项目在2010财年的预算为1.87亿美元。美国空军仍能从测试中获得经验，机载激光武器正式更改为机载激光武器测试平台。在2009年6月的测试中，波音公司表示机载激光武器在"军事行动有效射程"内能侦测到冒出云层顶端的导弹。跟踪激光器锁定位于导弹前鼻部的目标打击点之后，由照射激光器锁定目标，建立能够补偿大气湍流和抖动的控制回路。最终，由第三台激光器发射与大型化学氧碘激光器相同波长但功率小很多的激光束。由于能量太低，激光束只能照亮目标，无法对目标进行打击。

直到2009年8月，机载激光武器才首次在空中发射出高能激光束，但只是为了测试设备状态。2010年2月，机载激光武器成功拦截一个空中的测试目标，但并未摧毁目标。之后，它摧毁了一枚液体燃料弹道导弹；并对一个固体燃料助推器进行了打击，但未摧毁它。需要对光束校正方面存在的缺陷进行纠正，才能使激光武器更好地工作。这一次的飞行测试耗费了约3000万美元。一些观察人士觉得测试结果是振奋人心的，但盖茨和其他人对机载激光武器仍然持怀疑态度。

盖茨直率的评价反映出军事行动的现实性。到目前为止，虽然COIL技术是最好的选择，但机载激光武器编队发挥的作用仍然有限。每架飞机每次只能携带有限的激光器燃料，用完后需要从远距离飞回补充燃料。激光器的化学燃料还需进行特殊处理，无法实现战场及时保障。飞机需要持

第六章
机载激光武器顺利起航

续盘旋飞行以保持它们的战位，这将需要进行昂贵的空中加油。后续的计划将提升激光器的性能，现阶段还不确定这是否可行。机载激光武器在战场上的作战能力仍然存疑。

项目的发展已有不祥之兆，但叫停机载激光武器的研究需要时间。虽然仍然有人支持机载激光武器，但当花了大量的经费却看不到什么有用的东西时，它就成了一个受人攻击的庞大目标。一旦美国导弹防御局得到了机载激光武器，他们便会想测试它真正的能力。但在2011年11月，导弹防御局宣布飞行测试已经完成，并且告知承包商将激光武器拆除，将飞机上的硬件和其他材料归档保存。《航空周刊》将其称为"标志着波音公司作为五角大楼定向能项目重要的领跑者，探索用于导弹防御系统研究的结束"。事实上，它标志着大型化学激光器时代的结束，因为它在实际操作中存在严重的缺陷。五角大楼已经开始启动其他类型激光器的研究。

回顾机载激光武器

为自己取得的成就而自豪的专家们看到机载激光武器项目被逐步叫停时，感到很沮丧，一些人甚至很愤怒。一个从第一天就参与其中的研发者表示："我现在仍然特别恼火！"他认为问题出在项目目标的调整，从用于地区性冲突，调整为全国性的导弹防御系统，这个目标很难实现。当听说我在写这本书时，他告诉我说："假如这套系统能运行，那么ISIS的威胁将不再是问题。"

但其他人也发现了机载激光武器有严重的局限性。艾德·格里于2007年从波音公司退休，在他看来，机载激光武器是"一项工程绝技"。"事实上，武器系统能够运转简直是工程上的奇迹，项目在这点上至少是成功的。"但他没意识到将一套实战使用的系统安装在波音747飞机上是多么困难。因为射程受限，作为导弹防御系统，激光的亮度必须大幅提升。

项目结束时，珍妮特·芬德表示："使用化学激光器，我们获得了极好的光束质量。"

激光武器
Lasers, Death Rays, and the Long, Strange Quest for the Ultimate Weapon

从机载激光武器项目中,"我们学到了很多关于激光武器系统的工程知识,"帕利科夫斯基将军说。"我们学到了跟踪和瞄准方面的知识,这对任何能装进战斗机或自我防御系统的激光武器来说都很重要。我们在大气扰动补偿方面学到了很多,并且一部分成果现在已应用于大型天文望远镜。我们对固态激光器及其局限性方面有了更深刻的认识。"从事 COIL 的工作帮助我们"更好地理解了在战场环境中这种类型激光器面临的后勤补给挑战"。最重要的是,她说:"一整代的科学家、工程师和项目经理们从机载激光武器的研发经历中学到了许多东西,尤其是我。"

2012 年 2 月,在飞行测试结束后,机载激光武器飞往位于亚利桑那州图森市戴维斯·蒙山美国空军基地的"飞机墓地",并在那里被长期封存起来。飞机墓地的正式名称是第 309 航空维护与改造部队,实际上是美国空军的废旧飞机堆积场,它选址在沙漠地带,这样可以尽可能长时间地保存旧飞机。可回收的旧飞机部件通常被拆卸下来好好保存,以备替换美国空军现役飞机的破损零件,剩下的生锈的残骸被当作废品处理。

美国空军在当地建有一座博物馆,激光和光学方面的市场分析家艾伦·诺吉在 2014 年春天乘巴士参观了这个飞机墓地。他看到退役的机载激光武器孤零零地停着,"一项耗资 50 亿美元最终失败的定向能武器军事试验"。一段时间之后,飞机的全部部件将会荡然无存。回顾机载激光武器项目启动后民用和军用激光器在 20 年时间里取得的进展,他写道:"看见这一段激光武器的历史消失,仍会感到有些难过。"

这架老旧的波音 747 飞机已成为美国国防部那些顶尖项目经理们想要忘记的记忆。但是五角大楼并没有放弃全部的激光武器项目,而是转向了固态激光武器研究,探索由电能代替化学能的其他类型激光器。他们希望能在低功率阶段解决之前遇到的技术问题,将来,就可能把功率定标放大到所需的兆瓦量级,用无人机代替庞大的喷气式飞机,执行例如助推段拦截防御等任务。

参考文献

1. Hans Mark, "The Airborne Laser from Theory to Reality, an Insider's Account," Defense Horizons, no. 12(April 2002):10.

第六章
机载激光武器顺利起航

2. Keith A. Truesdell, Charles A. Helms, and Gordon D. Hager, "History of Chemical Oxygen-Iodine Laser (COIL) Development in the USA," Proceedings of the Society of Photo-Optical Instrumentation Engineers, 2502, Gas Flow and Chemical Lasers: Tenth International Symposium (March 31, 1995), doi: 10.1117/12.204917.

3. W. E. McDermott, N. R. Pchelkin, D. J. Benard, and R. R. Bousek, "An Electronic Transition Chemical Laser," Applied Physics Letters 32, no. 469 (1978), https://aip.scitation.org/doi/abs/10.1063/1.90088 (accessed April 4, 2018).

4. Airborne Laser System Program Office, Public Affairs, "A Brief History of the Airborne Laser" (fact sheet), February 27, 2003.

5. H. W. Babcock, "The Possibility of Compensating Astronomical Seeing," Publications of the Astronomical Society of the Pacific 65 (October 1953): 229-36.

6. Robert Duffner, The Adaptive Optics Revolution: A History (Albuquerque: University of New Mexico Press, 2009), pp. 31-32.

7. Julius Feinleib, "Toward Adaptive Optics," Laser Focus 10 & 12 (December 1974): 44, 69-70.

8. Louis Marquet, telephone interview with the author, April 2, 2018.

9. Philip J. Klass, "Adaptive Optics Evaluated as Laser Aid," Aviation Week & Space Technology, August 24, 1981, pp. 61-65.

10. "'Remote Censoring': DOD Blocks Symposium Papers," Science News 122 (September 4, 1982): 148-49.

11. Janet Fender, in telephone interview with the author, May 16, 2018.

12. Katherine A. Finlay, Hubble Space Bi-Stem Thermal Shield Analysis (Cleveland, OH: NASA Glenn Research Center, September 1, 2004), https://ntrs.nasa.gov/archive/nasa/casi.ntrs.nasa.gov/20050186774.pdf (accessed June 15, 2018).

13. Janet S. Fender and Richard A. Carreras, "Demonstration of an Opti-

cally Phased Telescope Array," Optical Engineering 27 (September 1988): 706.

14. "Phillips Lab Studies Antimissile Laser," Aviation Week & Space Technology, December 7, 1992, pp. 51-53.

15. Stacey Evers, "Boeing, Rockwell Confront Airborne Laser Challenges," Aviation Week & Space Technology, May 30, 1994, p. 75.

16. William B. Scott, "Tests Support Airborne Laser as Viable Missile Killer," Aviation Week & Space Technology, December 19, 1994.

17. Ken Billman, in telephone interview with the author, April 17, 2015.

18. Truesdell, Helms, and Hager, "History of Chemical Oxygen–Iodine Laser."

19. David A. Fulgham, "USAF Aims Laser at Antimissile Role," Aviation Week & Space Technology, August 14, 1995, pp. 24-25.

20. David A. Fulgham, "USAF Sees New Roles for Airborne Laser," Aviation Week & Space Technology, October 7, 1996, pp. 26-27.

21. Wikipedia, s. v. "Space Shuttle," last edited August 31, 2018, https://en. wikipedia. org/wiki/Space_Shuttle (accessed September 6, 2018).

22. Michael E. Davey and Frederick Martin, The Airborne Laser Anti-Missile Program (Washington, DC: Congressional Research Service, February 18, 2000), p. CRS-2-3.

23. Kenneth Billman, in telephone interview with the author, April 17, 2015.

24. Wikipedia, s. v. "Itek," last edited June 30, 2018, https://en. wikipedia. org/wiki/Itek (accessed April 10, 2018).

25. Hassaun Jones-Bey, "Evolving JDS Uniphase to Acquire OCLI," Laser Focus World, November 15, 1999, https://www. laserfocusworld. com/articles/1999/11/evolving-jds-uniphase-to-acquireocli. html (accessed April 10, 2018).

26. Davey and Martin, "Airborne Laser Anti-Missile Program," pp. CRS-25-30.

第六章
机载激光武器顺利起航

27. Gen. Ellen Pawlikowski, in telephone interview with the author, April 25, 2018.

28. Cost Increases in the Airborne Laser Program, GAO-04-643R (Washington, DC: US General Accounting Office, May 17, 2004), p. 2.

29. Carlin Leslie, "Women's AF History Expands with New Four-Star," US Air Force News, June 2, 2015, https://www.af.mil/News/Article-Display/Article/590267/womensaf-history-expands-with-new-four-star/(accessed September 6, 2018); "General Ellen M. Pawlikowski," US Air Force, last updated June 2015, http://www.af.mil/About-Us/Biographies/Display/Article/104867/lieutenant-general-ellen-m-pawlikowski/(accessed May 25, 2018).

30. Michael Fabey, "Light Show," Aviation Week, June 18, 2007, pp. 172-73.

31. Ken Billman, in telephone interview with the author, May 1, 2018.

32. Billman, telephone interview with the author, May 1, 2018.

33. Arthur C. Clarke, "Hazards of Prophecy: The Failure of Imagination," in Profiles of the Future: An Enquiry into the Limits of the Possible, rev. ed. (1962; New York: Harper, 1973), pp. 14, 21, 36.

34. Ken Billman, email to the author, June 5, 2018.

35. Christopher Bolkcom and Steven Hildreth, Airborne Laser (ABL): Issues for Congress (Washington, DC: Congressional Research Service, July 9, 2007), pp. CRS-9-10.

36. Paul Marks, "Airborne Laser Lets Rip on First Target," New Scientist 13 (December 10, 2008), https://www.newscientist.com/article/mg20026866.200-airborne-laser-lets-rip-on-first-target/(accessed April 12, 2018).

37. Dominic Gates, "Boeing Hit Harder than Rivals by Defense Cuts," Seattle Times, April 7, 2009, https://web.archive.org/web/20090410052937/http://seattletimes.nwsource.com/html/localnews/2008997361_(accessed April 12, 2018).

38. Hearings Before a Subcommittee of the Comm. on Appropriations, 111th

Cong. (2009) (statement of Robert Gates, Secretary of Defense), https://www.gpo.gov/fdsys/pkg/CHRG-111hhrg56285/pdf/CHRG-111hhrg56285.pdf (accessed September 29, 2018); quoted by Philip Coyle, in email to author, September 26, 2017.

39. Jeff Hecht, "Airborne Laser Still Firing," Laser Focus World, July 15, 2009, https://www.laserfocusworld.com/ore/en/articles/print/volume-16/issue-14/features/airborne-laser-still-firing.html (accessed April 17, 2018).

40. Amy Butler, "Ray of Light," Aviation Week & Space Technology, February 22, 2010, pp. 26–27.

41. Amy Butler, "Lights Out," Aviation Week & Space Technology, January 2, 2012, pp. 29–30.

42. Ed Gerry, telephone interview with author, April 11, 2018.

43. John Wallace, "Airborne Laser Test Bed Is Put to Rest in the Boneyard," Laser Focus World, February 17, 2012, https://www.laserfocusworld.com/articles/2012/02/airborne-laser-test-bed-is-put-torest-in-the-boneyard.html (accessed April 17, 2018).

44. Allen Nogee, "The Death of a Giant Laser," Strategies Unlimited, May 6, 2014, https://www.strategies-u.com/articles/2014/05/the-death-of-a-giant-laser.html (accessed April 12, 2018).

第七章
与叛乱分子再度交锋

20世纪90年代中期，以色列想要获得能拦截"喀秋莎"火箭弹的终极武器。这种火箭弹便宜、致命、易得，没有哪种防御系统能够有效阻止叛乱分子用它对儿童和平民进行袭击。当美国加速研发机载激光武器的时候，以色列官方开始考虑能否利用光速打击的激光武器来对抗喀秋莎火箭弹的袭击。在全球范围内，激光还不是终极武器，但对当时饱受火箭弹袭扰的以色列而言，激光武器不失为一种终极武器。

苏联解体后，世界局势发生了重大变化。随着"冷战"的结束，人们的兴趣从把天基激光武器研制成终极武器，转向了研制能消灭实际武装威胁的激光武器。激光武器的发展目标转向了能在战场上使用的近距离打击武器。

1995年，以色列国防部和美国陆军太空与导弹防御司令部正式启动了激光防御的可行性研究。他们首先进行了一系列的毁伤效应试验，使用的是MIRACL激光器，这是美国陆军位于新墨西哥州白沙导弹靶场的高能激光系统测试装置的核心。测试的结果很好，特别是在1996年2月9日的测试中，MIRACL激光器通过连接的海石光束定向器发射激光，成功击落了一枚短程火箭炮弹。

MIRACL激光器系统太庞大，无法作为激光武器使用。以色列想要系统紧凑、易于移动的激光武器，这样就能把激光武器运到敌方火箭弹的发射据点附近。他们下一步打算和美国太空与导弹防御司令部一起研制系统紧凑、易于移动的氟化氘燃气激光武器，用于击落飞行中的火箭弹。

这项计划是1994年启动的"先期概念技术演示验证"项目的一部分，目的是加速新型武器系统的发展。多年来，这些武器系统进展缓慢，花费

激光武器
Lasers, Death Rays, and the Long, Strange Quest for the Ultimate Weapon

巨大，最终交付战场使用的技术也已过时。最初，战术高能激光武器（THEL）项目只获得了美国国会极少的经费支持，但当基于 MIRACL 激光器的毁伤效应测试成功之后，它的经费猛增。1996 年 4 月，以色列边境城镇在两周内又遭受了数十枚"喀秋莎"火箭弹的袭击，这引起了美国总统比尔·克林顿和以色列总理西蒙·佩雷斯的高度重视，他们同意美国帮助以色列研发一款激光防卫系统。1996 年 7 月，美国与以色列达成了正式协议，美国陆军给了 MIRACL 激光器和 Alpha 激光器的制造商——美国 TRW 公司一份价值 8900 万美元的合同，委托其建造一套战术高能激光武器样机，该系统包括一台发射功率为数百千瓦的氟化氘激光器、一套光束跟踪瞄准系统和一套指挥控制与通信系统。除了正式名称外，战术高能激光武器（THEL）还有个绰号，叫"鹦鹉螺"激光武器。

击落火箭弹的迫切需求推动了战术高能激光武器的快速发展。研发人员们各尽其能，做了大量的工作，利用已有的先进硬件，进行了大量的模拟计算，使操作界面更简洁。战术高能激光武器使用了 3.8 微米波长的氟化氘燃气激光器以及配套的光学系统。美国 TRW 公司在设计方案确定后的 9 个月内制造出了激光器的主要硬件部分，包括增益发生器和光学镜片。他们还需要一年的时间进行整体系统的组装与剩余零件的制造。1999 年 6 月 26 日，他们研制的激光武器发射了第一束激光。之后，还需要将战术高能激光武器从加利福尼亚州圣胡安卡皮斯特拉诺的美国 TRW 公司运至白沙靶场的高能激光武器试验场。

在项目启动 4 年之后，战术高能激光武器于 2000 年 6 月 6 日首次击落了飞行中的火箭弹。三名研发人员写道："对于任何武器的演示验证而言，这样的成绩都很了不起，尤其这是一种全新的武器，能取得这个成绩更了不起。"研发人员接下来进行了更多的测试，确定了击落火箭弹的条件范围，并实现了更多次的成功击落。在早期测试中，他们击落了 25 枚以上低成本、便携式、高毁伤的喀秋莎火箭弹。用常规武器很难击落这些火箭弹，但对于激光武器而言，这些火箭弹很容易打击，因为弹体是加压的，当激光束持续照射火箭弹的表面时，火箭弹的外壳会因持续受热而变软，火箭弹便会在压力的作用下临空爆炸解体。

第七章
与叛乱分子再度交锋

近处的目标更容易打击

乍一看,战术高能激光武器项目的成功与机载激光武器项目的不断延期以及数十亿美元的花费形成了鲜明的对比。事实上,战术高能激光武器的研制比机载激光武器要容易得多。机载激光武器是一个雄心勃勃的项目,目标是将新型 COIL 激光器的功率提升至兆瓦级,并将整个武器系统装上飞机,在 4 万英尺的飞行高度上向方圆 100 千米的范围内发射兆瓦级的激光束。战术高能激光武器用的是一台 400 千瓦的燃气激光器,这一功率水平早前已经实现了,所以这个项目可以在之前的技术成果上,继续开展工作。

战术高能激光武器打击目标的距离比较近,具体的距离虽然没有公开披露,但应当不会超过几千米。距离近是一个很大的优势,因为大气效应会随距离的增加而明显增大。激光武器发射的激光束可以在传输数千米之后依然保持高光束质量,对目标产生足够的杀伤力,尤其是在目标的材质相对较软的情况下,打击效果更好。因此,战术高能激光武器就不再需要昂贵又复杂的自适应光学系统(自适应光学系统通过净化激光束能够实现对这类目标的远距离打击)。机载激光武器通常需要打击 100 千米距离以外的目标,所以必须通过自适应光学系统才能获得具有足够杀伤效果的激光束。

战术高能激光武器主要用于摧毁装载了高爆弹药和火箭燃料的武器。火炮和迫击炮弹也装有爆炸物,因此也可以用激光束引爆它们。激光束还能点燃渗出油汽的小艇或无人机的发动机。机载激光武器的打击目标一开始是普通的弹道导弹,后来又拓展至自身带有热防护措施的助推段核导弹,这些导弹目标通常更加坚固。

另一个重要的区别是,战术高能激光武器看上去不太像是一个实战武器,因为它的主要装置都放在一队拖车上。其中一辆拖车顶部放置了光束定向器,其他的拖车装载了激光器的子系统,包括增益发生器、化学燃料

激光武器
Lasers, Death Rays, and the Long, Strange Quest for the Ultimate Weapon

和压力恢复系统。光束定向器和跟踪瞄准子系统分别装在不同的拖车上。指挥、控制和通信设备单独装在另一辆拖车上，用于识别和跟踪目标的雷达也要单独装车。另外，系统工作过程中，操作人员与化学燃料还要保持一定的安全距离。

和战术高能激光武器相反，机载激光武器项目的巨大挑战是要将所有的设备都塞进一架飞机里，还要确保飞机在空中飞行时，机载激光武器能正常工作。飞机在飞行过程中会不停地振动，而地面的拖车只要停好了，就不会动了。

总的来说，从地面发射激光，击落距离相对较近的火箭弹比在飞机上击落弹道导弹要容易得多。解决火箭弹袭击的问题比战略防御任务更紧迫，战略武器的作用在于威慑敌人，很少会真正地使用它。

战术高能激光武器项目的成功重新引发了人们对激光武器投入战场的兴趣，五角大楼认为在新的世界局势下，反恐作战会是个大挑战。将战术高能激光武器用于反恐作战，在理论上是可行的。

移动版的战术高能激光武器

战术高能激光武器在白沙靶场被当作试验平台使用。理论上，可以把它运送到以色列，并安装使用，但它最多只能算是"可运输的"而非可移动的武器。可运输的意思是能搬移，但搬移的过程费时费力，就好比从营地里搬家，需要断开各种设备与营地的管线连接，将它们拖到另一个场地，再从头安装所有的设备。以色列需要的是一台可真正移动的激光武器，随时准备一声令下就能转移至需要的战场，就像停在道路旁的房车或露营车。因此，美国和以色列打算继续开发一台可移动的战术高能激光武器（MTHEL）作为升级版本。

他们计划对战术高能激光武器进行重新设计，将它装进可移动的车辆内，这样，有需要时，整车就能够通过标准的C-130运输机运输。整套系统分别由3辆拖车装运，包括激光器、增益介质及燃料箱。火控雷达（须

第七章
与叛乱分子再度交锋

有人员操作）和激光燃料将分别装在不同的车辆上。最终的目标是将整套系统缩小到一辆悍马汽车那么大。如有需要，可以多造几台移动版的战术高能激光武器，把它们部署到任何需要的地点，随时准备阻止火箭弹的攻击。使用细节由美国陆军和以色列联合商定，但美国出了经费的大头。

一些以色列军官担心，移动版的战术高能激光武器系统无法有效应对射程达数十千米且杀伤力更强的新型"喀秋莎"火箭弹。以色列国防计划部的负责人吉洛拉·艾兰表示，"即使我们研制出了战术高能激光武器，并采购了许多台，也无法完美地应对火箭弹的威胁。尽管这项技术前景广阔，对两国的工业十分有益，但这并不是应对火箭弹威胁的好方式。"他认为以色列军队应当继续对反对势力进行大规模的常规打击，而不是组建移动版的战术高能激光武器编队。

2001年6月12日，美国TRW公司签署了合同，开始进行综合研究与分析。2002年年底，美国陆军开展了激光武器打击炮弹的测试。相对于长度为10英尺的"喀秋莎"火箭弹，测试用的炮弹长度仅约2英尺，它飞行过程中产生的热量比火箭弹更小，更难被发现、跟踪。几秒钟的激光辐照就能够摧毁炮弹。

先进战术激光武器（ATL）

战术高能激光武器项目的另一个衍生产品是美国空军研发的先进战术激光武器（ATL）。先进战术激光武器最初的计划是在战机上安装发射功率为50~70千瓦的小型COIL激光器，作为"激光武装飞机"来打击敌方车辆和威慑敌军。

2002年，美国空军与波音公司签订了1.76亿美元的合同，开始研发100千瓦级的COIL激光武器，从空中对地面的战术目标进行打击。美国空军选择用C-130运输机装载激光武器，这种运输机装有4台涡轮螺旋桨发动机。从20世纪50年代起，美国空军就用它运送兵力和货物，飞机上装

激光武器

Lasers, Death Rays, and the Long, Strange Quest for the Ultimate Weapon

有加特林机关枪、榴弹炮和炸弹等武器。C-130 运输机的载货量为 22 吨，货舱体积是 747 飞机的 1/6。

C-130 运输机的最大优势是机动性好、使用方便，能适应空地战斗。无论是装载机载激光实验室的波音 707 客机，还是装有机载激光武器的波音 747 客机，都不具备那样的机动性，它们都需要非常完备的机场和跑道才能起飞。将要安装在 C-130 飞机上的 COIL 激光武器会是世界上首台从空中攻击地面目标的高能激光武器。美国空军希望激光能成为真正意义上的定向能武器，在城市作战区域内摧毁军事目标的同时，避免以往使用传统武器造成的附加伤害。美国和以色列官方希望激光武器能摧毁在学校、医院等平民区域内飞行的火箭弹。

根据非官方的报道，COIL 激光武器的功率水平为 100 千瓦级，它并非兆瓦级机载激光武器的简单缩小版。先进战术激光武器的激光器模块占据了飞机货仓的大部分空间，并且需要在低温环境下工作。和机载激光武器一样，它也是一套密闭系统，需要将废气抽送至废气罐内。这一设计确保了系统能在低海拔工作。与高海拔相比，低海拔的大气压力更大，会导致废气难以直接排到大气中，泄漏的气体可能会危及工作人员的安全。相比之下，机载激光武器是在 4 万英尺的高空工作，环境压力较低，可以将水汽和其他气体直接排至大气中。另一项重要的区别是，战术激光武器不需要机载激光武器那种复杂的自适应光学系统，因为它的打击距离是在几千米范围内，而非几十至数百千米。

COIL 激光器比 THEL 氟化氘激光器更容易操控，但将 100 千瓦级的激光系统装入一架小型运输机，难度同样很大。波音公司花了一年多的时间研究一架退役的 C-130 运输机的无翼机身，想弄清激光器、镜片、控制器、光束定向器、传感器和其他设备究竟应该分别装在机身的哪个位置。之后，他们将激光器、控制系统和其他装置都装进了机舱，让飞机载着激光武器飞行。

装有先进战术激光武器的 C-130 运输机在外观上与普通的 C-130 运输机最大的区别是，它的机身下方装有一个转动"炮塔"，负责将激光束射向地面目标。这种设计决定了它无法攻击其他飞机或空中目标。

第七章
与叛乱分子再度交锋

2008年年初，波音公司开始进行地面试验，希望能找出存在的问题，并在飞行试验前解决它们。这项工作花了一些时间，直到2009年6月13日，先进战术激光武器才在空中飞行期间击中了地面的目标板。8月30日，他们将激光束聚焦到一辆停在地面的无人卡车上，波音公司由此声称激光武器"击败"了卡车，并宣布试验成功。卡车被烧穿的视频可以在YouTube网站上观看。9月19日，先进战术激光武器成功完成了一项难度更大的试验，装有激光武器的飞机在飞行时烧穿了地面上一台正在移动的无人卡车的防护板。波音公司定向能系统项目的负责人加里·菲茨米尔对这一结果很满意，称赞"这一光速、超精确的打击能力用途广泛，能够极大减少附加伤害"。波音公司没有披露激光武器的具体功率水平，但非官方的消息源表示，功率为数十千瓦。

作战专家对这个试验结果并不感兴趣。正常情况下，一架C-130运输机装有一台榴弹机炮和一台加特林机枪。在保留榴弹机炮的情况下，专家们才会考虑在C-130运输机上安装激光武器。专家们不愿意放弃原有的能发射105毫米炮弹的榴弹机炮，这种炮弹的威力足以摧毁坦克，但他们愿意考虑移除30毫米口径的加特林机炮。然而，加特林机炮腾出的空间装不下先进战术激光武器系统。

美国空军科学顾问委员会审查了试验结果，直截了当地得出结论，"NC-130先进战术激光武器先期概念技术演示验证样机（ATL ACTD）无法用于作战，……但是，利用这一平台能够获得一些关键的数据，指导未来'激光武装飞机'的发展"。换句话说，激光武器能在射程范围内打击相对容易的目标，但还没做好投入战场使用的准备。委员会认为发展"激光武装飞机"是可行的，建议美国空军把它列入未来的武器技术计划。他们还强烈建议美国空军进一步发展固态激光器技术，并将相关技术集成到研发的激光武装飞机上，促使其满足实战需求。

叫停移动版战术高能激光武器项目

移动版战术高能激光武器（MTHEL）项目没有美国空军的"激光武装飞机"项目持续的时间长。到2005年年底时，军方的系统工程师愈加担忧

激光武器
Lasers, Death Rays, and the Long, Strange Quest for the Ultimate Weapon

激光器的化学属性。第一个问题是如何为激光器提供其运行所必需的化学燃料。第二个问题是在战场上如何处理武器系统排出的具有毒性和腐蚀性的有害废气。原本打算用于移动版战术高能激光武器项目的经费被转用于研发新型固态激光武器,因为他们觉得固态激光武器在攻击火箭弹、火炮和迫击炮弹时更有效。或许,经过了多方博弈才做出了经费挪用的决定。

激光武器的研发人员认为激光武器是解决火箭弹和炮弹拦截难题的办法。高层官员因此很看重能拦截火箭弹的移动版战术激光武器项目。但是作战专家知道,军事人员和武器装备在战场上的表现非常依赖于补给。所以他们要问清楚激光武器需要什么样的补给。

他们希望答案是柴油燃料。现代军队极大地依靠柴油补给。柴油为车辆提供动力,还可以通过发电机为其他装备提供所需的电力。柴油虽然可燃,但又没有汽油那么易燃。

他们得到的回答是,除了柴油以外激光武器还需要其他的化学燃料,这些化学燃料很危险,容易爆炸,反应后产生的氢氟酸废气又具有腐蚀性,会损伤眼角膜,让人失明。激光研发人员向激光武器系统的操作人员保证,所有的废气都会被净化,并由贮罐收集起来。但作战专家知道,战场上总会发生意外,假如敌人攻击废料罐,那就相当于在队伍中释放了化学武器。

激光武器的想法很好,但作战专家们要的是与部队后勤保障能力相适应的武器。他们对复杂的后勤保障问题很了解。那些需要特殊燃料和特殊零部件的武器,一旦燃料或备用零件耗尽了,就没用了。在战场上总是担心这类武器是否还能正常工作。因此,他们坚持使用由柴油发电机供电的电驱动激光武器,这项技术已能够应用于战场。由于理由充分,最终作战专家们占了上风,决策层开始考虑寻找化学激光武器的替代者了。

探寻其他的激光器

美国空军的专家组也有一个重要发现。"美国空军应进一步完善固态激光器技术,并在光束控制、轻量化、能源和热管理等方面进行系统改进。"

第七章
与叛乱分子再度交锋

美国空军给了专家组很大的权限，不仅审查先进战术激光武器（ATL）项目，还要对现有激光技术的整体情况及其潜力进行调查分析，包括激光武器怎样用于进攻和防御，它们对后勤补给有哪些影响，有哪些潜在的反制措施和弱点，以及其近期、中期和长期的发展趋势。

战术武器和战略武器的关键区别在于，战术武器是要实际使用的，而战略武器只需要具有威慑力就行。战略武器旨在让敌方确信发起战争不是明智选择；战术武器旨在获得一场战役的胜利。美国空军专家组的科学家们认为先进战术激光武器在实际作战中的作用不大。

战术高能激光武器系统和移动版的战术高能激光武器系统中的大型燃气激光器，机载激光武器系统和先进战术激光武器系统中的巨大的化学氧碘激光器都存在同样的问题：它们太大、太复杂、太笨重，无法成为有效的武器。我曾经听到激光专家开玩笑说："这些激光器实在太大了，它们唯一的军用价值就是当作砖头，直接扔到敌人头上。"与20年前的机载激光实验室相比，它们将能量转化为激光的效率确实提高了。氟化氘燃气激光器具有更短的波长，并且比气动二氧化碳激光器效率更高。COIL激光器是技术进一步发展后的产品。但是，它们的性能提升得还不够。

空军专家组仔细审视了战术高能激光武器系统后，给出了与后勤官员一样的结论，他们推荐了固态激光器。他们认为，如果要把激光武器投入战场使用，就必须研制出更好的激光器。幸运的是，21世纪初出现了新一代的固态激光器。庞大的商业市场为这类激光器的发展提供了巨大的驱动力，军事科研项目也起了一定的促进作用。

固态激光器的革命

早在20世纪60年代初就开始了基于晶体、玻璃和半导体材料的固态激光器研究。在一段时间内，固态激光器的功率比气体激光器更高，五角大楼认为它是第一种有望成为死光武器的激光器。它们最致命的缺陷是：吸收的能量仅有一小部分被转化为激光，因此激光器工作时，会变得很

激光武器
Lasers, Death Rays, and the Long, Strange Quest for the Ultimate Weapon

烫,并持续发热,就像刚刚从烤箱中取出的玻璃或陶瓷烤盘。

燃气激光器采用简单的方法解决了废热问题,即将气态的激光增益介质排出激光器的同时,带走废热。燃气激光器在实验室里进行了很重要的演示验证工作,但它们太庞大、太复杂,效率也不高。燃气激光器需要特殊的化学燃料,这成了致命缺陷,限制了它们的战场应用。

幸运的是,自20世纪60年代之后,固态激光器的发展取得了巨大的进步。第一个重大的进展是半导体激光器的不断发展,它推动了其他固态激光器的进步。这些进展一部分来自军方的支持,但主要还是依靠私人经费的支持。

第一台半导体激光器发出的光很微弱,持续的时间也不长。1977年,贝尔实验室对半导体激光器进行了改进,使其能够以毫瓦级的功率水平连续工作100年。贝尔实验室开发了用于光纤通信的半导体激光器,当然,这项技术也可以应用于其他领域。

军方希望通过研发更好的半导体材料和优化激光器的内部结构,实现半导体激光器功率的提升,并提高输入电能转化为输出激光的效率。商业界的研究则希望为新应用领域发明新波长的半导体激光器。早期的半导体激光器发射的不可见红外激光波长范围过短,无法实际应用。20世纪90年代取得了重大突破,高亮度蓝紫光半导体激光器出现了。它最早是用来在像音乐唱片那么大的光学磁盘上刻录高清视频。之后,这一技术推动了蓝光LED(发光二极管)的发展,蓝光是固态激光的原色光(二极管内添加红光、黄光荧光粉,由蓝光和红光、黄光补色,即可得到眼睛看到的白光)。蓝光LED的3位发明者因此获得了2014年的诺贝尔物理学奖。

到20世纪80年代末,出现了一项利用半导体激光器发出的激光为固态激光器提供泵浦能量的新技术。尽管听起来很奇怪,但利用一台激光器发出的激光使另一台激光器发光的方式是很有道理的。半导体激光器能够将2/3以上的输入电能转化为激光输出,比西奥多·梅曼和伊莱亚斯·斯尼策在20世纪60年代初用于泵浦晶体与玻璃激光器的闪光灯的效率要高得多。然而,半导体激光器无法提供激光武器所需的高光束质量的激光束。

幸运的是,半导体激光器和其他激光器一样,只发射单一颜色的激

第七章
与叛乱分子再度交锋

光,这是能够用于泵浦玻璃和晶体激光器的另一大优势。玻璃和晶体激光器中发射激光的原子只能吸收特定波长的光。这意味着如果能使半导体激光器发射对应波长的激光,晶体中的发光原子会全部吸收这些激光,并将吸收的大部分光能量转化为聚焦的激光束。如果用闪光灯的白光照射这些发光物质,只有很小一部分恰巧处于发光原子吸收波长的光才会被吸收,因此只有一小部分的输入光能量转化成了紧密聚焦的输出激光束。

在20世纪60年代,半导体激光器还无法用于泵浦玻璃和晶体激光器,因为当时的半导体激光器发出的光太微弱,无法用于光学泵浦,因此只能用闪光灯代替它;然而到了80年代末期,半导体激光器的亮度足以用来泵浦玻璃和晶体激光器;在90年代,半导体激光器的功率在持续提升。尽管半导体激光器体积小,功率也不是太高,但可以将大量半导体激光器发射的激光合成后用于泵浦玻璃或晶体激光器,与60年代相比,传输的能量大幅提升。半导体激光器泵浦时产生的废热比过去的闪光灯少很多,因此研发人员不再需要像60年代时比尔·夏纳和斯尼策那样,弯腰躲在金属垃圾罐后面,以防被因过热而发生爆炸的玻璃所伤。

光纤通信的发展也促使科学家和工程师将玻璃激光棒拉成长而细的光学光纤,用来做激光器的增益介质。把半导体激光器发出的激光从光纤端面射入光纤内,是一种将能量由半导体激光器传递至光纤激光器的有效方式,光纤激光器由此具有很高的转化效率。某些光纤激光器被用于光纤通信网络中的光信号放大器。另一些光纤激光器因为能够高效产生高光束质量的激光束,被应用于工业领域。

由半导体激光器泵浦的高功率固态激光器的电光转换效率能够达到20%以上,有望发展为高能激光武器。效率最高的几种固态激光器分别是光纤激光器、发光介质为薄片的激光器、发光介质为薄板条的激光器,它们都有望发展成激光武器。这让在20世纪60年代中期放弃的一项不可行的技术,实现了东山再起。

激光武器
Lasers, Death Rays, and the Long, Strange Quest for the Ultimate Weapon

美国海军的自由电子激光器

2000年10月12日,美国海军"科尔号"驱逐舰遇袭,造成了17名船员死亡。之后,美国海军开始重新审视一些之前被"星球大战"计划放弃的激光技术。为了寻找一种可以在水面上近距离打击恐怖分子的激光武器,美国海军将目光转向了自由电子激光器。"星球大战"计划在十几年前放弃了用于远距离打击的自由电子激光器。

美国海军的需求和其他军种不同。美国海军的战舰足够大,能装载像自由电子激光器那样的大型设备。美国海军想实现对激光器的波长调节,使激光能更好地穿透潮湿空气。通常情况下,潮湿的空气会强烈吸收近红外激光,而自由电子激光器是唯一波长可调谐的武器级激光器。美国海军同时也正在研究一种全电舰艇,能完美适配全电驱动的自由电子激光器。2007年,美国国防科学委员会表示:"自由电子激光器有望实现高功率、高光束质量和波长灵活调节的激光输出,为舰载应用提供了独有的优势。"专家组建议一并优先增加自由电子激光器舰载防御应用、高功率固态激光器、光纤激光器以及改进光束控制等研究的经费。

在2007年时,这个计划看上去很可靠。报告援引了美国海军对自由电子激光器的长期规划,包括在2010年开始建设一台100千瓦的样机,在2015年开展自由电子激光防御巡航导弹的演示验证。专家组给出的长期规划是,到2025年,开发出一台兆瓦级自由电子激光器,将它与光束控制系统集成起来,并进行海上试验。

2009年年初,美国海军计划签署3项合同来支持100千瓦级自由电子激光器的研发。但在2012年4月,美国海军搁置了自由电子激光器计划,将研究重心转到固态激光器上,在12年前开展的一项研究的基础上,继续进行固态激光器的研发。

参考文献

1. Josef Shwartz, Gerald Wilson, and Joel Avidor, "Tactical High Energy

第七章
与叛乱分子再度交锋

Laser," SPIE Proceedings on Laser and Beam Control Technologies 4632（January 21, 2002）, http://www.northropgrumman.com/Capabilities/ChemicalHighEnergyLaser/TacticalHighEnergyLaser/（accessed April 13, 2018）.

2. Sharon Watkins Lang, "SMCD History: Putting THEL on the Fast Track," Army Space and Missile Defense Command, May 4, 2017, https://www.army.mil/article/187148/smdc_history_putting_thel_on_the_fast_track（accessed April 13, 2018）.

3. "US – Israel Strategic Cooperation: Tactical High – Energy Laser Program," Jewish Virtual Library, last updated January 2006, http://www.jewishvirtuallibrary.org/tacticalhigh – energy – laser – program（accessed April 14, 2018）.

4. "Mobile Tactical High-Energy Laser," GlobalSecurity.org,

https://www.globalsecurity.org/space/systems/mthel.htm（accessed April 13, 2018）.

5. Barbara Opall-Rome, "Israeli Military Resists Additional THEL Funding," Defense News, September 17-23, 2001, p. 38.

6. Robert Wall, "Army Advances Tactical Lasers," Aviation Week & Space Technology, January 1, 2001, pp. 57, 60.

7. Jeff Hecht, "Advanced Tactical Laser Is Ready for Flight Tests," Laser Focus World, February 1, 2008, https://www.laserfocusworld.com/articles/2008/02/laserweapons-advanced-tactical-laser-is-ready-for-flight-tests.html（accessed April 15, 2018）.

8. "Fact Sheet: Advanced Tactical Laser," US Air Force Research Laboratory, August 2006.

9. John Wallace, "Boeing's Advanced Tactical Laser 'Defeats' Ground Target in Flight Test," Laser Focus World, September 2, 2009, https://www.laserfocusworld.com/articles/2009/09/boeings – advanced – tactical – laser-defeats-ground-target-in-flight-test.html（accessed April 15, 2018）.

10. "Boeing Advanced Tactical Laser in Action," theworacle, October 1,

2009, YouTube video, 0:17, https://www.youtube.com/watch?v=qfmEU-qmgsK4 (accessed April 15, 2018).

11. Marc Selinger and Chuck Cadena, "Boeing Advanced Tactical Laser Strikes Moving Target in Test," PR Newswire, Oct 13, 2009, http://boeing.mediaroom.com/2009-10-13-Boeing-Advanced-Tactical-Laser-Strikes-Moving-Target-in-Test (accessed April 15, 2018).

12. Mark Neice, in telephone interview with the author, April 17, 2018.

13. "Airborne Tactical Laser Feasibility for Gunship Operations Abstract," Air Force Scientific Advisory Board, 2008, http://www.scientificadvisoryboard.af.mil/Portals/73/documents/AFD-151215-017.pdf (accessed April 15, 2018).

14. Stuart Fox, "Pew. Airborne Military Laser Takes out Truck on Video," Popular Science, October 1, 2009, https://www.popsci.com/MILITARY-AVIATION-AMPSPACE/ARTICLE/2009-10/PEW-AIRBORNE-MILITARY-LASER-TAKES-OUT-TRUCK (accessed April 15, 2018).

15. They are Isamu Akasaki, Hiroshi Amano, and Shuji Nakamura, https://www.nobelprize.org/prizes/physics/2014/summary/ (accessed September 30, 2018).

16. Defense Science Board Task Force on Directed Energy Weapons (Washington, DC: Office of the Under Secretary of Defense for Acquisition, Technology and Logistics, December 2007), p. viii.

17. "Navy Readies Free-Electron Laser Contracts," Defense Daily, January 5, 2009.

18. David Smalley, Office of Naval Research spokesman, in telephone interview with the author, April 11, 2013.

第八章
固态激光武器

美国参议院里的头号激光迷马尔科姆·沃洛普已于 1995 年退休，但他对激光技术的热情感染了国会大厦里的其他人。在美国政府 2000 财年的国防预算中，深藏着一项指令，要求五角大楼制定激光武器的总体研制规划，包括确定激光武器的用途、关键的激光技术、发展这些关键技术的计划，以及经费预算等。激光武器的发展赶上了个绝佳的时机。

"冷战"的结束改变了激光武器的规则。天基激光武器项目和"天顶星"太空测试计划，名义上仍在进行，但实际上都停滞不前。机载激光武器（ABL）的进展落后于预期，人们开始质疑它的价值。战术高能激光武器（THEL）快要在打击短距离目标上取得可喜的测试结果了，但自身也还存在一些问题。巨型燃气激光器的输出功率令人印象深刻，但是他们体积庞大、结构复杂。

美国国会希望出现新气象。氧碘激光器比燃气激光器有优势，但这个优势并不大。它仍然需要泵入气体，混合化学物质，以及安装复杂的管道。其他激光技术的发展速度要快得多。改进半导体、玻璃、晶体等材料，提高固态激光器的功率和性能方面已取得了显著进展。劳伦斯·利弗莫尔国家实验室开始在国家点火装置上设计建造世界上最大的激光器。民用激光技术的发展突飞猛进。激光器和光纤光学的发展推动了互联网容量的爆炸式增长，电信产业将数十亿美元的资金投入光学领域。用激光能制造出最快、最好的计算机电子芯片。激光手术已成为矫正视力的热门方式，激光机械工具能够切割、焊接和钻孔的材料范围更加广泛。当燃气激光器慢慢宣告失败，氧碘激光器又那么复杂难搞，是时候重新审视一下民用的激光新技术有没有可能用于武器研究了。

激光武器
Lasers, Death Rays, and the Long, Strange Quest for the Ultimate Weapon

激光武器总体规划

美国国会发表了一项重要声明,将国防部的全新激光计划列为首要任务研究"化学、固态及其他类型激光器的潜在武器应用"。20 世纪 60 年代,定标放大玻璃和红宝石激光器的尝试失败了,而燃气激光器成功完成了演示验证,固态激光器由此被淘汰出局。此后,燃气激光器和其他气动激光器在激光器功率竞赛中领先了数十年。它们能将超过 10% 的化学能量转化为激光,并且气体的快速流动能够带走剩余的废热,即"垃圾处理"原则。千禧年(2000 年)之交,它们在挑战兆瓦级功率的比赛中,唯一的竞争对手是自由电子激光器,美国海军那时正在研究自由电子激光器在大型水面舰艇上的潜在应用。

但化学激光器也存在一些严重的问题。它们是含有危险性化学物质的大型复杂装置。如果敌对分子发射的火箭弹击中了战术高能激光武器系统,不仅会摧毁激光武器,激光器里的危险性化学物质还会污染整个区域。机载激光武器系统必须尽可能缩减体积,才能装进波音 747 型喷气式飞机。此外,由于机载激光武器只能携带有限的化学燃料,每 10 发次的攻击后,便需要飞回机场以补给燃料。

自由电子激光器的高功率来自从高压电子加速器产生的相对论电子束。它们能实现千瓦级高光束质量的激光输出,并且从电能到激光的能量转换率高达百分之几十。自由电子激光器能够在波长上进行调谐,这一优点对美国海军十分重要。面对不同的海况,海军可以通过调谐激光器的波长,使激光发挥最佳作用。但自由电子激光器太大了,难以搬离地面。

固态激光器也有重要的进展。半导体激光器阵列取代了西奥多·梅曼时期以来一直使用的闪光灯作为新的泵浦源。半导体激光器能将更多的输入电能转换为激光。它们的激光波长也能与玻璃或晶体激光器所需的泵浦波长相匹配,能够实现更高效的泵浦,从而进一步提升了固态激光器的整体效率。采用这种设计的 2 台千瓦级固态激光器已应用于机载激光武器系

第八章
固态激光武器

统,用于照射目标以及用作自适应光学系统的信标。

民用激光领域的爆炸式发展推动了固态激光技术的快速发展,但也带来了一定的负面影响。高能激光报告指出,因为民用激光技术的蓬勃发展,激光器元器件的供货商们大都在为民用激光生产元器件,为激光武器生产元器件的供应商已经很少了。肯·比尔曼参与了机载激光武器项目的研发,对此深有体会。为高能激光器 7 项关键元器件供货的 11 个供应商中,只有 5 个能稳定地供货。其余 6 个供应商的供货能力很弱。其中,OCLI 公司为高能军用激光系统制造光学薄膜,是仅有的两家光学薄膜制造公司之一。但早在 2000 年,它就被另一家公司收购了,并打算用镀膜生产线为民用光通信网络产品镀膜。而在几年前,五角大楼曾拥有 24 个元器件供应商。难怪现在他们会感到紧张。

高能激光器审查小组也提出警告,建造大型的激光武器演示验证系统会耗费大量的激光研发资金。2000 财年中,共有 2.27 亿美元用于高能激光的科学与技术研究,其中约 70% 的经费被用于机载激光武器、战术高能激光武器等大型激光武器演示验证系统。剩余的 30% 经费才被用于支持新技术的研发。其中固态激光器的研发经费与光束控制关键性问题的研究经费并列第一,但这两项也各只有 2600 万美元。这些钱在火热的光通信市场中简直不值一提,OCLI 公司当年的营业额是 27 亿美元。

审查小组的结论是,五角大楼应该将其支持的高能激光项目进行整合。他们提出的第一项建议便是设立一个联合技术办公室,负责管理高能激光的研发与规划。该办公室将承担日常的项目管理工作,并协调各军种、国防部高级研究计划局及弹道导弹防御机构的全部高能激光研究工作。

审查小组认为,"机载激光武器(ABL)、天基激光武器(SBL)和战术高能激光武器(THEL)等项目旨在证明高能激光武器可以投入战场使用,"但这需要加大研究经费投入。若没有更多的经费支持,五角大楼就无法在之前演示验证成果的基础上继续获得新认知、取得新进展。因此,审查小组强烈建议,在 2000 财年和 2001 财年预算中,将其他领域的经费挪给高能激光研究。如果没有额外的途径增加经费,那么就应当缩减当前

L **激光武器**
asers, Death Rays, and the Long, Strange Quest for the Ultimate Weapon

大型高能激光演示验证项目的经费，将省下来的钱用于其他的高能激光技术的研究。

高能激光联合技术办公室

一开始，高能激光联合技术办公室（HEL-JTO）的成员只有美国陆军、空军和国防部高级研究计划局，海军是后来加入的。在2000年设立这个办公室真是在正确的时间做了正确的决定。系统工程师们当时不太看好高能化学激光武器的发展前景。

工程学涉及的领域很广。电学工程师专攻电功率系统，电子工程师精通传感器、扬声器、电话、计算机和集成电路等电子器件，机械工程师设计制造机器，土木工程师设计桥梁和高速公路。化学激光器是由化学工程师与航空工程师共同建造的，化学工程师负责化学反应过程，航空工程师管控激光器内的气体流动。这两方面的工作常常会有重叠，因此，化学工程师会和航空工程师合作，共同制造化学激光器。

系统工程师负责整合各个方面的工作，确保整个大系统有序运行。他们负责将实验室的实验装置转化为士兵在战场上使用的实际武器系统。在千禧年之交参与激光武器的研究工作时，他们并不喜欢自己看到的状况。

机载激光武器项目是"一个很好的技术演示验证项目，大大推进了大气扰动补偿、目标跟踪瞄准、作战模型开发以及毁伤效应试验等方面的进展，对激光武器的实用性进行了验证，"马克·尼斯说道。他在2004年之前是美国空军研究实验室激光科的负责人，后来成了高能激光联合技术办公室的主任。但是，系统工程师们查看了爱德华兹美国空军基地和白沙靶场的"核心设施"，他们发现在波音747飞机狭窄操作室里的激光武器系统无法有效运行。马克·尼斯表示，这个项目的技术基础很好，但还没有系统地进行工程化。战术高能激光武器系统也存在这个问题，将来的先进战术激光武器也会有这个问题。

实验室的验证系统一般是拼凑在一起用于验证某个想法是否可行。一

第八章
固态激光武器

旦这个想法通过了验证测试，系统工程师便开始设计一套能够在现实中顺畅运行的系统。军用系统需要能够在战场环境运行、维护，因此，技术人员必须要打通各个关键环节。机载激光武器的所有部件都是紧凑的安装在一起的，尼斯说道："就好比一个原本只能装 5 磅的麻袋，现在要装几十磅。我们把飞机上的边边角角都塞满了，才装下这个系统。"由于所有的化学气体都要通过管道流动，工程师们谨慎地在机舱内建立了气密隔离舱，将管道内流动的化学物质密封在机舱后部，与机舱前部的机组人员和激光技术人员座位保持了安全距离。

尼斯回想起当时的情况："每个人都不约而同地说，'我们拥有了电动船只、电动车辆和电动飞机。为何我们不能制造一台电动激光器呢？可以用电动船只、电动车辆和电动飞机的电能为激光器供电。'"

答案显而易见，没有人制造过武器级的固态激光器。一些工业激光器公司虽然制造出了千瓦级的固态激光器，但仅用于近距离切割钢板。固态激光器能够在近距离上提供强大的光束，但它们的功率水平还不够高，在大气中远距离传输后，光束会发散，光束强度不足以用作武器。

设立高能激光联合技术办公室的初衷是为了发展高能激光的新技术，因此提升固态激光器功率是首要任务。他们打算分两步走以实现 100 千瓦功率的目标。第一步是获得 25 千瓦的激光输出，第二步是实现 100 千瓦的激光输出，也就是将功率指标提升至武器级。这就是联合高功率固态激光器项目，英文首字母缩写为 JHPSSL（发音为 jay-hip-sul）。

项目首次招标的时候，并没有明确要采用哪种技术路线，但所有的竞标公司都选择采用半导体激光泵浦的固体板条材料来实现功率提升。这些固体板条材料虽然有细节上的差别，但都含有钕元素，钕是一种稀土元素，能吸收 808 纳米波长的近红外半导体激光，并发射 1064 纳米波长的激光。又宽又薄的钕板条具有较大的"表面积体积比"，能够从它宽的一边很好地散热，在当时已被广泛应用于高功率脉冲固态激光器。

利弗莫尔国家实验室正在为美国陆军进行热容激光器的研究，这种激光器使用比晶体尺寸更大的透明陶瓷板条作为激光增益介质。热容激光器间歇性地输出激光脉冲串，出光 10 秒后，激光器内板条的温度会变得很

激光武器
Lasers, Death Rays, and the Long, Strange Quest for the Ultimate Weapon

高,需要从激光腔内取出冷却。这时,需要替换上另一片已冷却的板条,如此循环往复使用。早期,激光器每次的出光时间只能持续数秒。利弗莫尔实验室对闪光灯泵浦和半导体激光泵浦的热容激光器均开展了测试,发现闪光灯泵浦的热容激光器的输出光束的光束质量更好,而半导体激光泵浦的热容激光器的输出功率更高。热容激光器实现了 25 千瓦的激光输出,但无法达到 100 千瓦。

联合高功率固态激光器项目的其他合同签给了诺斯罗普·格鲁曼公司和雷神公司。他们采用了不同的板条排布方式,并用高功率半导体激光器阵列提供泵浦激光,终于在 2005 年的最后期限前,实现了 25 千瓦的激光输出。

与此同时,另一种固态激光技术(光纤激光器)也在飞速发展,它本质上是斯尼策 1961 年制造的第一台玻璃激光器的升级版。与玻璃激光器类似,它的纤芯里包含能发射激光的稀土元素,外面裹了一层低折射率的未掺杂的玻璃,这样,激光就只能在纤芯中传输,并通过末段的镜面输出。不同的地方是,它的增益介质是纤细的、可弯曲的光学光纤,而不是斯尼策曾使用的毫米级的玻璃棒。新型的光纤激光器将半导体激光器的泵浦光沿光纤长度方向注入,大幅提升了激光泵浦强度。泵浦光激发稀土元素发射出激光,激光束只能在光纤纤芯中传输,最后从光纤末段输出。这种光纤激光器能将半导体光源发射的光转换为紧密聚焦的激光束,比其他玻璃或晶体激光器的效率更高。

2004 年,时任高能激光联合技术办公室主任的艾德·波格称光纤激光器的进展是"非常令人兴奋的"。美国国防部高级研究计划局分别资助了英国南安普敦大学和美国 IPG 光电子公司进行研究,两个项目都实现了千瓦级功率的激光输出,并且输出光束的光束质量很好。高光束质量对激光武器十分重要。但有一点还没搞清楚,从微小光纤端面输出的激光在保持光束质量并避免光纤材料激光损伤的同时,究竟能够达到多高的功率。对多根光纤发射出的光束进行合成的方式也许能大幅拓展功率,但没人知道怎么做。

离 25 千瓦功率演示验证的最后期限还有几个月时,波格告诉我,"固

第八章
固态激光武器

态激光器在过去的五六年内，几乎完全颠覆了人们对战术激光武器的认知。"他希望在几年内就能看到，类似 C-130 激光武装飞机（ATL）和移动版战术高能激光武器（MTHEL）的全固态战术激光武器进行使用试验。

诺斯罗普·格鲁曼公司和德事隆公司被选中研发 100 千瓦固态激光器。诺斯罗普·格鲁曼公司采用的方案是建造平行排布的 7 个板条组成的阵列，每一个板条能够输出 15 千瓦的激光，将 7 束光近似圆形地排列成中空的图案，通过一个尺寸稍宽的孔径聚焦为一束激光。德事隆公司在收购了阿夫科公司后，接管了阿夫科-埃弗雷特研究实验室的激光团队，他们采用了一种称为"thin-zag"的"之"字形激光路径，激光在板条端面来回反射，从而实现激光振荡输出。

美国国防部高级研究计划局的长远计划：高能液体激光区域防御系统

与此同时，美国国防部高级研究计划局启动了一项名为高能液体激光区域防御系统（HELLADS）的全新激光武器项目。这个概念来自于通用原子公司，它是一家位于圣地亚哥的防务公司，成立于 1955 年，主要研究可控核聚变。该公司最著名或者说最臭名昭著的核聚变项目是"猎户座计划"。美国国防部高级研究计划局于 1958 年开始支持这个项目的研究，旨在研制出一款由核爆炸脉冲推进的航天器。在巨大的航天器后部引爆一系列小型核弹，核爆炸产生的压力推动航天器前进。该计划极为大胆，也确实能提供巨大的能量。理论上讲，它可推进一艘 4000 吨重的宇宙飞船于 1965 年飞到火星，或于 1970 年飞到土星。但它的致命缺陷在于会极大地破坏环境，核爆炸的放射性沉降物会造成环境污染，同时，核爆炸产生的蕴含巨大能量的电磁脉冲会摧毁陆地上的电力网络，以及陆地上和太空中的电子系统。

通用原子公司一直以推动尖端科技发展而自豪，但它现在进行的项目已经保守了许多，包括电磁轨道炮、"捕食者"无人机和新型核反应堆。高能液体激光区域防御系统项目是他们推进激光前沿研究的一项重要举措。这个项目的想法源自 2000 年，那时，研究人员想通过新方式排出废热，防止高能固态激光器受热熔化。"我们有几个全新的想法，包括液体激光器。这在当时是很疯狂的想法，但美国国防部高级研究计划局资助了我们，"项目负责人麦克·佩里说道。

关键的创新点在于匹配固体激光材料与液体冷却剂的光学性质。激光器需要利用液体冷却剂流经固体激光增益介质实现散热。热量被及时散掉后，激光束就能在固态和液态两种介质中不受影响地传输。流动的液体流过固体介质中的散热小孔是最快的散热方式，但液体的光学性质通常与固体介质不匹配。关键是折射率的匹配，折射率决定了光束在两种介质中传输时是否会发生弯曲。假如液体和固体的折射率一致，且液体流速均匀稳定，那么光束在通过两种介质界面时，就不会发生弯曲。做到这一点虽然很困难，但能在不扭曲光束的情况下实现对激光介质的冷却，使激光器获得更高功率的输出（做到这样，人们也就看不见液体介质了，感觉就好像只有一整块固态玻璃介质在那儿）。

这一点让美国国防部高级研究计划局很感兴趣，他们想让激光武器系统更轻巧、更紧凑，这样就能装在战斗机上。局里的目标是以 5 千克/千瓦的重功比，研制出 150 千瓦功率的激光武器系统，这样，激光武器系统的总质量只有 750 千克，相当于 5 台大型家用冰箱的质量。这对激光武器而言，已经是很轻的了。高能液体激光器采用了新的散热方式，能够大幅缩小体积和重量。假如能把高能液体激光区域防御系统做到 5 千克/千瓦的重功比，装载的武器级激光器将不超过一台大型 SUV 汽车最大载重量的 20%。虽然不算是轻量级的系统，但和战术高能激光武器相比，重量已经缩小了 1 个数量级。

这个项目将持续数年时间，其中有许多关键问题需要克服，但预期的收益十分可观，战斗机飞行员将会爱上像操纵机炮一样发射激光束的感觉。

工业激光器中的"黑马"

21 世纪初期迅速发展的另一项新技术是工业光纤激光器。

第八章
固态激光武器

　　光纤看上去又细又脆弱，但实际上它的几何构造具有独特的优势。玻璃导热的速度很慢，因此厚玻璃片能热很长一段时间，热量才能从玻璃的表面耗散出去。当你烘焙时会发现，玻璃锅需要很长时间才会冷却下来。玻璃越薄，热量耗散的速度就越快。玻璃光纤是将玻璃棒拉长、拉细制成的，光纤的表面积体积比很大，这就使得光纤能够在因热量累积而出现问题前有效地散除废热。

　　光纤激光器的另一个优势是泵浦光与激光被紧密限制在一起。注入的泵浦光与谐振的激光重叠得越紧密，激发过程就越充分，泵浦光转化为激光的效率就越高。在20世纪90年代初，斯尼策通过巧妙的三层结构光纤设计，让光纤激光器具有了很高的效率。最内层为纤芯，纤芯中含有用于发射激光的增益粒子，光纤激光器中的增益粒子通常为镱离子（通信中使用的光纤放大器通常为铒离子）。包裹纤芯的中间层负责约束泵浦光的传输，使泵浦光在沿光纤传输过程中反复经过纤芯。最外层结构能防止泵浦光漏出，让泵浦光保持在中间层传输。

　　20世纪90年代，光纤激光技术开始蓬勃发展，许多公司研发了光纤激光器，用来对远距离光纤通信系统进行光信号放大。1991年，俄罗斯物理学家瓦伦汀·加蓬赛夫创办的IPG光电子公司，也是以通信用光纤激光器起家，当市场上的竞争者太多了之后，他们开始转而制造工业用的高功率光纤激光器和放大器等。公司的总部在1998年迁至美国，从2000年起开始生产自己的半导体激光器，开展集成制造与优化设计。公司最初的光纤激光器仅有几瓦的功率，但他们不断改进，激光器的功率越来越高，在2002年和2004年分别达到了千瓦和万瓦级的功率输出。

　　IPG公司发现工业制造是个热门市场。由于他们的光纤激光器产品结构紧凑、效率高、功率大，IPG公司的发展十分成功。高功率带来了光纤激光器的新应用，对激光武器感兴趣的军方最终发现，他们可以从市场上买到千瓦级的激光器。

　　IPG公司的千瓦级光纤激光器是为工业加工而设计的，这与激光武器所需要的激光器有很大不同。为了以低成本获得高功率，公司采用了大芯径的光纤，导致输出的激光束发散角太大，不够聚焦，无法直接用于打击

激光武器
Lasers, Death Rays, and the Long, Strange Quest for the Ultimate Weapon

军事目标。在加工车间里，机器臂会操控光纤射出的激光，在距离材料表面很近的地方移动，对材料进行切割或焊接。对激光武器来说，激光破坏目标材料的过程与在加工车间里的完全不同，它的作用对象离激光武器非常远。

但这并没有阻止军方实验室及承包商采购工业光纤激光器，他们通过改造光束发射系统将其用于高能激光武器的外场试验。要研制千瓦级功率水平的激光武器，采购工业激光器产品是最简单最容易的办法。IPG公司很乐意出售他们的光纤激光器产品，但他们没太透露军方用户的购买情况。讽刺的是，五角大楼要从一个由俄罗斯人创办的公司购买高能激光器，而这个公司的核心业务还不是军用激光器，他们是做工业用激光器的。

千瓦级光纤激光器离终极武器还差得很远。但将其装在悍马车或战场上的其他军用车辆上，可以在几百米之外，向简易爆炸装置（IED）或敌方炸弹发射一束激光，一段时间后，激光就会"砰"的一声引爆炸弹。

光纤激光技术也随着时间推移在不断完善。IPG公司开始研制能够传输更长距离、光束聚焦效果更好的单模光纤激光器。2008年，美国海军研究实验室将4台1千瓦的IPG单模光纤激光器发出的光合成为一束激光，并将这束功率超过3千瓦的合成激光束发射到了1千米外的地方。

一份专家报告

与此同时，美国陆军太空与导弹防御司令部委托了一个一流的专家组，对固态激光武器防御火箭弹、炮弹及导弹的前景进行研究，这也是已开展的战术高能激光武器项目和计划开展的移动版战术高能激光武器项目的目标。这本质上是要弄清各种技术的发展现状与发展潜力，由顶级科学家对有前景的想法进行审查。

报告的绝大部分细节是保密的，但2008年公开披露的一份摘要引起了人们极大的关注。专家组警告说，美国陆军预期的100千瓦级激光器"技术不成熟、风险高，工程化难度大"。要实现项目预期的目标，专家组预计美国陆军需要再多花1亿美元。专家组认为还需要更高功率的激光器，

第八章
固态激光武器

建议美国陆军开展400千瓦级激光器的研发，并于2018年之前进行测试。这将会是一种更有效的激光武器。专家组估计这一计划将花费约4.7亿美元。

经过了对激光武器多年的失望后，专家组的提议显得很谨慎。专家们在2007年上半年开了4次碰头会，那段时间正是激光武器发展的黑暗时期。"星球大战"计划中的最后一项——天基激光武器项目，已经被悄无声息地取消了。移动版战术高能激光武器项目也被取消了。先进战术激光武器的研制正在走下坡路，其后勤补给过于冗长，系统工程师们都不看好化学激光武器。机载激光武器的研制已经延迟了好几年，并且花费远远超出预算。固态激光器成了激光武器最后的希望。

专家组希望推动400千瓦激光器的研制，主要是担心100千瓦功率的激光武器可能不足以击毁多种目标。事实证明，将项目完成时间定在2018年，是专家们过于乐观了。他们不太理解研制出这样强大的激光器究竟需要多长时间。

在激光器的竞赛中，专家组试着为现有的7种固态激光器排名。尽管离实用还差得很远，诺斯罗普·格鲁曼公司的联合高功率固态激光器设计排名第一。美国国防部高级研究计划局的高能液体激光区域防御系统项目由于风险高、技术成熟度低，而排名靠后。

光纤激光器在工业加工方面已经取得了成功，但专家组给它的排名也比较靠后，专家们觉得光纤激光器无法同时实现高功率和高光束质量。IPG公司的光纤激光器在2002年达到千瓦级功率，之后在2004年达到了万瓦级功率，他们采用了大芯径的设计，通过牺牲光束质量来提高功率。这一方式对工业加工没有影响，但对打击远距离目标的激光武器不适用。

激光武器需要的是小芯径光纤激光器发射出的高光束质量的单模激光束。然而，当时的单模激光仅达到千瓦级功率，专家组认为单模光纤激光器的最大输出功率将很难提升。IPG公司在2009年展示了一种10千瓦功率的单模光纤激光器，但这种激光器对工程技术的要求很高。看起来，应当对多束光纤激光进行合成实现高功率的单束激光，但大家都不知道该怎么做。

激光武器
Lasers, Death Rays, and the Long, Strange Quest for the Ultimate Weapon

让火药成为过时的技术

2009年年初，诺斯罗普·格鲁曼公司和德事隆公司都快要实现联合高功率固态激光器100千瓦功率的目标。两家公司都采用了板条型的透明陶瓷材料作为激光增益介质，这种材料能在发射激光的同时，较好地导热。为了让激光器能持续稳定地工作5分钟，需要引入液体制冷装置。高能激光联合技术办公室发现，必须要有制冷装置，因为输入激光器的电功率中，只有约1/5的功率能转化成了激光功率。这就意味着，一台输入电功率为500千瓦的激光器需要通过制冷排出大约400千瓦的热量，才能实现100千瓦功率的激光输出。

在演示验证完成之前，高能激光联合技术办公室启动了"耐用电子激光倡议"（RELI）。这个项目的目标是研制足够耐用的固态激光器，让它能作为武器在战场环境中使用，而不是仅仅在实验室环境中做测试。美国陆军太空与导弹防御司令部定向能部门负责人约翰·瓦克斯想将激光输出的效率提升至30%，这样输出100千瓦功率的激光将只需要330千瓦的输入电功率。制冷装置也只需排出230千瓦的废热，这将是一个巨大的进步。制冷装置体积庞大且极为耗电，每年夏天的电费账单会提醒你提高激光器效率的重要性。事实上，光纤激光器的效率可以达到30%。因此，虽然光纤激光器的输出功率远远不及板条激光器，但它依然是板条激光器的有力竞争者。

诺斯罗普·格鲁曼公司于2009年3月制造出了一台能够持续工作5分钟以上的105千瓦激光器（如图8.1所示），它被装在巨大的金属箱内，这是第一台抵达联合高功率固态激光器竞赛终点线的激光器。在一场远程新闻发布会上，公司分管定向能系统的副总裁丹·维尔特开玩笑说："我们做了应该做的工作，使火药成为了过时的技术。"激光器的输出功率还达不到输入电功率的1/5，比理想的20%效率略低，但这已经是很不错的成绩了。激光器由7个模块组成，每个模块能发射15千瓦功率的激光，模

第八章
固态激光武器

块并排排列，能实现105千瓦的总输出功率。激光器的尺寸为2米×2米×2.7米，总质量为7吨，用于战场质量还是太大、太重了。

图8.1 诺斯罗普·格鲁曼公司的联合高功率固态激光器能持续发射105千瓦的激光达5分钟以上，输入电功率转换为激光功率的效率略低于20%。它是一项突破性的成果。但它的体积为2米×2米×2.7米，总质量为7吨。（图片源自诺斯罗普·格鲁曼公司）

行业杂志《航空周刊》认可了这一成果，并分别向马克·尼斯（来自高能激光联合技术办公室）、布莱恩·斯特里克兰（美国陆军太空与导弹防御司令部首席科学家）、杰伊·马诺与斯图亚特·麦克诺特（来自诺斯罗普·格鲁曼公司）颁发了荣誉奖。这项成果是电驱动激光武器研发道路上的一座里程碑，只要持续对激光武器供电，它们就能不停地开火。

将100千瓦的激光束聚焦在一个小点上，能切开造船用的2英寸厚钢板。但从其他角度来看，功率指标就不那么理想了。100千瓦仅相当于137马力，还比不上动力强大的汽车发动机，但略强于2013年本田公司出产的经济型汽车的发动机（只有117马力）。当然，汽车发动机产生的机械能的作用面积要远远大于激光焦点的作用面积。

激光武器
Lasers, Death Rays, and the Long, Strange Quest for the Ultimate Weapon

高能激光武器没法成为杀死人类的"死光"。当然，聚焦的 100 千瓦激光束会使人严重烧伤，但能量的累积需要时间，因此，当人们感到灼痛后，往往会很快逃开。除了对准眼部照射，在短时间内，高能激光武器无法对人体造成严重的伤害。现有的激光器还达不到制造激光手枪所需的能量密度。即使能够找到某种能产生足够激光能量密度的神奇材料，并假设激光手枪能够将输入能量的一半转换为激光束发射（这对激光器来说，已是很高的效率），手枪将会产生和激光束能量一样的热量，除非穿戴好绝热手套，否则巴克·罗杰斯（科幻人物）会烧伤自己的手。因此，激光技术还有很长的路要走。

德事隆公司的激光器在几个月之后也研制成功了，但是诺斯罗普·格鲁曼公司的产品性能更好，高能激光联合技术办公室把诺斯罗普·格鲁曼公司的激光器拉到位于白沙靶场的高能激光系统试验场，测试它对目标的打击能力，并对激光束的大气传输效果进行评估。然而，诺斯罗普·格鲁曼公司的激光器需在超净间内工作，还额外需要一间屋子用于放置水冷机。高能激光联合技术办公室的负责人马克·尼斯回忆道："系统工程师们看了一圈后说，'哦，但你们打算把它装在哪儿啊？'"

尽管如此，联合高功率固态激光器项目在提升激光功率方面进展卓越，它还可以被用来测试波长在 1 微米附近激光的光学性能及光束的传输特性。它无法在战场上应用，但可以用于打靶练习。

客厅里的大象

2009 年 6 月底，我参加了美国定向能专业学会在波士顿地区的一家酒店举办的高能固态激光器会议，近距离地接触了激光武器。会议上最大的激光器是 IPG 光电子公司的 10 千瓦单模光纤激光器，它是 IPG 公司高能激光器研究的最新成果，通过小芯径的光纤实现了极高功率和高光束质量的激光输出。激光器的大小与一台大型冰箱差不多。

学会比较介意有记者在场，这也是可以理解的。后续的涉密会议在其

第八章
固态激光武器

他地方召开，当给他们看了我之前撰写的有关激光武器的文章后，他们便接纳了我。

对从事激光武器研究的工程师、物理学家以及其他相关领域的研究人员来说，这是一场老朋友和同事的聚会。我很享受这一场合，遇见了马丁·斯蒂克里、杰克·多尔蒂、路易斯·马奎特等多年的老朋友。我和朋友们一边聊天，一边吃午餐，还在酒店草坪上吃了一顿龙虾。

会上的许多文章都是最前沿的研究成果，让我这个激光迷大为着迷。我的另一个朋友，来自科罗拉多大学的玛格丽特·莫内恩是短脉冲激光器领域的顶尖专家，她做了一场关于利用非线性过程将短脉冲的普通激光转化为超快相干 X 射线的演讲。

其他的论文大都以武器为导向。IPG 公司的奥列格·什库里金，介绍了可用于激光合成实现更高功率的千瓦级窄线宽光纤激光器的进展。这看上去有望解决单束光纤激光的功率限制问题。IPG 公司的亚历克斯·尤西姆报告了单模光纤激光器首次打破 10 千瓦功率壁垒的情况。他们成功的关键是在激光产生上进行了十分细致的工程化设计。IPG 公司展示了一台原型样机，但也提醒大家，"把功率提升至 15~20 千瓦将会非常困难。"

美国空军研究中心的肖恩·罗斯做的关于激光武器现实问题的演讲最能说明问题。他说固态激光武器研制过程中的系统工程问题就好比"客厅里的大象（意为显而易见却一直被忽略的问题）"。三个最大的问题是：固态激光材料在高能工作状态下的激光损伤、高效的热管理、以及严格恰当的激光性能的表征方法。

光学损伤现象会使用于产生强激光脉冲的增益玻璃碎裂，导致固体激光器在 20 世纪 60 年代研究死光的进程中出局。光学损伤对在燃气激光器中使用的透射和反射镜来说也是一大问题。罗斯表示，光学损伤现象"正悄悄地影响着大多数高能激光项目的顶层设计"。曾有项目因镜片在本以为安全的功率水平上出现了光学损伤，而延期了数月。延期导致的额外开销占了当年工作经费的一大部分。在另一个项目中，小的灰尘污点导致镜片被激光损坏，研究人员花了三天时间才重配了一个镜片，并重新进行了光路校准。

激光武器
Lasers, Death Rays, and the Long, Strange Quest for the Ultimate Weapon

"镜片的寿命有限，最终都会出现激光损伤，"罗斯对满满一屋子的激光同行专家说道，"但是没人知道高能激光器能在低于镜片损伤阈值的功率水平下工作多长时间。"简言之，对这个非常重要的问题目前还没有很好的解决方案。研发人员在研究新的光学材料，但仍有许多工作要做。

最新最大的千瓦级演示验证激光器必须配有实验室的冷却器，这让它们无法在战场上使用。"激光器功率越大，制冷的需求就越大，"罗斯说，"我们需要开始在其他类型的制冷系统中积累研发经验"，并采用非水制冷剂，这一点对美国空军而言，尤为重要。

外场演示验证

在参加定向能专业学会的会议之前，我听说新一代的激光武器正在外场进行测试。新一代的武器不再是像机载激光武器那样使用笨重的燃气激光器，并需要通过黑白显示屏拦截导弹。新一代的激光武器能装在卡车或吉普车上，用于清除简单目标。比如，未爆炮弹或战场、土路上遗留的简易爆炸装置。

测试采用的是工业级固体或光纤激光器，输出功率为数百瓦至数千瓦。它们分别由不同的公司制造，体积紧凑，可以装在车上。新一代的激光武器增加了一套控制系统来启动激光器，并将光束对准目标。找到合适的打击目标很重要。理想的打击目标是低速或静止不动的目标，最好还装载了爆炸物，这样，激光就可以对其加热，"砰"的一声引爆它。虽然这样的目标在战场上不常见，但激光可以清除战场上的武器残留，这也是固态激光武器的一个应用方向。

在"科尔号"驱逐舰遇袭后，美国海军开始研究怎样能有效摧毁敌人的小艇。我在拜访比尔·夏纳时，了解到一些最新的情况，他当时是IPG公司总部（位于马萨诸塞州中部）负责销售的副总裁。他带我来到一间会议室，向我展示了一些新东西。他播放了一段视频，在视频中一艘安装有舷外发动机的小艇，正在浅水面上微微地上下浮动。小艇上没有人，它像

第八章
固态激光武器

是下了锚或是用绳索固定住的。我知道有事会发生,我知道会用到激光武器,我也知道激光束是不可见光。很快,我就看见发动机上有火花闪烁。舷外发动机上比较脏,经常会漏点油出来。几秒钟之后,火焰越来越大,发动机很快就起火了。

现在,YouTube 网站上已经有这段视频了,但在当时,视频是不能公开的。虽然这段视频不涉密,但这是最新的进展,当时只限内部人员知晓。夏纳没有透露视频的出处,但由于试验目标是个浮在水面上的小艇,我知道美国海军肯定参与其中。

美国海军研究办公室计划进行更大、更全面的测试,这个项目全称为海军激光武器系统,简称 LaWS。美国海军最开始采用的是一种相对较小的工业激光器,它在 2011 年从驱逐舰上击毁了几艘小艇,并于 2012 年击落了一些无人机。之后,该系统进行了升级,2014 年 4 月,美国海军宣布该激光武器将被装在"庞塞"号驱逐舰上,并在波斯湾开展海上测试。

美国海军没有透露这台激光武器的太多信息,但很快有消息传出,它是由 6 台 IPG 公司制造的工业光纤激光器组成,每台激光器可发射 5.5 千瓦的激光。因为是工业用激光器,它们比较结实,但面对潮湿的海上环境以及在甲板上可能遇到的碰撞,它们还得更结实耐用些。激光器配有一台很大的"发射望远镜",是那种能让天文爱好者都十分兴奋的大型望远镜。望远镜的镜片显然需要承载强大的激光能量,激光束的总功率可达 30 千瓦,而且它还需适应严峻的海洋环境。美国海军采用的光束合成方式并不复杂,仅是通过光纤将发射的激光导入望远镜内。

美国海军在舰艇内部安装了显示屏和控制器,看上去就像在玩电脑游戏一样,由经验丰富的士兵进行冷静、专业的操作。LaWS 系统击毁了一架无人机和装载爆炸物的小船。美国海军将这段视频上传至 YouTube 网站,获得了超过 550 万次的播放量。海军研究主任马修·L. 克隆德少将表示,该武器样机"在极端恶劣的环境下,能瞬间摧毁指定的打击目标"。克隆德还补充说明了一些情况。海军不再需要发射昂贵的拦截弹来阻拦目标,或携带昂贵且危险的化学燃料上战场了,只要带些柴油就行了,经计算,克隆德预计每一发激光的成本将不到 1 美元。他表示,"LaWS 所带来

激光武器
Lasers, Death Rays, and the Long, Strange Quest for the Ultimate Weapon

图 8.2 美国海军"庞塞号"LaWS 控制台上的操作员。他们看上去像是在玩电脑游戏，但实际上，他们正在对外面的真实目标发射真实的激光束。（图片源自美国海军研究办公室）

的巨大价值是毋庸置疑的。经济可承担性是国防预算中要考虑的重要问题，这样我们就能更有效地调配资源。"

耐用电子激光倡议

高能激光联合技术办公室下一步打算是提高联合高功率固态激光器的功率，使激光武器系统更加实用。这意味着需要减小激光器的体积和重量，提升耐用性，并将系统总效率提升至 30% 以上。他们将这一计划称为"耐用电子激光倡议"，着重强调系统的耐用性。他们不想再将激光器局限在超净室里使用，希望能有耐用、系统紧凑且高效的全电驱动的激光器。他们资助了 4 种不同的研发方案，均计划在 2014 年完成。

其中一项是通用原子公司的高能液体激光区域防御系统项目，最早是由美国国防部高级研究计划局资助。它最初是一个板条激光器的优化项目，液体从内部流经板条时，能在不影响激光传输的情况下带走废热。项

第八章
固态激光武器

目的总目标是建造一台质量为 750 千克、发射功率为 150 千瓦的激光器，并且体积小到能够装在喷气式战斗机上。飞行员是美国空军的核心，因此，空军想为他们的顶级飞行员配上死光射线。

另一个项目是由雷神公司研发的优化型板条激光器。该系统内部采用了波导结构，该结构像一条嵌入板条内部的又长又薄的尺子，引导激光沿着板条长度方向传输。光束只能在波导结构中传输，这就克服了固态激光器中常见的热晕现象，在激光器受热时也不会发生光束泄漏。2012 年，雷神公司公布了一个 30 千瓦功率的激光武器系统，该系统中的板条激光器质量不足 200 千克，体积不到 0.4 立方米，大约是一个边长为 30 英寸的立方体。他们宣称该系统至少能将功率定标放大至 100 千瓦。

诺斯罗普·格鲁曼公司将研发方向从板条激光器转向了对多台光纤激光器输出激光的光束合成上。合成的关键在于使所有待合成激光束的相位精确匹配。为了达到满意的匹配效果，各路光束必须来源于同一受激辐射源，多路光束规律地排列。之后，实时控制各路光束的相位，使分开的光束仍然保持相位匹配。理论上，这种方式产生的激光束存在相干性，但实际的操作细节很复杂。对于无线电发射机而言，多路发射波束实现相位匹配很容易，因为无线电波的波长是厘米级的。光波的波长是无线电波的万分之一，要实现波束相位的精确匹配，难度会大很多。

诺斯罗普·格鲁曼公司首先用一个校准后的激光源在较窄的谱宽内发射精确控制的激光。然后，将这束激光分割为几束光，每束光在传输过程中均保持相位上的完美匹配。之后，将这些光束分别注入含有掺杂发光介质的光纤中，实现相同波长激光的放大。最后，将放大后的各束激光精确的合成，形成更高功率的单束激光。这一技术被称为"相干合成"。诺斯罗普·格鲁曼公司于 2014 年 6 月称，实现了 3 束千瓦级激光的相干合成，达到了 2.4 千瓦的功率输出，并克服了之前多路光纤激光合成过程中存在的光束失配问题。相关工作还在继续开展。

洛克希德·马丁公司采用另一种截然不同的技术路线。他们没有尝试去精确匹配激光的相位，而是对多路波长相近但略有差异的光纤激光进行了光谱合成。这种合成方式形成的光束与相同波长激光的相干合成不同，因为相位会随着光波传输而时刻变化。在这种光谱合成情况下，各路激光独立传输，合成的过程就是各束激光强度的简单叠加，不会形成干涉。这个方式适用于空气中传播的不同颜色的光的叠加，与广播电视基站传播不同波长的无线电信号的方式是一样的。

高速光纤通信系统采用了这一原理，利用同一条玻璃光纤中传输不同波长激光的方式，实现了多个独立信号的发送。每路激光仅占光谱上的很小一部分，不存在光谱重叠，所以不会引起相互间的干涉，并且能对100路以上或更多路的光束进行叠加。这种方式被称为"光谱合成"，用于合成多路相近且波长不同的激光。光谱合成产生的激光功率可达数万瓦，远远大于通信系统的功率水平。

洛克希德·马丁公司研究激光与传感系统的高级研究员罗伯特·法扎尔说："高功率光纤激光通过光谱合成能够获得更高功率，并且光束质量近乎完美——可用于将光纤激光器提升至武器级水平。"2014年，洛克希德·马丁公司进行了激光武器试验，用光谱合成方式将96路光纤激光（单路激光功率约为300瓦）进行了合成，获得了约30千瓦功率的激光束。2017年，他们将一台升级版的60千瓦武器系统拉到了位于阿拉巴马州亨茨维尔的美国陆军太空与导弹防御司令部，用一台大型军用卡车作为装载平台，进行了可机动的激光武器验证测试。现在，他们正研究怎样进一步提高功率。

参考文献

1. Report of the High Energy Laser Executive Review Panel: Department of Defense Laser Master Plan (Washington, DC: Department of Defense, March 24, 2000), http://www.wslfweb.org/docs/MasterLaserPlan.pdf (accessed April 17, 2018).

2. C. A. Brau, "The Development of Very High Power Lasers," in Proceedings of the International Conference on Lasers' 88, ed. R. C. Sze, F. J. Duarte, and the Society for Optical and Quantum Electronics (McLean, VA: STS Press, 1989), pp. 20-32.

3. Form S-4: JDS Uniphase Corp. (Washington, DC: US Securities and Exchange Commission, Morningstar Document Research, September 7, 2000),

第八章
固态激光武器

p. 30.

4. Mark Neice, in telephone interview with the author, April 17, 2018.

5. Ed Pogue, director of HEL-JTO, in telephone interview with the author, July 8, 2004.

6. Ann Parker, "World's Most Powerful Solid-State Laser," Science & Technology Review, October 2002, https://str.llnl.gov/str/October02/Dane.html (accessed April 18, 2018).

7. Jeff Hecht, "Laser Weapons Go Solid-State," Laser Focus World, September 1, 2004, https://www.laserfocusworld.com/articles/print/volume-40/issue-9/features/backto-basics-solid-state-lasers/laser-weapons-go-solid-state.html (accessed April 18, 2018).

8. Jeff Hecht, "Ray Guns Get Real," IEEE Spectrum, June 30 2009,

https://spectrum.ieee.org/semiconductors/optoelectronics/ray-guns-get-real (accessed April 23, 2018).

9. "History," General Atomics, http://www.ga.com/history (accessed April 20, 2018).

10. George Dyson, Project Orion: The True Story of the Atomic Spaceship (New York: Henry Holt, 2003).

11. "Future Optics: Optics and Photonics Move Remotely Piloted Aircraft Forward, an Interview with Michael D. Perry," Laser Focus World, December 16, 2016, https://www.laserfocusworld.com/articles/print/volume-52/issue-12/columns/futureoptics/future-optics-optics-and-photonics-move-remotely-piloted-aircraft-forward-aninterview-with-michael-d-perry.html (accessed April 20, 2018).

12. Michael D. Perry et al., "Laser Containing a Distributed Gain Medium," US Patent 7366211B2, filed September 5, 2006, https://patents.google.com/patent/US7366211B2/en (accessed April 20, 2018).

13. "Used 2003 Cadillac Escalade Features & Specs," Edmunds.com, https://www.edmunds.com/cadillac/escalade/2003/features-specs/ (accessed

May 29, 2018).

14. "The IPG Story Is about Independence, Creating Advanced Technology, Having a Unique Business Model, and Rampant Success," IPG Photonics, http://www.ipgphotonics.com/en/whyIpg#[history] (accessed April 20, 2018).

15. P. Sprangle et al., "High-Power Fiber Lasers for Directed Energy Applications," Naval Research Laboratory Review (2008): 89-99, https://www.nrl.navy.mil/content_images/08FA3.pdf (accessed April 20, 2018).

16. National Research Council, Review of Directed Energy Technology for Countering Rockets, Artillery, and Mortars (RAM), abbreviated version (Washington, DC: National Academies Press, 2008), pp. 1-2, http://nap.edu/12008 (accessed April 19, 2018).

17. Gail Overton, "IPG Offers World's First 10-kW Single-Mode Production Laser," Laser Focus World, June 17, 2009, https://www.laserfocusworld.com/articles/2009/06/ipg-photonics-offers-worlds-first-10-kw-single-mode-production-laser.html (accessed May 29, 2018).

18. John Wachs, Army Space and Missile Defense Command, Huntsville, AL, in telephone interview with the author, January 9, 2009.

19. Dan Wildt, in author's notes from press teleconference, March 18, 2009.

20. "Laureates 2010: Information Technology/Electronics Laureate, Joint High Power Solid-State Laser," Aviation Week, March 29/April 5, 2010, p. 70.

21. David Belforte, "What's New with 100-kW Fiber Lasers?" Industrial Laser Solutions, January 26, 2015, https://www.industrial-lasers.com/articles/print/volume-30/issue-1/departments/update/what-s-new-with-100kw-fiber-lasers.html (accessed May 29, 2018).

22. "Model Information: 2013 Honda Fit," Honda Owners, http://owners.honda.com/vehicles/information/2013/Fit/specs#mid^GE8G3DEXW

第八章
固态激光武器

(accessed April 23, 2018).

23. Author notes from Solid-State and Diode Laser Technology Review conference held by the Directed Energy Professional Society, June 29–July 2, 2009. (Technical digest was published.)

24. Eric Beidel, "All Systems Go: Navy's Laser Weapon Ready for Summer Deployment," US Office of Naval Research, April 7, 2014, https://www.onr.navy.mil/en/Media-Center/Press-Releases/2014/Laser-Weapon-Ready-For-Deployment (accessed April 24, 2018).

25. "Laser Weapon System (LaWS)," US Navy research, December 10, 2014, YouTube video, 1:25, http://youtu.be/D0DbgNju2wE (accessed April 24, 2018).

26. David Smalley, "Historic Leap: Navy Shipboard Laser Operates in Persian Gulf," US Office of Naval Research, December 10, 2014, https://www.onr.navy.mil/Media-Center/Press-Releases/2014/LaWS-shipboard-laser-uss-ponce (accessed April 24. 2018).

27. "Raytheon, Lockheed Share $23.8 Million for Laser Weapon," Optics.org, July 8, 2010, http://optics.org/news/1/2/2 (accessed April 23, 2018).

28. David Filgas et al., "Recent Results for the Raytheon RELI Program," Proceedings SPIE 8381, Laser Technology for Defense and Security 8, 83810W (May 7, 2012), https://www.spiedigitallibrary.org/conference-proceedings-ofspie/8381/83810W/Recent-results-for-the-Raytheon-RELIprogram/10.1117/12.921055.full (accessed April 24, 2018).

29. Gregory D. Goodno et al., "Diffractive Coherent Combining of >kW Fibers," in CLEO 2014, OSA Technical Digest (Optical Society of America, May 2014), paper STh4N.3, https://www.researchgate.net/publication/263785967 (accessed April 24, 2018).

30. Robert Afzal, Lockheed Martin, in telephone interview with the author, July 10, 2017.

第九章
寻找终极武器

激光的发展不可思议，蕴含着无限可能。它可能是罗伊·约翰逊以及美国高级研究计划局苦苦寻找的终极武器，可以战胜苏联的弹道导弹。医生用它攻克癌症，物理学家用它解开原子物理的奥秘，工程师用它传输无限量的信息。所有这些美妙的事看上去很快就能实现，就好比太空探索，人类在十年之内就登上了月球。

从戈登·古尔德带着激光的设想走进美国高级研究计划局起，激光60年的发展表明，事情没那么简单，没那么理想，也没那么快能实现。激光给电信业带来了革命性的变化。激光脉冲沿着像头发丝般纤细的玻璃光纤，将携带的文字、图片、声音、视频和大量计算机生成的信息，传输至全球各地。这是一项神奇的成就，建立在激光器、光纤光学以及电子、计算机领域巨大进步的基础之上，花费了40年时间。

研发激光武器（死光）比想象中难得多。最容易被激光束伤到的身体部位是眼睛，故意损伤他人的眼睛是不人道的行为。100多个国家签订了协议，禁止使用致盲人眼的激光武器。但可以用激光武器攻击制导炸弹与导弹中的电子视觉系统。

新一代固态激光武器除了能够致盲探测器之外，还能够损坏、摧毁敌方武器，或使其失能。到目前为止，固态激光武器还只在测试范围内使用，但是，它迟早会在实战中使用，打击恐怖分子和敌人的无人机、火箭弹、炮弹、小艇等目标。

第九章
寻找终极武器

激光武器的魅力

美国高级研究计划局被古尔德1959年的建议吸引是因为激光具备以光速打击目标的能力。军事术语里，激光武器是一种定向能武器。定向能武器的特点是精确度高，与射出子弹、引爆炸药相比，能够更好地聚集能量。如今，美军空军司令部首席科学家珍妮特·芬德与她的军方同事发现，激光武器最吸引人的特点在于其作战的持久性（无限弹仓）。

为什么激光武器具有持久性？她解释说："激光武器与消耗类武器相比，可以在战斗中持续更长时间。"电驱动的现代激光武器靠那些在战场上持续"嗡嗡"工作的柴油发电机供电。子弹、火箭弹、炸弹会耗尽，但只要柴油机能够提供充足的电力，后勤系统确保军队有足够的补给，激光武器便能持续攻击。没有哪个指挥官想要在敌人退却前耗尽柴油发电。

芬德表示："我们当然不会马上丢弃所有的重型炸弹。"武器的选择取决于任务需要。但激光武器拥有的持续性火力能够为飞机或舰艇提供防护盾，保护其在战斗中生存更长的时间。那才是战场指挥官需要的东西。"持久性是激光武器被大家认同的第一要素。"

精确打击能力是另一个重要原因。芬德说道："我们不可能对所有目标都投下2000磅重的炸弹。"激光的精确性可以使附加伤害和平民伤亡降至最低。激光束还能够在很短的时间内重新瞄准目标。当击毁一架携带危险载荷的四旋翼无人机后，激光束能够以光速重新射出，击毁下一目标。这也给指挥员提供了新的作战选择。时任美国空军特种行动指挥部司令的布拉德利·希索德将军曾大加赞赏用激光武器进行秘密行动的方式，比如，利用激光武器隐蔽地切断敌人的关键通信链路，这并不需要投入多少兵力，自身也没有伤亡。

以上这些原因就是芬德所说的"性价比"。一枚精确复杂的巡航导弹要花费数百万美元。柴油发电机为现代电驱动的激光武器供电，击毁一枚火箭弹或一架无人机，只需消耗价值1美元的柴油。今天，我们正使用昂

激光武器
Lasers, Death Rays, and the Long, Strange Quest for the Ultimate Weapon

贵的武器来防御廉价的火箭弹、无人机和小艇攻击。芬德说道："如果我们能够实现激光武器的低成本发射，便可以用低廉的花费来对抗这些廉价威胁。"如果敌人用成本更高的武器来攻击我们，"我们将真正使双方的成本天平向对我们有利的方向倾斜，而不是持平。"

美国空军的研究计划中，不包括任何的终极激光武器。就近期而言，美国空军正集中力量发展地基激光武器的应用。相比于将高能激光武器塞进一架战斗机所面临的严峻技术挑战，地基激光武器的可行性看上去最大。长期来看，美国导弹防御局正在对装载于超级无人机上的兆瓦级非化学激光武器进行预研，希望它能完成机载激光武器未能完成的弹道导弹防御任务。

对激光武器系统日益渐长的兴趣，是芬德近期观察到的军方态度的重要变化。以前激光系统的开发者需要向军方力推他们的新技术。现在，她发现军方一旦观看了激光武器的作战演示后，就会主动提出对激光新技术的需求。举个例子，陆军将激光武器演示验证系统拉到位于美国俄克拉荷马州的锡尔堡试验场，邀请了一名将军在武器指挥官的陪同下现场观看激光武器击毁无人机的演示。芬德说道："当那架四旋翼无人机被击毁起火，将军当场表示，'我们想要一百台这样的装备'。"

大家都认为激光武器已经可以用于实际作战了。芬德说道："不要错误理解我的意思。激光武器的研究还远没有结束，但是现有的成果已能够研制出第一代的激光武器了。"

激光武器与其他定向能武器目前确实也存在一些缺陷。激光武器能够以光速攻击目标，但是光束需要在目标上停留一段时间，才能传输足够致命的能量。虽然拦截弹与激光束相比，行动迟缓得像乌龟一样，但当拦截弹打击目标时，可以瞬间击毁目标。激光击毁火箭弹的过程，并不像科幻小说里写的那样，物体被击中后，就会瞬间爆炸。实际上，激光打击目标时，会先形成发热的亮斑，积蓄了足够的能量后，才能引爆目标。激光武器打击火箭弹时，火箭弹会继续向前飞，被打击处会不断地发烫、变亮，数秒钟后，火箭弹才会爆炸解体。这个过程就好比用电水壶烧水，按下开关后，水壶里的水瞬间就会加热，但要把水烧至沸腾，则需要一定的时

第九章
寻找终极武器

间。这意味着激光武器必须将杀伤光束持续聚焦于运动的目标物体上，直到目标爆炸，或失去控制并坠毁。

曾有视频显示高功率的激光束能像切黄油一样轻松地切割金属板，千万不要被这些视频欺骗。这些激光束的传输距离只有几英寸，所以它们可以被聚焦到一个很小的点上。当激光武器与打击目标相距数百米以上时，很难将光束聚焦到目标上一个很小的点。激光束的作用面积一般为几平方英寸。这样便能在静止的卡车发动机盖上烧出个洞。激光束加热薄壳燃料箱和炸药时的效果更好，它能烧化燃料箱的金属外壳，使箱内压力不断上升，直至燃料箱爆炸，或是加热炸药至引爆点，使其爆炸。激光武器可以点燃舷外发动机油箱处的汽油烟雾，但它无法在战场上切开敌方坦克的重型装甲。

不管怎么说，激光武器确实有着独特的神秘性。电影《王牌大贱谍》中邪恶博士想要的不是普通鲨鱼，而是能发射激光束，令人胆寒的鲨鱼。驻海外的美军目前使用绿色激光炫目器驱离靠近检查站的人群。炫目器本质上就是大功率的激光笔，因为它们发出的光太亮了，所以人们会本能地避开。据称使用绿色激光炫目器减少了检查站的死亡人数。

全球范围的激光武器测试

当前，世界各国军队都在测试激光武器的潜力。在美国，空军、陆军、海军和海军陆战队都在对 30~150 千瓦的各类激光武器开展评估。这些激光武器虽然还没有开始大规模生产，也没有被认定为标准装备，但已经在真实环境里进行装机测试了。与 10 年前高能固态激光器（JHPSSL）只能在实验室环境与超净室开展测试相比，已经是一大进步了。光纤激光器是当前最热门的技术，但高能液体激光区域防御系统（HALLADS）与雷神公司的波导激光系统也在发展中，各类新型的激光器也正在研发中。这是一个一直在前进的领域。

其他国家的军队也和美军一样，在研究同等功率水平的固态激光武

激光武器
Lasers, Death Rays, and the Long, Strange Quest for the Ultimate Weapon

器。以色列的拉斐尔公司开发了一款基于光纤激光的"铁束"防卫系统（该系统的功率水平还未对外披露），用于补充以色列之前部署的"铁穹"反火箭弹防卫系统。德国的莱茵金属公司展示了一款功率为 30 千瓦的固态激光武器。英国正花费 3 千万英镑研制一台名为"龙焰"的 50 千瓦激光武器。

俄罗斯研发高能激光武器已有很长的历史，一直以来都是美国的重要竞争者。2018 年 3 月，俄罗斯总统弗拉基米尔·普京提到俄罗斯已拥有"作战用的激光武器系统"，俄罗斯国防部副部长尤里·鲍里索夫稍后表示上述系统已于 2017 年交付部队。随后公开的视频显示该激光武器系统装载于卡车上，看上去与美国的激光武器演示验证系统类似。

美国海军的激光武器测试

美国海军在固态激光武器的测试方面处于领先地位。他们在"庞塞号"军舰上对 LaWS 激光武器系统测试打靶的相关视频引起了极大关注。然而，美国海军研究办公室的发言人表示，这一套 30 千瓦功率的舰载激光武器系统"功率水平还达不到投入实战的要求"，但是它在概念验证上，以及演示激光武器如何在复杂的海洋环境中发挥作用方面具有重要的意义。发言人表示："'庞塞号'测试的成功对我们是极大的鼓励。"

"庞塞号"军舰上的测试只是第一步。"庞塞号"于 1971 年服役，是个老古董，测试结束后，LaWS 激光武器系统被转移到了另一艘军舰上，"庞塞号"也于 2017 年停止服役。LaWS 激光武器系统占据了舰艇上很大一部分空间，未来，美国海军希望改进舰艇的电力供应系统来配合新一代激光武器的测试。下一步的测试也交给了其他部门——美国海军海洋系统司令部，该部门是负责将新技术集成进现有美国海军系统的系统工程团队。

为了拓展"庞塞号"测试获得的成果，美国海军与洛克希德·马丁公司签订了合同，开展"太阳神"（HELIOS）激光系统项目，即"高能激光

第九章 寻找终极武器

和一体化光学致盲与监视系统"。该系统的核心是一台能够提供 60~150 千瓦功率的光纤激光器。合同里同时还包含研制一套激光监视系统，用于侦测来自舰船周边海上、空中的攻击。合同里的另一项配套研究是一种绿色激光"炫目器"。这种"炫目器"通过发射强大的绿色激光，致盲传感器，阻碍敌方飞行员及小艇操作员的视线。将炫目器集成于高能激光武器中，可以在发射高能激光束击毁目标之前，先对目标进行干扰，或使敌方的导引系统失能，为作战防御提供新的选择。

洛克希德·马丁公司正在建造两套太阳神系统（HELIOS）。美国海军计划将一套系统装在"阿利·伯克"级导弹驱逐舰上，与舰上的电力、制冷系统，以及高科技的"宙斯盾"（Aegis）作战管理系统集成到一起。阿利·伯克级导弹驱逐舰是美国海军驱逐舰作战编队的核心，在这类舰船上测试，比在老旧的"庞塞号"上测试更具有现实意义。洛克希德·马丁公司的罗伯特·法扎尔认为，这是激光武器从试验系统发展到能够为美国现役海军舰艇编队提供作战能力的一个分水岭。另一套"太阳神"激光武器系统将在白沙靶场的高能激光系统试验场进行大量的测试。两套"太阳神"激光系统均采用了光谱合成技术，洛克希德·马丁公司之前已展示了该技术能够实现 30~60 千瓦的激光输出，并且适用于海洋环境。它能够将 35% 的电功率转化为激光功率。

美国空军的激光武器计划

美国空军研究实验室正分别在地面和空中进行激光武器测试。地面测试中，"演示激光武器系统"（DLWS）是一项与美国国防部高级研究计划局联合开展的项目，在白沙靶场将"高能液体激光区域防御系统"（HEL-LADS）与美国陆军的地基光束控制系统集成到一起，测试从地面发射的激光对火箭弹、炮弹、迫击炮、地对空导弹等不同目标的打击效果。

对于机载应用而言，实验室将测试一种更加紧凑的"中等功率"激光武器的前景，它能够装在战斗机吊舱内，用于保护战斗机免遭导弹的攻

激光武器
Lasers, Death Rays, and the Long, Strange Quest for the Ultimate Weapon

击。自卫型高能激光演示系统（SHiELD）将首先进行目标跟踪测试，并于2020年启动飞行测试。

装载激光武器的坦克和卡车

美国陆军太空与导弹防御司令部目前在用标准的步战车辆进行激光武器测试。一辆用5千瓦激光武器替代原有顶部重机枪的"斯瑞克"八轮装甲车成功击落了上百架无人机，波音公司正在往装甲车上安装一台10千瓦的激光武器。当然，激光武器的尺寸受限于装甲车的尺寸。

美国陆军还想利用重型高机动战术卡车（HEMTT）测试更大的激光武器，这种卡车通常用于协助步兵在战场上拖运作战装备。他们目前已经将数年前配装的10千瓦工业激光器替换为洛克希德·马丁公司采用光谱合成技术研制的60千瓦光纤激光器。新激光器的功率是旧激光器功率的6倍，也适装于重型高机动战术卡车，并可以使用原有的光束控制系统。它能将40%的电功率转化为激光功率，这样激光器的体积会更小。

海军陆战队装载在吉普车上的激光武器

美国海军陆战队计划在其新型联合轻型战术车辆（JLTV）上预留安装激光武器的空间，这种新型车辆正在逐步取代原有的悍马车。现有的联合轻型战术车辆发射的是"毒刺"防空导弹，但是海军陆战队目前正开发一款用于未来作战的激光武器。

激光武器的角色

2020年前后开始的新一轮外场试验实现了激光武器功率的巨大进步，

第九章
寻找终极武器

达到了60~150千瓦级。虽然距离终极武器的目标还比较远，但这是现有技术能实现的最高水平。

五角大楼希望这一代的激光武器在打击数千米距离里内的火箭弹、炮弹、迫击炮弹、小艇和无人机方面发挥巨大的作用。激光束能加热引爆这些目标自身携带的炸药或燃料，烧损其外壳和燃料箱，使其加压储罐爆炸。激光束还能引燃无人机或小艇的汽油发动机里逸出的燃油蒸气。但是，激光武器难以毁坏重型装甲坦克。

在实际操作上，做规划的人希望对电驱动激光武器的投资能获得巨大的成效，电驱动激光武器与昂贵的传统拦截器相比，作战使用成本低廉。除非特别必要，他们不想用一枚200万美元的"爱国者"导弹击落一枚仅值几千美元的"喀秋莎"火箭弹。如果花费数百万美元去摧毁仅值几千美元的敌方装备，想继续打这场战争就很难了。从成本上计算，激光武器更划算，一台1000万美元的激光武器能发射出数千发激光束。

激光的高度定向性还有另一个优势，即减少附加伤害。恐怖分子常常将火箭弹藏于平民区发射，对它的常规打击可能会造成平民伤亡。但激光武器发射的激光束哪怕没打中目标，也不会在平民区发生爆炸。无论从人道主义还是军事角度出发，这一点都十分重要。降低间接伤害能够减少因受到误伤而加入恐怖组织的人数。

测试工作对于验证激光武器的作战能力和发掘其潜在能力很重要。激光武器在战场环境中是否可靠，是否便于维护至关重要。系统工程专家认为，假如装在飞机上的激光武器每发射30次后就需要回场加油，那它就不是一个适用战场的武器。在战场中使用的激光武器必须设计成可进行战地维修，或是可进行战地模块更换的。没有人想在战场上建造超净间。

更大更厉害的激光武器

前美国国家航空航天局局长迈克尔·格里芬于2018年年初被任命为分管研究与工程的国防部副部长，他表示未来需要更大更厉害的激光武器。

激光武器
Lasers, Death Rays, and the Long, Strange Quest for the Ultimate Weapon

他在2018年4月17日的听证会上对众议院军事委员会说："美国陆军的战车需要装配100千瓦级的激光武器，美国空军大型加油机需要300千瓦级的激光武器，对于太空防御，我们需要兆瓦级的太空定向能武器。这些将是我们在下一个十年内努力的目标。"100千瓦级的激光武器目前已经在测试阶段。他表示，只要有持续的经费投入，5~6年内会研制出300千瓦级的激光武器，10年内会研制出兆瓦级的激光武器。

下一代300千瓦激光器的技术路线选择就像一场赛马比赛。美国导弹防御局先进技术项目主管理查德·马特洛克说："我们正努力将固态激光器的功率提升至能够打击助推段弹道导弹的水平。"固态激光器领域的两只领头羊分别是光纤激光器和通用原子公司的高能液体激光区域防御系统。这两项技术看上去都能够通过增加模块，而不是改变整个系统结构来实现功率定标的放大。

未来会用更巨大、更厉害的激光武器拦截助推段弹道导弹，打击助推段的弹道导弹是之前机载激光武器的目标。五角大楼认为波音747飞机上装载的化学激光武器太笨重，达不到他们的要求，但防御助推段弹道导弹还是很重要的。美国导弹防御局正在尝试将大功率的传感器和高能激光武器装在大型高空无人飞行器上。（激光武器的具体功率水平还未披露，它取决于自动攻击型无人飞行器抵近导弹发射场的距离，但合理推测，应该是兆瓦级的功率水平。）

为了测试高能激光武器防御助推段弹道导弹的前景，美国导弹防御局计划开展一项低功率激光演示验证项目，将100千瓦级固态激光武器装在高空无人飞行器上。测试的关键内容包括自适应光学系统如何补偿大气扰动，以及远距离聚焦激光束的效果。无人飞行器能够比波音747飞机飞得更高。海拔高度越高，大气效应的影响越小，激光武器的作战范围就越广。《航空周刊》杂志报道说招标文件规定，无人飞行器必须能在63000英尺以上的高度至少飞行36小时，还要能承载5000~12500磅的重量，2022年或2023年要开展飞行试验。

如果测试结果不错，下一步将研制更大的激光武器。虽然还未披露最终将研制多大功率的激光武器，但考虑到他们把100千瓦级称为"低功

第九章
寻找终极武器

率",那至少是数百千瓦,甚至是兆瓦级的激光武器。

兆瓦级的激光武器

目前固体激光器和光纤激光器的功率极限还是未知数,而另一种电驱动的激光器也有望实现兆瓦级。这种激光器独特的优点是超高效性。它最奇特的特点要追溯到戈登·古尔德当年探索制造激光器的一段历史。

古尔德在研究过程中发现了一种材料——钾蒸气。在实验中,钾蒸气是比较棘手的材料。钾是一种碱金属元素,其原子的最外电子层上仅有一个电子,具有很强的还原性,在化学反应中很容易失去这个电子。但正是由于仅有一个电子,我们很容易理解钾的光谱,找到如何激发它来形成激光的方式。古尔德要做的便是将电流引入钾灯使其发光,然后利用光来激发钾原子,使其达到能够发射激光的状态。

但在实际操作中,碱金属钾却成为了科学家的心病,没有人在这方面取得实质性的进展。铯作为另一种碱金属元素,用它做实验,前景看上去更好,但相关的研究也是困难重重。有段时间,古尔德因为没有涉密许可,无法开展他的激光器研究,但当其他类型的激光器成功研制出来后,五角大楼解除了铯激光研究的密级,因为他们觉得用铯做实验,永远都不会得到有用的结果。这样,古尔德与TRG公司的两位年轻物理学家——保罗·拉比诺维茨和史蒂夫·雅各布斯一起,对铯激光开展研究。拉比诺维茨和雅各布斯在1962年3月的一个周六早晨成功研制出了第一台铯激光器,古尔德非常开心。他们公布了研究成果,但是没有再对铯激光做进一步的研究,因为他们觉得铯和其他碱金属材料处理起来很麻烦,做出的激光器也没什么用。几年之后,他们的研究便被遗忘了,直到比尔·克鲁普克开始寻找新类型的激光器。

克鲁普克在美国利弗莫尔国家实验室工作了几十年,他在1999年离开了实验室,去做激光物理相关的咨询工作。克鲁普克做了很多年的固态激光器研究,见证了固态激光能够轻松有效地通过半导体激光泵浦,实现高

激光武器
Lasers, Death Rays, and the Long, Strange Quest for the Ultimate Weapon

功率输出。但他同样明白固体介质在热传导方面存在劣势，因此他开始寻找一种新材料，既能由半导体激光泵浦，又能更好地耗散废热。他发现用碱金属蒸气做实验，效果应该会很好，因为碱金属蒸气吸收的泵浦光波长与发射的激光波长十分接近。对于效率最高的碱金属钾元素，从吸收泵浦光到发射激光的过程，仅会损耗百分之一的能量。尽管不是所有的原子都能够在吸收泵浦光后发射那么高能量的激光束，但它们的损耗往往也只有百分之几。

美国利弗莫尔国家实验室和 Lasertel 公司等机构开始研发这类碱金属蒸气激光器。在化学激光器相关研究全部停滞不前的情况下，碱金属激光器，也称为半导体泵浦碱金属蒸气激光器（DPALs）正成为兆瓦级激光器的希望。然而，一些研究者注意到，碱金属激光器总的能量转换效率实际上受限于半导体激光器的电光转换效率。假设半导体激光器将 75% 的输入电能转化为输出光能，并且 95% 的半导体泵浦激光转化为输出激光，那么碱金属激光器实际总的转换效率只有 71%。

很讽刺的是，作为五角大楼唯一允许戈登·古尔德参与研究的激光器类型，碱金属激光器已成为超高功率激光武器的最大希望。背地里，古尔德肯定在暗自窃喜。

展望未来

超高功率的激光器除了作为武器外，还有其他用途。

其中一项用途是清除近地轨道积累的太空碎片。开展太空军事行动的一个主要担忧是，打击行动一旦开始，就会不断地产生太空碎片，当太空碎片积聚到一定程度后会很危险。太空很浩瀚，但是近地轨道的空间不像人们想象的那么大，里面充斥着卫星、脱落的火箭助推器，以及因反卫星试验、卫星解体、卫星碰撞产生的碎片。1978 年，美国国家航空航天局的科学家唐纳德·J. 凯斯勒警告说，太空战争或者一系列的碎片碰撞，会让太空充满霰弹似的碎片，让太空旅行变得不安全。

第九章
寻找终极武器

激光能够清除近地轨道里的太空碎片。将足量的激光聚焦在碎片表面使其减速，减速后的碎片会掉落到更低的轨道上。轨道越低，碎片面临的阻力越大，碎片的速度就会继续降低，最终，碎片会脱离轨道，坠入大气焚毁。激光器可以通过从太空轨道或从地面发射激光来清除碎片，这两种方式各有各的优点。天基激光武器虽然需要被发射至太空轨道，但其输出的激光功率不需要很高，因为它离碎片的距离更近。一台由太阳能供电的天基专用千瓦级激光器能够在轨清除比它更大的物体。它先将大物体分解成小块，然后逐个清除。体积更大、功率更高的激光器可以部署在地面上，让掠过上空的碎片减速。

激光推进火箭

利用激光器推进火箭的想法源自于美国空军火箭推进实验室的罗伯特·L. 盖斯勒在 1969 年提出的一项建议。他的想法是利用激光能量加热特殊的液体工作介质，使其产生推力，代替传统的火箭发动机。一个研究小组认为这一想法是可行的，并且预测说："它能与核裂变火箭一较高下，甚至比核裂变火箭更好。"来自阿夫科·埃弗雷特研究实验室的亚瑟·坎特罗威茨也是这么认为的，他提议利用地基激光器发射卫星将其送入轨道。

美国国家航空航天局仔细分析数据后，发现结果令人失望。1974 年，美国国家航空航天局刘易斯研究中心的奥默·斯珀洛克计算得出垂直发射一艘重约 100 千磅的火箭需要 87 亿瓦特的激光功率，即使忽略大气及能量转换的损耗，这么大的功率也相当于当时科罗拉多河沿岸所有水力发电站的发电功率之和的两倍。这确实是一项令人沮丧的发现。

激光能够在空气中无线传输能量，为低能耗的飞行器、航天器、机器人或其他远距离交通工具供能。2006 年，美国利弗莫尔国家实验室的激光物理学家乔丁·卡雷在西雅图创立了一家名为"激光动力"的无线传能公司，他们将激光束发射到太阳能电池板上，然后将光能转换为电能。该公司在 2009 年用半导体激光和特制的太阳能电池给一个 5 千克的机器人供

激光武器
Lasers, Death Rays, and the Long, Strange Quest for the Ultimate Weapon

能,结果机器人成功地爬上了1千米长的电缆线,他们因此赢得了美国国家航空航天局举办的太空电梯比赛。该公司之后和洛克希德·马丁公司合作为小型无人机供能,并在风洞试验中实现了无人机48小时的不间断飞行。"激光动力"公司后来更名为"力学"技术公司,目前主要的业务是为重型军用无人机及其有效载荷提供50~1000瓦的功率能源。

小行星防御及太空旅行

也许,激光发展的终极目标是用于防御小行星撞击。其原理和清除在轨的太空碎片相似,利用聚焦在小行星表面的激光能量,推动它偏离轨道,避免撞上地球。具体情况取决于预警时间,即能够提前多少时间将小行星识别为潜在威胁。提前的时间越充裕,改变小行星轨道所需的作用力越小。如果预警时间很短,就需要迅速将激光器发射至小行星附近,然后射出激光,这样激光就能在很短的时间内给小行星施加作用力。通过发射大量的激光器,可以避免因功率需求过高,而使用核反应堆等大型供能设备的问题。

高能激光器正变得越来越强大,美国加利福尼亚大学圣芭芭拉分校的菲利普·鲁宾和加利福尼亚州立理工大学的加里·休斯提议,建造一组由太阳能电池供电的太空激光器,用大概一年的时间,就能气化一个直径500米的小行星。他们在2013年2月15日的新闻发布会上宣布了这个计划,发布会后的第二天,俄罗斯车里雅宾斯克地区一个直径为17米的小行星就撞向了地面。在小行星撞地后,他们表示自己的系统能够很轻易地解决车里雅宾斯克地区上空的小行星。

他们提出的系统被称为DE-STAR,代表小行星防御和星际探索定向能系统。他们设想用一系列逐渐增大的半导体激光器阵列进行测试,从1米到10米的阵列开始,之后定标放大至10千米级的激光阵列,他们预计10千米级的激光阵列就能把距离一个天文单位之外、直径为500米的小行星汽化。在遥远的未来,假设能够实现1000千米级的激光器阵列,便能够将

第九章
寻找终极武器

一艘 10 吨重的航天飞船加速至接近光速。

鲁宾表示该方案并不是天方夜谭，既不需要"技术上的奇迹"，也不用违反物理定律，只需要激光器的功率继续保持半个世纪以来的增长速度。他们预测，未来的太阳能电池应该能够将 70% 的光能转换为电能，而未来的半导体激光器能够将 70% 的电功率转换为激光功率。那就需要太阳能电池的效率有显著提升，目前实验室中的半导体激光器已经快达到 70% 的转换效率了。

另一项异乎寻常又令人着迷的想法是"突破摄星"计划。它将利用一组巨大的地基激光器，为一组微型太空探测器加速。微型探测器以单电路板为基础制造，经过 20 年左右的飞行后，抵达半人马座阿尔法星。探测器将由传统的运载火箭送入地球轨道，之后，探测器会打开光帆，地面上的地基激光器就会以最大功率发射激光。在 2 分钟内，激光就会将微型探测器加速到光速的 1/5，这时，探测器已向半人马座阿尔法星飞行了一百万公里。当抵达半人马座阿尔法星时，探测器会将收集到的信息和图片通过激光束发回地球，这些激光信号会在 4 年后到达地球。

神奇的吸引力

经过了 60 年的发展，激光的神奇吸引力已远超"死亡射线"。"突破摄星"计划和小行星防御听起来天马行空，但其原理都是基于现实的科学。这些计划不是不可实现的，只是我们现在还无法实现它们罢了。在 19 世纪末 20 世纪初，有关新型射线的探索发现过程，同样引起了关于死光的猜想。随着时间推移，科学家们对辐射和电力传输有了更深的了解，也就排除了一些猜想。爱因斯坦发现任何物体都无法超光速运动，这就排除了特斯拉一些关于无线传输电力的猜想。

我们学习到的新知识，在给我们关上一扇门时，也会为我们打开另一扇窗。爱因斯坦的新物理学说明确了光速是速度的极限。但是他对辐射和物质相互作用的洞察为激光的发现打开了新大门。随着一个个发明的出

激光武器
Lasers, Death Rays, and the Long, Strange Quest for the Ultimate Weapon

现,激光的可行性越来越大,最终查尔斯·汤斯将爱因斯坦的理论应用于研制微波激射器,他和古尔德、梅曼一起推动了激光器的发明。

激光和辐射的相关知识表明某些科幻小说里的死光是不存在的。没有哪一种射线能像《伊莲的故事》中邪恶反派使用的死光一样,在碰到人的瞬间,立刻就杀死人。但是,大剂量的核辐射会缓慢地杀死人类。而另一些科幻小说中的死光是可能存在的。高能激光束可以在几秒钟内,通过聚焦能量,引燃汽油、引爆炸药或损坏燃料箱,"消灭"火箭弹、无人机和小船。

激光在经历了60年的发展后,仍保持着神奇的魔力。

阿拉蒂·普拉巴卡尔在2012—2017年担任美国国防部高级研究计划局局长,在此期间,她看到了军方对激光的狂热,但在经历过激光武器混乱的发展历程后,她又觉得这一切是如此的讽刺。她在上大学的时候便开始研究激光器,对激光领域很熟悉。这样的经历使得她在看问题时更现实。

"军方对大多数的新技术都持怀疑和不友好的态度,"她说。"通常,他们会问,为什么要为了使用新技术而改变现有的作战方式。作为局长,我花了大量的时间来说服他们相信,技术上的根本性转变可以提高军事实力。"

她补充说道:"激光武器是罕见的反例。几十年来,军方对它的热情一直不减。激光的概念让军方十分心动,他们一直对激光有着远超实际的渴望。我花了很多的时间,试图降低他们对激光会成为实用武器的预期。军方的期望依然很高,但相关的技术一直以来都远远落后于他们的期望。"

她称机载激光武器是期望与现实脱节的一个很好例子。"在军方的想象中,激光器很小巧,一架飞机上应该能装很多台激光器,但实际上,那架庞大的飞机上仅能装载一台激光器。但在其他领域,激光器已改变了部队的实力,"比如,激光测距和目标指示,以及激光雷达、传感和通信。但到目前为止,激光武器还没有完全改变部队的军事实力。

她见证了激光技术的巨大进步,从气体和固体激光器到效率更高的光纤激光器。她说:"我认为激光武器将是未来一些特殊领域重要问题的解决方案。但是,没有哪一类激光武器系统能解决所有的问题,因为物理定

第九章
寻找终极武器

律决定了激光通过大气向目标远距离传输能量时，会有一些限制。"

美国国防部高级研究计划局在激光的发展中功不可没。他们支持了早期的激光研究项目，尽管这些研究离真正的军事应用还差得很远。"美国国防部高级研究计划局也资助了微处理器、互联网，以及人工智能的军事应用等研究，一些私营企业利用这些科技，改变了我们的社会和经济发展。"

艾伦·帕利科夫斯基现在已是四星上将，对于机载激光武器的研制，她有很多美好的回忆，也从中吸取了经验教训。"那段时间，我对激光武器的研究人员很苛刻，"她说。"因为他们总是话说得很满，事情做的很差。"机载激光武器的研制只是众多例子中的一个。虽然最终研制出来了，但花了太长的时间，并且还需要就方便操作和批量制造能力进行新一轮的设计。因为花了大量的时间和金钱，却没看到什么成效，美国国防部决定不再支持机载激光武器的研究。"她抱怨说，科学家们认为只要弄清了其科学原理，制造出激光器便"仅是一项工程问题"。想到爱德华·泰勒也说过同样的话，我不得不赞同她。

激光武器能走多远

激光武器在试验场上进展顺利，但要真正投入战场使用，仍有一些工程上的问题需要解决。帕利科夫斯基将军是研究热力学的，她很担忧激光器的热管理问题。"固态激光器的转换效率只有大约20%，这意味着输入激光器的能量中，有80%将转化为废热，"她说。"基于数据分析，我的第一感觉是，在制造出预期的150千瓦激光器之前，我们不会真正部署一台激光武器系统。"

目前为止，高能液体激光区域防御系统是唯一宣称达到这一功率水平的固态激光器，但它仍处于测试与研发阶段。

美国国防部副部长麦克·格里芬分管研究与工程业务，他很支持激光武器行业的发展。曾在胜斐迩公司为他工作过的资深激光研发人员吉姆·

激光武器
Lasers, Death Rays, and the Long, Strange Quest for the Ultimate Weapon

霍科维奇说："格里芬非常支持激光防御，但他本人是一个现实主义者，他不会相信那些宣称可以在五年内将（碱金属）激光功率从 1 千瓦定标放大至 1 兆瓦的人给他灌的迷魂汤。"格里芬曾谈到未来会需要 300 千瓦和兆瓦级的激光武器。

五角大楼基层官员在 2017 年 9 月的一场会议上说，将高能激光武器投向战场之前，仍有许多工作要做。"让激光束聚焦在目标上，并持续一定的时间是一个挑战，"美国陆军快速反应能力办公室的乔·卡波比安科上校说道。"激光器的工业应用已很普遍，但在军事应用方面，仍需进一步加强。"他预计激光武器最终能达到军用要求，但表示现有的技术还不太成熟，不能用于作战。美国导弹防御局副局长，海军少将乔恩·希尔称，在导弹防御领域，激光"改变了游戏规则"，但他同时表示，激光武器想达到理想的射程与功率水平，需要大量的经费支持。

真正的问题在于激光武器什么时候能成为官员们所说的"划时代的项目"，甚至，能否成为一个"划时代的项目"。激光武器的研究经费来自美国政府拨款，所以必须向国会解释，为什么这个项目需要这么多的经费。这个项目投入了大量的资金，部分军方高层官员的职业生涯也悬于此。这就像黎明前的黑暗，已经到了准备投入生产、交付前线官兵使用的紧要关头。任何一项技术想要上战场，就必须能解决实际的军事问题。

终极武器

一个划时代的项目并不能保证这个武器系统能成为终极武器。真正的终极武器意味着能够战胜所有其他的武器。

历史告诉我们，这样的东西是不存在的。当莱特兄弟发明飞机的时候，美国内战的恐怖阴云仍飘荡在人们的记忆中。他们的发明看上去多么神奇，许多人希望它将终结战争。1909 年，在为表彰莱特兄弟的发明而举办的庆祝会上，美国俄亥俄州代顿市市长爱德华·伯克哈特在为莱特兄弟

第九章
寻找终极武器

颁发奖章时说:"随着飞机的不断完善,战争将成为旧时代的小插曲。"

这只是个美好的愿望。1909 年,莱特兄弟将他们制造的第一架飞机卖给了美国陆军。1917 年 6 月,美国被拖入了第一次世界大战,奥维尔·莱特在悲伤中写到:"当我和哥哥建造并成功试飞了第一架载人飞机时,我们自以为给世界带来的是一项能够终结未来战争的发明。不仅我们自己这样认为,法国和平协会也给我们颁发了奖章。我们以为政府会认识到,靠突袭来赢得战争是不可能的,没有任何一个国家会在明知只能通过死耗敌人的方式获胜时,会轻易向另一个同等规模的国家发起战争。"

那时候,莱特被任命为美国后备军官团航空科的少校,从事军事航空方面的工作。当时,协约国和同盟国在航空方面几乎是势均力敌,莱特担心战争会陷入僵局,他敦促协约国建造一个庞大的飞机编队获取制空权,并炸毁德国的弹药工厂。

战争结束后,莱特回顾过去写到:"飞机让战争变得如此可怕,我不再相信哪个国家会想再次挑起战争。"然而,战争洗礼后的国家很快就开始寻求"死光",也就是能击落敌方飞机的定向能光束。工程师和发明家试图用无线电波、高压放电或其他装置让发动机停下来,或者击晕、杀死飞行员。尽管这间接导致了雷达的出现,但没有一项装置被证实是有效的。雷达和原子弹共同推动了第二次世界大战的结束。

即使在经历了珍珠港事件后,莱特仍然希望飞机能够帮助人们恢复和平。"空中力量让这场战争变得如此惨烈,但我们也可以依靠空中力量来结束这场战争,"他于 1943 年写了上述的语句。后来,美国哈里·杜鲁门总统授予了莱特荣誉奖章,表彰他在国家航空委员会的工作。然而,原子弹的巨大破坏力让莱特感到很沮丧。他在 1946 年给朋友的信中写道:"我曾认为飞机将阻止战争。我现在想知道飞机和原子弹到底能不能做到这一点。野心勃勃的统治者会为了自己的个人名誉而牺牲人民的生命和财产。"

马尔科姆·沃洛普的计划更"现实",他的计划是建立一支由 18 个在轨运行的化学激光武器空间站组成的星际舰队,每个武器空间站都能发射上千次射程接近 3000 英里(5000 千米)的激光,从而实现全球覆盖。他写道:"这里面没有什么终极武器,但这个计划有望给一两代美国人提供

激光武器
Lasers, Death Rays, and the Long, Strange Quest for the Ultimate Weapon

实打实的保护。"

回到美国高级研究计划局（ARPA）成立的 1958 年，罗伊·约翰逊称，这个新机构也许能发明出死光，或者其他的终极武器。但当在搜索引擎中输入"终极武器"一词，会发现令人沮丧的真相。终极武器不是真实存在的。它们是小说家异想天开的想法，是超级英雄、大反派、滑稽人物、游戏玩家使用的武器。

现实中没有哪一件武器会是终极武器，因为技术总是在不断进步。这就是军备竞赛的含义，总想先于对方一步研制出更先进的武器。没有任何一种武器能够阻止军备竞赛，因为只要有条件，总是能研制出新的武器。

阻止军备竞赛的关键在人。在 1986 年的雷克雅未克峰会上，罗纳德·里根和米哈伊尔·戈尔巴乔夫都希望禁止核武器。阻止他们达成一致的是"星球大战"计划的阴影。里根不同意戈尔巴乔夫提出的将战略防御倡议（SDI）限制在实验室的要求。如果他当时同意了，可能今天就是另一番景象了。现实中，两国政府都不会同意完全去核武器化的要求。双方都坚持要保留一些自己的核武器，以确保对他国的优势。资本主义的国会与社会主义的政治局永远都没办法达成一致。

然而，几年后，他们两人和继任者们确实做成了一些之前不敢想象的事。他们缩减了核武器的规模，将用于武器研制的浓缩铀变为了核反应堆的燃料。这可能是当时他们所能做到的极致。我们只能希望，"明天会更好。"

参考文献

1. "Protocol on Blinding Laser Weapons," International Committee of the Red Cross, October 13, 1995, https://ihl-databases.icrc.org/applic/ihl/ihl.nsf/Treaty.xsp?action=openDocument&documentId=70D9427BB965B7CEC12563FB0061CFB2 (accessed May 29, 2018).

2. Janet Fender, in telephone interview with the author, May 16, 2018.

3. Janet Fender, in interview with the author, May 16, 2018.

4. Austin Powers: International Man of Mystery, directed by Jay Roach, New Line Cinema, 1997.

第九章
寻找终极武器

5. Jeff Hecht, "Laser Dazzlers Are Deployed," Laser Focus World, March 1, 2012, https://www.laserfocusworld.com/articles/print/volume-48/issue-03/world-news/laserdazzlers-are-deployed.html (accessed May 29, 2018).

6. "Iron Beam: High-Power Mobile Laser Weapon System," Rafael Advanced Defense Systems, 2018, http://www.rafael.co.il/5688-763-en/Marketing.aspx (accessed April 25, 2018).

7. Oliver Hoffmann, "The High-Energy Laser: Weapon of the Future Already a Reality at Rheinmetall," Rheinmetall, https://www.rheinmetall.com/en/rheinmetall_ag/press/themen_im_fokus/zukunftswaffe_hel/index.php (accessed April 25, 2018).

8. "China Developing Portable Laser Weapons to Shoot Down Terrorist Drones to Enemy Missiles and Satellites," International Defense, Science and Technology, November 18, 2017, http://idstch.com/home5/international-defence-security-andtechnology/military/land-230/china-developing-portable-laser-weapons-to-shoot-downterrorist-drones-to-enemy-missiles-and-satellites/ (accessed April 25, 2018).

9. George Allison, "Dragonfire, the New British Laser Weapon," UK Defense Journal, June 5, 2017, https://ukdefencejournal.org.uk/dragonfire-new-british-laserweapon/ (accessed April 25, 2018).

10. Tom O'Connor, "Russia's Military Has Laser Weapons That Can Take out Enemies in Less than a Second," Newsweek, March 12, 2018, http://www.newsweek.com/russia-military-laser-weapons-take-out-enemies-less-second-841091 (accessed April 25, 2018).

11. Spokesman for Public Affairs Department, Office of Naval Research, in telephone interview with the author, August 4, 2017.

12. Wikipedia, s.v. "USS Ponce (LPD-15)," last edited August 13, 2018, https://en.wikipedia.org/wiki/USS_Ponce_(LPD-15) (accessed April 25, 2018).

13. James LaPorta, "Navy Orders Laser Weapon Systems from Lockheed

Martin," United Press International, January 29, 2018, https://www.upi.com/Defense-News/2018/01/29/Navy-orders-laser-weapon-systems-from-Lockheed-Martin/6831517242381/ (accessed April 26, 2018).

14. Robert Afzal, speaking at Lockheed press teleconference, March 1, 2018.

15. Jeff Hecht, "Lockheed Martin to Develop Laser Weapon System for US Navy Destroyers," IEEE Spectrum, March 2, 2018, https://spectrum.ieee.org/techtalk/aerospace/military/lockheed-martin-develops-helios-laser-weapon-for-us-navy (accessed April 26, 2018).

16. "Directed Energy Directorate Laser Weapon Systems" (Air Force Research Laboratory, December 2016), http://www.kirtland.af.mil/Portals/52/documents/LaserSystems.pdf (accessed April 26, 2018).

17. Robert Afzal, telephone interview with the author, July 10, 2017.

18. Matthew Cox, "Marines Developing JLTV Air-Defense System Armed with Laser Weapon," Military.com, March 21, 2018, https://www.military.com/defensetech/2018/03/21/marines-developing-jltv-air-defensesystem-armed-laser-weapon.html (accessed April 30, 2018).

19. Todd South, "New Pentagon Research Chief Is Working on Lasers, AI, Hypersonic Munitions, and more," Military Times, April 24, 2018, https://www.militarytimes.com/news/your-military/2018/04/24/new-pentagon-researchchief-is-working-on-lasers-ai-hypersonic-munitions-and-more/ (accessed April 27, 2018).

20. Leigh Giangreco, "Missile Defense Agency Solicits Industry for Low Power Laser Demonstration," Flight Global, September 2, 2016, https://www.flightglobal.com/news/articles/missile-defense-agency-solicits-industryfor-low-pow-428992/ (accessed April 27, 2018).

21. Michael Perry, in telephone interview with the author, April 27, 2018.

22. James Drew, "MDA Advances Missile-Hunting UAV Programs," Aviation Week & Space Technology, February 16, 2018.

23. Jeff Hecht, Beam: The Race to Make the Laser (New York: Oxford University Press, 2005), p. 41; Jeff Hecht, Laser Pioneers (Boston: Academic Press, 1991), p. 88.

24. William Krupke, in telephone interview, February 22, 2010.

25. William F. Krupke, "Diode Pumped Alkali Lasers (DPALs): A Review," Progress in Quantum Electronics 36, no. 1 (January 2012): 4-28.

26. In the laser world, semiconductor lasers usually are called "diodes" because the devices have two electrical terminals, making them electrical diodes. But diodes are laser geek speak that I try to avoid in this book.

27. Donald J. Kessler and Burton G. Cour-Palais, "Collision Frequency of Artificial Satellites: The Creation of a Debris Belt," Journal of Geophysical Research: Space Physics, 83, no. A6 (June 1, 1978): 2367-2646, https://agupubs.onlinelibrary.wiley.com/doi/abs/10.1029/JA083iA06p02637 (accessed April 30, 2018).

28. Rémi Soulard, Mark N Quinn, Toshiki Tajima, and Gérard Mourou, "ICAN: A Novel Laser Architecture for Space Debris Removal," Acta Astronautica 105, no. 1 (December 2014): 192-200, http://dx.doi.org/10.1016/j.actaastro.2014.09.004 (accessed April 30, 2018).

29. Alison Gibbings et al., "Potential of Laser-Induced Ablation for Future Space Applications," Space Policy 28 (2012): 149-53, http://dx.doi.org/10.1016/j.spacepol.2012.06.008 (accessed May 1, 2018).

30. Franklin B. Mead Jr., Part 1: The Lightcraft Technology Demonstration Program (Edwards, CA: Air Force Research Lab, Edwards AFB, November 2007), AFRL-RZ-ED-TR-2007-0078, http://www.dtic.mil/dtic/tr/fulltext/u2/a475937.pdf (accessed April 30, 2018).

31. Franklin B. Mead Jr. et al., Advanced Propulsion Concepts: Project Outgrowth (Edwards, CA: Air Force Rocket Propulsion Laboratory, AFRPL-TR-72-32, June 1972), pp. II-53-II-63, http://www.dtic.mil/dtic/tr/fulltext/u2/750554.pdf (accessed April 30, 2018).

32. Arthur Kantrowitz, "Propulsion to Orbit by Ground-Based Lasers," Astronautics and Aeronautics 10, no. 5 (May 1972): 74-76.

33. Omer F. Spurlock, Performance Capability of Laser-Powered Launch Vehicles Using Vertical Ascent Trajectories (Washington, DC: NASA Technical Memorandum, August 1974), https://ntrs.nasa.gov/archive/nasa/casi.ntrs.nasa.gov/19740023219.pdf (accessed May 1, 2018).

34. "LaserMotive Wins $900,000 from NASA in Space Elevator Games," NASA, November 9, 2009, https://www.nasa.gov/centers/dryden/status_reports/power_beam.html (accessed May 1, 2018).

35. Graham Warwick, "Power via Laser Beam Moves Closer to Reality," Aviation Week & Space Technology," April 24, 2018, https://aviationweek.com/connectedaerospace/power-laser-beam-moves-closer-reality? (accessed May 1, 2018).

36. Alison Power et al., "Potential of Laser-Induced Ablation for Future Space Applications," Space Policy 28 (2012): 149-53, http://dx.doi.org/10.1016/j.spacepol.2012.06.008 (accessed May 1, 2018).

37. Shelly Leachman, "California Scientists Propose System to Vaporize Asteroids That Threaten Earth," University of California at Santa Barbara, February 14, 2013, http://www.news.ucsb.edu/2013/013465/california-scientists-propose-system-vaporizeasteroids-threaten-earth (accessed May 1, 2018).

38. "DE-STAR: Directed Energy Planetary Defense," UCSB Experimental Cosmology Group, http://www.deepspace.ucsb.edu/projects/directed-energy-planetarydefense (accessed May 1, 2018); Philip Lubkin, in telephone interview with the author, February 18, 2013.

39. Dennis Overbye, "Reaching for the Stars across 4.37 Light Years," New York Times, April 12, 2016, https://www.nytimes.com/2016/04/13/science/alpha-centauribreakthrough-starshot-yuri-milner-stephen-hawking.html (accessed May 1, 2018).

40. Arati Prabhakar, in interview with the author, April 5, 2018.

第九章
寻找终极武器

41. Ellen Pawlikowski, in interview with the author, April 25, 2018.

42. James Horkovich, in interview with the author, May 2, 2018.

43. Barbara Opall-Rome, "Experts Tout Space-Based Sensors, Lasers for Missile Defense," Defense News, September 6, 2017, https://www.defensenews.com/smr/defense-news-conference/2017/09/06/us-expertstout-space-based-sensors-lasers-for-active-defense/ (accessed April 27, 2018).

44. "Program of Record," Acquisition Encyclopedia, Defense Acquisition University, https://www.dau.mil/acquipedia/Pages/ArticleDetails.aspx?aid=2f2b8d1e-8822-4f88-9859-916ad81b597e (accessed May 3, 2018).

45. Richard Stimson, "Wrights' Perspective on the Role of Airplanes in War," The Wright Stories, http://wrightstories.com/wrights-perspective-on-the-role-of-airplanesin-war/ (accessed May 3, 2018).

46. Testimony Before Subcommittee on Science and Technology of the Senate Commerce, Science and Transportation Comm., 96th Cong. (1979) (statement of Malcolm Wallop, Wyoming senator). Copy supplied by Senator Wallop's office to author in 1983. (Wallop's proposal first appeared in an article, "Opportunities and Imperatives of Ballistic Missile Defense," Strategic Review, Fall 1979.)

致谢

此书是我从事激光和激光武器写作四十余载的一个重要成果。写作的过程是一段令人着迷的冒险经历,多年来许多人花费了大量的时间,通过电话或面对面的方式与我探讨激光与激光武器。在此衷心感谢他们为此书付出的时间和对我的帮助。

其他一些作家关于激光的著作让我在写作过程中受益良多,如果有读者想更深入地探究激光,我可以推荐一些特别好的书。有关激光诞生之前的早期发展,推荐阅读威廉·J. 范宁二世所著的 Death Rays and the Popular Media:1876—1939(《死光与大众媒体:1876—1939》),乔纳森·福斯特所著的 The Death Ray:The Secret Life of Harry Grindell Matthews(《死光:哈里·格林德尔·马修斯的秘密生活》)以及 W. 伯纳德·卡尔森所著的 Tesla:Inventor of the Electrical Age(《特斯拉·电气时代的发明者》)。我在 Beam:The Race to Make the Laser(《光:研制激光器的竞赛》)一书中介绍了激光器的诞生,如果有读者想更深入地了解这件事,推荐阅读 3 篇不同视角的记叙文——尼克·泰勒写的 Laser:The Inventor, the Nobel Laureate and the Thirty-Year Patent War(《激光器:发明人、诺贝尔奖获得者和 30 年的专利之战》),查尔斯·唐斯的回忆录 How the Laser Happened(《激光器是怎样诞生的》)以及西奥多·H. 梅曼的自传 The Laser Inventor(《激光器的发明者》)。如想了解美国高级研究计划局的建立和其早期情况,推荐阅读沙伦·温伯格 The Imagineers of War(《战争狂想者》)和高级研究计划局的官方历史:The Advanced Research Projects Agency 1958—1974(《美国高级研究计划局 1958—1974》,理查德·巴伯著)。

罗伯特·达夫纳所著的 Airborne Laser:Bullets of Light(《机载激光:以

致谢

光为弹》）深度介绍了机载激光实验室（从 1970~1980 年代早期最具野心的燃气激光武器项目），展现了军方科学家与工程师面对艰难挑战时的决心。唐纳德·R. 鲍科姆写的书 *The Origins of SDI*：1944—1983（《战略防御倡议：1944—1983》）和我于 1984 年写的 *Beam Weapons*（《光束武器》，再版名称为 *Beam Weapons*：*The Roots of Reagan's Star Wars* 《光束武器：里根"星球大战计划"的根源》）介绍了天基激光武器的起源。

有几本书对里根政府充满争议的"星球大战计划"做了有意义的研究。本·博瓦的 *Assured Survival*（《确保在战争中存活》）一书为战略防御倡议进行了辩护并描述了一些有趣的故事。威廉·J. 布罗德在 *Star Warriors*（《星球大战勇士》）一书中介绍了核 X 射线激光器幕后的年轻科学家们，他在另一本名为 *Teller's War*（《泰勒的战争》）的书中介绍了核 X 射线激光器项目的没落。弗朗西斯·菲茨杰拉德所著的 *Way Out There in the Blue*（《太空的出路》）一书介绍了"星球大战计划"如何促使"冷战"结束，奈杰尔·海伊所著的 *The Star Wars Enigma*（《星球大战之谜》）一书对此持有另一种观点。如想深入了解战略防御倡议，推荐阅读 *Death Rays and Delusions*（《死光与幻想》），该书的作者是战略防御倡议的第一任首席科学家格罗尔德·尤纳斯，他对该计划的意义与影响有深刻的见解。

据我所知，《航空周刊与空间技术》杂志的百年存档几乎就是一部激光武器发展的编年史，读者可以在线查阅。《纽约时报》虽然不太关注激光武器的技术细节，但视野却更广阔，他们存有 20 世纪早期有关"死光"发展的有趣记载。

我的研究成果主要来自多年来参加各类会议时所做的采访与笔记。一些采访资料来自美国物理研究所物理历史研究中心的珍贵口述历史资料，其他的来自我自己早期为撰写新故事与历史文章所做的采访档案。戈登·古尔德、威廉·卡弗和罗纳德·马丁过去常和我交谈，但他们在我开始写作本书前均已去世。我曾与杰里·珀内尔说过我想写这本书，但他在我采访之前突然离世。我之前还采访了与罗伯特·法扎尔、乔治·查普林、史蒂芬·雅各布斯、艾德·波格、约翰·瓦克斯以及丹·维尔特。其他采访对象还包括：肯·比尔曼、杰克·多尔蒂、J.J. 尤因、珍尼特·芬德、艾德·

格里、桃瑞丝·哈米尔、詹姆斯·霍科维奇、比尔·克鲁普克、路易斯·马奎特、马克·尼斯、艾伦·帕利科夫斯基将军、阿拉蒂·普拉巴卡尔、麦克·佩里、霍华德·施洛斯伯格、比尔·夏纳、M. J. 索伊罗和哈尔·沃克。我的会议笔记大都来自于我从20世纪80年代至2017年在圣何塞参加的激光与光电子峰会（CLEO）。

普莱南出版社的琳达·格林斯潘·里根邀请我在1981年写作《光束武器》一书，她成功激发了我关于激光武器的兴趣。特别感谢霍华德·劳施请我为《激光焦点》杂志供稿，我还要感谢布雷克·希茨、吉姆·卡武托、杰夫·贝尔斯托、希瑟·梅辛杰、史蒂夫·安德森、康拉德·霍尔顿、保罗·马克斯、克里斯蒂娜·福尔茨、斯图尔特·威尔斯和艾米·诺德鲁姆等这些年和我一起工作过的杂志编辑们。

我要特别感谢我的经纪人，来自 Fine Print Literary Management 公司的劳拉·伍德，她提议我撰写此书，并为我找来了出版社。感谢我的编辑，来自普罗米修斯图书公司的史蒂芬·L. 米切尔，他帮助我认识到了这本书的潜力。我的朋友兼光学作家帕特·道坎塔斯帮我找到了隐藏在各种奇怪角落的激光武器图片，为大家展现了激光武器究竟长什么样子。感谢来自普罗米修斯图书公司的汉娜·埃图帮助我核对相关出版细节。感谢杰弗里·库里细致、缜密的文字排版。

最后，我要特别感谢阿尔弗雷德·斯隆基金会，感谢他们在我开展研究及本书写作过程中的慷慨资助。